大小兴安岭用材林精细化经营技术

朱玉杰　王景峰
冯国红　马继东　著

国家林业公益性行业科研专项课题资助

科学出版社
北京

内 容 简 介

本书以落叶松、红松、樟子松、云杉为研究对象，以用材林精细化经营为理念，以经营大径级针叶材为目标，通过对大小兴安岭天然针阔混交林、落叶松人工林进行不同强度的抚育间伐，进行了块状、不同宽度的带状改造，分析了精确到地块的不同经营技术对生物多样性、地表径流、土壤理化性质、土壤呼吸、林木冠层结构、林木生长等方面的影响，确定了林木快速精准测量技术，建立了林木生长与枯损模型，研制了用材林精细化经营技术软件，为改善森林的结构，增强森林的功能，提升森林质量等提供理论依据和技术支撑。

本书可作为林业高等院校本科生、研究生的教学参考书籍，同时也可作为森林经营科研人员、管理人员等的参考读物。

图书在版编目（CIP）数据

大小兴安岭用材林精细化经营技术/朱玉杰等著. —北京：科学出版社，2017
ISBN 978-7-03-055408-6

Ⅰ. ①大…　Ⅱ. ①朱…　Ⅲ. ①用材林-森林经营-黑龙江省
Ⅳ. ①S759.1

中国版本图书馆 CIP 数据核字（2017）第 281864 号

责任编辑：任锋娟　袁星星 / 责任校对：刘玉靖
责任印制：吕春珉 / 封面设计：东方人华平面设计部

科学出版社 出版
北京东黄城根北街 16 号
邮政编码：100717
http://www.sciencep.com

北京教图印刷有限公司 印刷

科学出版社发行　各地新华书店经销

*

2017 年 12 月第 一 版　开本：B5（720×1000）
2018 年 8 月第 二次印刷　印张：17 3/4
字数：357 000

定价：97.00 元

（如有印装质量问题，我社负责调换〈北京教图〉）
销售部电话 010-62136230　编辑部电话 010-62135741

前　　言

根据国家林业局的要求，深入学习贯彻习近平总书记重要讲话精神，全面实施森林质量精准提升工程，着力构建健康、稳定、优质、高效的森林生态系统，为实现中华民族永续发展创造更好的生态条件。当前，我国林业已进入质量提升的发展阶段，而我国林业发展总体水平还比较落后，与经济社会发展需求还存在矛盾，因此，我国林业必须转变发展方式，从以数量扩张为主向以质量提升为主转变，改变过去粗放经营、粗放管理方式，达到森林质量精准提升的精细化经营目标。

森林质量提升是通过采取科学、合理的经营措施，加速森林的生长和正向演替，提高森林的生产力。森林经营是实现森林质量精准提升的根本途径。大小兴安岭地区用材林经过多年过量采伐利用，造成了森林整体生态功能失调，森林质量下降，为了使其得到更好的恢复和增长，急需探讨定制到地块的林木精细化经营技术，改善用材林生态环境，获得精准的用材林经营决策优化的效果。在国家林业公益性行业科研专项“大小兴安岭用材林精细化经营技术研究”课题的资助下，笔者撰写了本书。

以落叶松人工林、天然针阔混交林中的落叶松、红松、樟子松、云杉为研究对象，以经营大径级针叶材为目标，研究林木的快速精准测量技术、林木生长及预测技术，建立林木生长与枯损模型，研制用材林精细化经营技术软件。从林木生长率、林地水源涵养能力、土壤理化性质、林分结构等指标进行分析与评价，构建用材林精细化经营技术体系，并建立精细化经营试验示范区，为改善森林的结构，增强森林的功能，提升森林质量等提供理论依据和技术支撑。

本书写作分工为：第 1～3、13 章由王景峰撰写；第 4～6、9 章由朱玉杰撰写；第 7、8、10～12 章由冯国红撰写；第 14 章由马继东撰写。朱玉杰统纂全书并定稿。

在本书的撰稿过程中，笔者参考了很多文献资料，得到了毛波、高明、王雨朦、陈百灵、李祥、张甜等同仁及国家林业公益性行业科研专项课题组全体成员的大力支持，在此向他们一并表示衷心的感谢。

由于时间有限，书中难免有不足之处，敬请广大读者批评指正。

朱玉杰
2017 年 5 月

目　　录

第1篇　用材林精细化经营概述

第2篇　大兴安岭用材林精细化经营技术

第 3 篇　小兴安岭用材林精细化经营技术

第1篇 用材林精细化经营概述

第 1 章　森　　林

1.1　森林的内涵

森林是陆地生态系统的主体，是自然界功能最完善的资源库、生物库、蓄水库、能源库。森林能够调节气候，涵养水源，保持水土，防风固沙，改良土壤，减少污染，对维持生态平衡，保护人类生存发展起着重要作用。

我国对于森林的定义：面积大于或等于 0.667hm^2 的土地、高度可以达到 2m 或 2m 以上、郁闭度等于或大于 0.2，以树木为主体的生物群落，包括达到以上标准的竹林、天然林或人工幼林（未成林幼林），两行以上，行距小于或等于 4m 或树冠幅度等于或大于 10m 的林带及特定的灌木林。

对于森林的研究主要包括以下几个方面[1]。

1）森林生态学。森林生态学是研究森林生物之间及其与森林环境之间相互作用和相互依存关系的学科，是生态学的一个重要分支。森林生态学的研究内容包括森林环境（气候、水文、土壤和生物因子）、森林生物群落（植物、动物和微生物）和森林生态系统。研究目的是阐明森林的结构、功能及其调节、控制的原理，为不断扩大森林资源、提高其生物产量、充分发挥森林的多种效能和维护自然界的生态平衡提供理论基础。

2）林业气象学。林业气象学是研究林业生产与气象条件的关系的学科。其任务是为发展林业生产、改造自然、实现大地园林化服务。主要内容是：①研究各地区的气象条件与各种树木的生态关系，为提出合理的造林计划，采取适宜的技术措施，实现林木速生丰产提供依据；②研究不同树木受害的气象指标，做好灾害性天气预报，预防各种自然灾害；③研究森林的气象效应，揭示森林在改善自然生态环境中的作用。

3）树木学。树木学是研究树木的形态特征、系统分类、生物学特性、生态学特性、地理分布和经济价值的一门学科，是人类认识植物和利用植物的有力工具。树木学作为一门综合性的学科，它的研究对象包括木本植物的各个方面，与植物学、土壤学、气象学、植物生理学等有着密切联系，并且是森林生态学、林木培育学、林木良种选育学、森林经理学、测树学、园林、环境保护、植物地理学及遗传学的基础理论之一，与农、林、牧、副、中医药也有着密切关系。

4）植物分类学。植物分类学是研究植物类群的分类、鉴定和亲缘关系，从而建立植物进化系统和鉴别植物的学科，是整个植物学中最基本的一门学科。

5）造林学。造林学是研究森林营造和培育的理论和技术的一门应用学科。它包括森林造林和森林抚育学及森林主伐更新等。

6）森林资源经营管理。森林资源经营管理也称森林经营管理，它是对森林资源进行区划、调查、分析、评价、决策、信息管理等一系列工作的总称。世界各国森林经营管理的内容不完全相同，但主要内容是相同的。在我国，森林经营管理的主要内容包括对森林资源进行的区划、调查、编制计划（或规划），森林的经营决策和森林资源信息管理等。森林经营管理的对象是森林资源，宗旨是实现森林的可持续经营。

7）测树学。测树学是以林木、林分为对象，研究和测算其材积或蓄积量、出材量、生长量、重量，以及林产品的理论和方法的学科。测树学的任务是对树木和林分进行数量和质量的评价，阐明林分分布和生长的规律。

8）土壤学。土壤学是以地球表面能够生长绿色植物的疏松层为对象，研究其中的物质运动规律及其与环境间关系的学科，是农业科学的基础学科之一。土壤学的主要研究内容包括土壤的组成，土壤的物理、化学和生物学特性，土壤的发生和演变，土壤的分类和分布，土壤的肥力特征，以及土壤的开发利用、改良和保护等。其目的在于为合理利用土壤资源、消除土壤低产因素、防止土壤退化和提高土壤肥力水平等提供理论依据和科学方法。

9）林木遗传育种学。林木遗传育种学研究林木遗传与变异的基本原理，对森林实行遗传管理和对林木进行遗传改良，建立立体培育林木良种和繁育的技术体系。

10）森林培育学。森林培育学研究森林营造和抚育更新的理论和技术，生态学、土壤学和遗传学是森林培育的重要基础理论。

11）森林保护学。森林保护学研究关于森林病虫害及其有害生物防治理论与技术，肩负着保护森林的重要任务。

1.2 林型分类

森林群落的分类单位称为林型，林型是按照群落的内部特性、外部特征及其动态规律所划分的同质森林地段。森林是植被的主要类型之一，植被分类的方法与森林分类的方法一致。植被分类上出现了不同的学派，在概念、专用术语和分类方法上则表现出复杂多样且相互交叉的情况。林型划分的主要目的是为森林调查、造林、经营和规划设计提供科学依据，对不同的类型采取不同的营林措施。

1.2.1 林型分类的发展历史

林型分类存在很多研究学派。植被分类始于德国的洪堡和格里泽巴赫。前者根据群落外貌与景观间的关系，于 1805 年把植被划分为 19 个类型；后者根据植物的外形与气候条件关系提出 60 个营养型和群系，并把群系作为独立的植物群落类型。R.赫尔特和 E.迪里茨依据各层次的优势种进行植被分类。卡扬德则用森林地被层作为划分林型的依据。1893 年，法国的 C.弗拉奥绘制的法国植物分布图奠定了以主要种代表群落特性的分类基础。以布朗-布朗凯为代表的法瑞学派提出群丛概念，并以之作为群落分类的基本单位。另外，德国的埃伦贝格和莫尔等人则发展了研究植物群落连续性和梯度关系的学派。

英美学者的中心论点是 20 世纪初由克莱门茨建立的单元顶极学说和坦斯利建立的多元顶极学说。美国的格利森和俄国的拉缅斯基主张群落连续性的原理，形成了以美国的惠特克为代表的威斯康星学派，发展了种群、群落和环境梯度分析研究的途径。

苏联学者谢列布连尼科夫强调利用植被组成作为评定土壤-心土条件标准的必要性，并提出了俄国、欧洲北部的比较完整的综合林型分类。后来，莫罗佐夫基于多库恰耶夫关于植被在土壤形成中的作用和自然地带学说，并结合芬兰学派卡扬德的理论，提出了完整的林分类型学说。之后经过阿列克谢耶夫、克吕德纳及波格列布尼亚克等人的工作，形成生态学派。苏联的另一主要学派是以苏卡乔夫为代表的生物地理群落学派。早期他把相同性质的森林植物群落划分为同一林型。1939 年以后，莫罗佐夫关于“森林是一种地理现象”的概念逐渐被接受，认为林型是所有森林的组成部分，包括乔木、其他植物和一切动物以及全部环境因子相互作用而形成的综合体，即生物地理群落，进一步阐明森林生物地理群落的全部生活过程都是物质和能量的交换和转化过程。

1.2.2 林型分类的主要学派

经过研究的发展，主要的林型分类学派包括以下几个。

1．法瑞学派

法瑞学派的群落分类方法以植物区系的分析为基础。分类的基本单位是群丛，认为群丛是由一定植物区系组成的群落，其植物种类成分表现出一致的外貌，且生境条件一致。作为基本单位的群丛，如同植物种类，可组合为更高的系统单位，也可再分为较低的单位。其从高至低的顺序为植被区、群纲、群目、群属、群丛、亚群丛、变型、群相。

分类单位用鉴别种（包括特征种、区别种和恒有伴生种）来确定。凡是确限度大的种类都可按特征种及恒有伴生种确定群丛。群丛以上的单位，可通过群落系数计算确定群丛间种类的亲缘关系而进行归并。群丛以下的单位，可依据区别种（伴生植物中存在度大、多度、盖度显著的种类）进行细分。

法瑞学派是最早将统计方法应用于群落研究的，如群丛归并中群落系数的统计、群落动态中的分层频度法等。20 世纪 40 年代以后，数值分类的方法及排序逐渐发展，并得到广泛应用。

2．英美学派

英美学派以植被动态规律演替和演替系列为其基本观点进行植被的分类。演替的顶极是分类系统中的基本单位——群系。群系则以优势种的生活型表征地区的气候。群系的下一级为群丛。凡外貌、生态结构和种类成分相似的群落，属于一个群丛，通常有 2～3 个优势种。如只有一个种占优势，则划为单优群丛。群丛以下为群丛相，是群丛的地理变形，具有群丛中的两个或几个优势种，但不是群丛中的一切优势种。群丛相下面还可分为组合，由一个或几个次优势种所构成。在季节分明的气候下或郁闭的森林中还可细分为季相组合及成层组合。

英美学派中的一个重要分支威斯康星学派在植被的连续性与非连续性问题上不同于上述分类方法，但仍使用了顶极的概念及分类单位的优势度指标，并对调查数据的处理分析应用多种数量分类方法。例如，20 世纪 50 年代中由柯蒂斯等人创立的连续带分析、布雷和柯蒂斯的极点排序法、惠特克和劳克斯的梯度分析，以及古多尔首次应用的主分量分析等。这些方法目前已在许多国家的植被工作中应用，并迅速发展。

3．生态学派

生态学派强调林分和生境的相互统一。生境的变化比林分要缓慢得多。二者的相互作用决定着林分的组成、结构、生产力和林分特性等；生境条件的量变引起森林及其组成和生产力的质变。这一学派把林型看作立地条件的一种指标，即同一立地条件内，森林的差异主要受土壤因素的影响，可能有几个林型。分类系统为立地条件类型（森林植物条件类型），分类的基本单位是土壤养分、水分条件相似地段的总称。按土壤的 4 个营养级和 6 个湿度级组成 24 个立地条件类型。在同一个类型中又根据森林植物条件的明显差异，进一步划分为亚型、变异型和形态型。亚型表示一个类型内所含某一因子积累近于某一相邻类型的程度，是过渡型。变异型表示某些无直接影响的因子含量的变化，如土壤反应、石灰性和盐渍化等。形态型表示地形、土壤机械组成及石砾含量等。

林型是立地条件类型的下一级单位，在相同的土壤水肥条件下，因气候不同而形成不同林型。气候相似的有林和无林地段合称为一个林型，是立地条件类型的气候变型。林分型为林型的下一级单位，即在相同的土壤水肥和气候条件下，优势树种相似的林分组成一个林分型。林分型可按年龄、郁闭度、组成变化（超过 4/10）和生产力的不同而划分。

对于无林地，可划分为草本型。生态学派的分类方法不仅用于森林（包括天然林、人工林和次生林)，还把无林地区作为林型来研究。

4．生物地理群落学派

生物地理群落学派是在植物群落学的基础上发展起来的。其基本分类单位是林型。林型的树种组成、植被特点、动物区系、森林植物条件（气候、土壤和水文)，更新过程和森林更替方向等都具相似性，且在同样的经济条件下要求有同样的林业措施。它包括生物群落和生态环境全部，相当于森林生态系统。

1.2.3 中国的林型划分

我国从1954年开始先后在大兴安岭、小兴安岭、长白山、四川西部、云南西北部、秦岭及江西、湖南、海南岛、阿尔泰山、天山等地的天然林区、亚热带的人工杉木林区和华北石质山区宜林地进行了林型的研究和划分。对天然林基本上采用生物地理学派的分类方法，对人工林基本采用生态学派的分类方法，对宜林荒山、荒地则按生态学派的立地条件类型划分。在实施时又根据实际情况灵活掌握，以反映自然面貌，因而不同地区出现不同的分类系统和方法。例如，在西南高山天然针叶林区不是建群树种而是其他层片占优势地位时，设立“林型环”代替群系为更高一级分类单位，如箭竹针叶林（林型环)、箭竹冷杉林（林型组)、杜鹃箭竹冷杉林（林型）等。在热带、亚热带雨林和季雨林，考虑到地形及土壤的主导作用，设立“地形级”代替群系。在同一地形级内，土壤、植被、生产力大致相同。而林型则采用以优势木和亚优势木组成的“生物生态组”(即生态特性相近的树种）作为划分的重要标志。人工林划分还在林型下面设“栽培型”以表明经营措施的不同，如厚层红色黏土杉木林（林型)、中密度抚育型等。在宜林荒山、荒地如华北石质山区先划分区，区下再划立地条件类型。此外，还有主导因子法、立地指数法等林型分类方法。20世纪70年代后期，数值分类及排序等方法开始在许多地区的植被特别是森林分类的研究中得到广泛应用。

1.3 森 林 结 构

森林结构指森林组成的空间结构、年龄结构和层片结构。研究森林结构对深入了解各种森林植物与环境的关系，以及森林的生长发育和更新、演替规律具有重要意义，并可为制定科学的经营措施，最大限度地发挥森林效益提供理论依据。

1.3.1 空间结构

森林的空间结构包括水平结构和垂直结构[2]。

1．水平结构

水平结构是指林木在地面上的分布状态和格局。

不同植物都有它特有的分布格局和镶嵌特性，除环境因素外，还与植物本身的生态学、生物学特性，特别是与种的繁殖、迁移特性和竞争能力等有关。分布格局有规则分布、团状分布和随机分布等。人工林大部属于规则分布。

林业上常用的郁闭度、疏密度和密度等数量指标，是从不同角度反映林分的水平结构状态的。郁闭度指林冠的闭锁程度，是林冠垂直投影面积和林地总面积之比值，用十分数表示。林地全为树冠投影遮蔽时，郁闭度为 1.0；树冠投影面积占林地总面积的 80%时则为 0.8；以此类推。生产上常把郁闭度分成几个等级，0.9～1.0 为高度郁闭，0.7～0.8 为中度郁闭，0.5～0.6 为弱度郁闭，0.3～0.4 为极弱度郁闭，0.3 以下则称为疏林。森林疏密度指森林对空间的利用程度，单位面积上现实林分内林木胸高断面积总和与相同条件下的标准林分（相同树种生产力最高的林分）的胸高断面积总和之比，用十分数表示。数字越大，即利用空间越充分；反之则越不充分。森林密度是单位面积上的林木株数。

2．垂直结构

垂直结构是森林植物地上同化器官（枝、叶）在空中的排列成层现象。

在发育完整的森林中，一般可分为乔木、灌木、草本和苔藓地衣 4 个基本层次，每层又可按高度分为若干个亚层。乔木层是主体，也是人们经营的主要对象，处于森林的最上层，决定着森林的外貌和内部基本特征，对森林的经济价值和环境调节起着主要作用。乔木层是森林中最主要的层次，它的层次结构又称为林相。森林按林相可分为单层林、复层林和连层林。乔木层仅有 1 层的为单层林，如大多数人工林、油松、毛竹、落叶松林等。乔木层分 2 个或 2 个以上亚层的为复层林。灌木层在乔木层之下，是所有灌木型木本植物的总称。有时也包括灌木及生长不能达到乔木层高度的乔木，通称为下木层。乔木能抑制杂草、促进主林生长并改变其干性，为幼树遮阴，减少地表径流和蒸发，提高土壤肥力，增强森林的防护效能，具有一定经济价值。草本植物层包括所有草本植物以及达不到下木层高度的小灌木和半灌木。活地被植物层是森林最低层的植物成分，是覆盖在林地上的低矮草本植物（达不到草本层高度的草本植物）、地衣、苔藓的总称。

垂直结构是林内植物适应不同生态梯度的结果，它使群落更能充分利用其自然环境条件。在林业生产中配置并保持最合理的空间结构，可以充分利用生态环境，发挥最大的生产和生态效益。

1.3.2　年龄结构

森林的年龄结构指组成林分的主要树种在年龄阶段上的排列分配，是林分树木出生率和死亡率动态平衡的综合表现。用图形来表示种群年龄结构可以判别其种群的发展趋势。图 1-1 左方的基部宽，表示幼龄植株百分率高，种群正在增长发展中；图 1-1 中部表示各龄树木数量从幼龄到老龄成比例减少，种群处于稳定状态；图 1-1 右方表示幼龄植株百分率低，种群处于老化、衰退过程中。

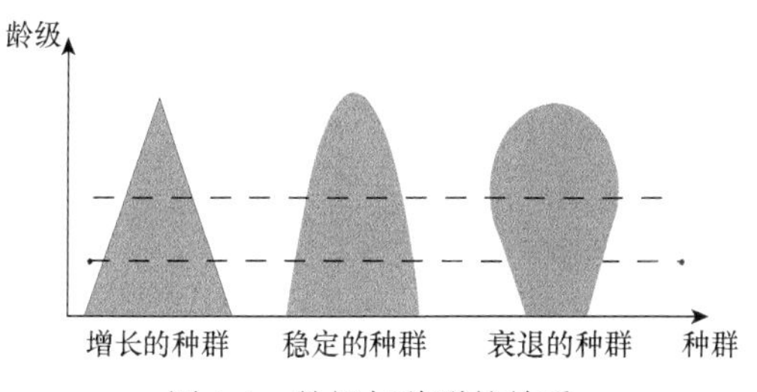

图 1-1　龄级与种群的关系

林业生产上以龄级来表示树木种群的年龄阶段。习惯上针叶树（如臭冷杉、红松）及实生硬阔叶树（如栎类、水曲柳等）以 20 年为一个龄级；硬阔叶树中的萌生林以及软阔叶树（如椴树等）以 10 年为一个龄级；速生树种（如萌生杉木）以 5 年为一个龄级；无性更新的毛竹林以 2 年为一个龄级。按林木年龄差异状况可把森林分为同龄林和异龄林。林木年龄完全相同称为绝对同龄林，差异不超过一个龄级的称为相对同龄林,林内林木年龄相差超过一个龄级以上的称为异龄林。林分的年龄结构取决于树种的生物特性、生态习性、立地条件及森林发生的历史过程。

由于各树种的耐阴性及更新能力不同，树龄差异大，大多是异龄林。纯林中，耐阴树种具有强大的天然更新能力，所组成的林分也多为异龄林，如中国高山地带的云杉、冷杉林，温带的红松林，亚热带的常绿阔叶林。阳性树种所组成的林分多为同龄林，但在过程中常有耐阴树种或中等耐阴树种入侵和更替，最后又形成异龄林。可见，天然林在不受干扰的情况下以异龄林为主，稳定性大；而同龄林往往处于过渡阶段，稳定性小。人工林多为同龄林，但在人为控制下，也可保持较大的稳定性。同龄林的发育过程可明显地分为几个阶段：幼龄林、中龄林、近熟林、成熟林和过熟林。异龄林则同时具有几个阶段的林木。所以同龄林和异龄林按照胸径及年龄的株数分布格局是不同的。

1.3.3　层片结构

森林群落内生活型（植物适应外界环境而形成的植物形态）相同，生物学、生态学特性相似的植物组成的块片，是森林植物群落层片结构的单位。植物生活型一般采用丹麦植物学家朗凯厄的划分法，按植物更新的部位（芽和枝梢）将植物分为 5 类：高位芽植物、地上芽植物、地面芽植物、隐芽植物和一年生植物。每类还可细分，如高位芽植物按离地面的高度又可分为大高位芽植物

（30m 以上）、中高位芽植物（8～30m）、小高位芽植物（2～8m）、矮高位芽植物（2m 以下）4 类，然后分别归并为常绿或落叶、针叶或阔叶、裸芽或被芽等。层片和层次有一定的关系，但具有不同的概念。层次强调植物体的高度，反映形态上的结构；而层片强调生活型，反映生态上的结构。例如，亚热带常绿阔叶混交林由樟科、壳斗科、茶科和木兰科等树种组成，按生活型较大单位划分，这些树种同属于大高位芽植物层片，也同属一个乔林层；而按生活型划分较细时，上述树种则分别属于常绿和落叶阔叶乔木两个层片。灌木层属于小高位芽植物层片。

此外，森林植物群落还在一年内随季节更替而发生周期性变化，称为群落季相，并形成森林植物的季相层片。例如，温带落叶阔叶林，早春林地光照比较充足，地面植物迅速生长而形成早春植物层片；入夏以后林冠郁闭，早春植物层片逐渐消失而出现另一种林下植物层片。这种季相变化也称为群落在时间上的成层现象。

1.4　森林生物多样性

生物多样性是指一定范围内多种多样活的有机体有规律地结合所构成稳定的生态综合体。多样性体现在动物、植物、微生物的物种多样性、物种的遗传与变异的多样性及生态系统的多样性。生物进化的过程中，物种和物种之间、物种和无机环境之间共同进化，导致生物多样性的形成。

森林生态系统是陆地生态系统的主体。我国具有热带、暖温带、温带和寒温带多个气候带，因此森林生态系统也具有多样性，有各类针叶林、落叶阔叶林、针阔叶混交林、常绿阔叶林和热带林，以及各种次生类型。根据《中国植被》对天然乔灌林的分类，我国有森林 210 个群系，竹林 36 个群系，灌丛（不含半灌丛及草丛）94 个群系，其中乔木 2 000 多种，灌木 6 000 多种。原生性森林主要集中在东北和西南天然林区[3]。

中国森林的野生动物物种丰富，有 1 800 多种，比较珍贵的包括东北虎、大熊猫、驼鹿、雪兔、金丝猴、长臂猿、野象、紫貂等。森林中的鸟类、昆虫、爬行类、两栖类和各种土壤中的低等动物种类也十分丰富。

因森林过度采伐、森林火灾、森林病虫害、造林方式不当、环境污染等多种因素的影响，森林的生态多样性遭到了破坏。针对生物多样性保护，我国提出“全面规划、积极保护、科学管理、永续利用”的原则，先后制定了《中华人民共和国森林法》《中华人民共和国自然保护区管理条例》《中华人民共和国环境保护法》《中华人民共和国水土保持法》《中华人民共和国环境影响评价法》等法律法规，保证生物多样性保护的严肃性和有效性。

1.5 森林土壤

森林土壤是发展林业生产的物质基础，林木生物积累所需的水分、养分、光、热和空气除部分来自大气外，水分、养分和一部分氧气还都要依赖森林土壤的补给，并依靠它的基础支撑，使林木挺立于大地进行多种生命活动[4]。

森林土壤学是林学和土壤学之间的一门边缘学科，它是用土壤学科系统的、先进的理论知识和实验技术去解决林业生产及不良立地条件森林植被恢复中的实际问题。该学科依据森林土壤功能与其组成、结构、性质一致性原理，揭示并调控不同林分类型土壤功能的动态演化规律，从而为森林土壤资源的合理利用、可持续经营提供科学依据。

近年来，我国已经对森林土壤资源分布、森林土壤改良措施与途径、天然林及人工林森林土壤生态系统动态规律等进行了广泛研究，取得了一定的研究成果，建立了中国森林立地分类系统；开展了林木施肥及生物固氮、菌根、细菌肥料应用技术研究；研究了我国主要造林树种杉木、杨树等人工林地力衰退的原因机理及其防治措施；进行了森林土壤分析方法标准化及森林土壤标准物质的研究。

国外主要研究森林土壤质量演化及其与土壤功能变化的关系，并将计算机、遥感等先进技术应用于森林土壤研究，着手建立人工林土壤质量退化指标、评价、监测及预报系统，为不同立地条件下森林土壤的合理经营提供科学的理论依据和适用技术。

今后森林土壤学科的研究方向是：研究森林土壤的组成、结构、性质和能量的循环及其与周围环境间的物质、能量的交换；森林土壤资源合理利用；揭示人工林土壤质量退化机理，建立土壤质量评价体系；为不良立地条件地区森林植被恢复提出立地类型划分、评价及适地适树（草）的适用技术；开展森林土壤生态定位研究；合理施用化学肥料技术的研究，以及森林土壤学科分类的研究[5]。

我国是一个森林土壤资源丰富的国家。既有大面积湿润、半湿润地区从南部热带到北部寒温带的纬度地带性土壤，又有全国各地山区多种多样垂直带谱中的山地森林土壤，具体土壤类型及分布见表1-1。

表1-1 土壤类型及分布

土壤类型	气候带	植物类型	年均温度/℃	≥10℃年积温/℃	年降水量/mm	主要地理分布
灰化土	寒温带	针叶林	0～5	1 400～2 000	400～500	大兴安岭、青藏高原边缘高山、亚高山垂直地带
灰色森林土	温带	针叶林、落叶阔叶林	−3.2～3.9	1 800～2 000	430～450	东北地区、青藏高原边缘山地、森林和草原过渡带

续表

土壤类型	气候带	植物类型	年均温度/℃	≥10℃年积温/℃	年降水量/mm	主要地理分布
暗棕壤	温带	针阔叶混交林	−1～5	2 000～3 000	600～1 100	大兴安岭、阿尔泰山、准噶尔盆地以西
棕壤	暖温带	落叶阔叶林	5～16	3 200～4 500	500～1 200	辽东、山东半岛
褐土	暖温带	落叶阔叶林	11～14	3 200～4 500	500～700	燕山、太行山、秦岭等山地
黄棕壤	北亚热带	常绿阔叶林、落叶阔叶林	15～18	4 500～5 500	750～700	从秦岭到长江、从青藏高原到长江下游
黄壤	亚热带	常绿阔叶林、常绿落叶阔叶林	14～19	4 500～5 500	1 000～2 000	亚热带、热带中等高度的山地
红壤	亚热带	常绿阔叶林	16～25	5 000～6 500	＞1 500	长江以南广阔的低山丘陵
赤红壤	南亚热带	南亚热带季雨林	20～23	6 500～7 500	1 500～2 000	广东、广西的西部、东南部和福建、台湾省南部
砖红壤	北热带	热带雨林、季雨林	23～26	7 500～9 500	1 600～2 000	海南岛、雷州半岛、云南和台湾省南部
燥红土	北热带	热带稀树草原、热带稀树灌丛	24～25	＞8 700	750～1 000	云南南部深切河谷地带和海南岛西南部

与林木生长密切相关的森林土壤属性主要集中于以下几个方面[6]。

1．土壤质地

质地是由大小不同的土粒以各种比例组合而成的。根据各种土粒级百分比，土壤质地划分为砂土、壤土和黏土。质地在化验室用比重计法或吸管法测定，在野外用手感法也能确定。森林土壤质地影响土壤有效水含量、养分含量以及土壤保水保肥性能和通气性、透水性及温度变化，因而质地与林木生长关系密切。

2．土层厚度

土层厚度是指可供林木根系生长活动的土体厚度。它关系到土壤中水分、空气的容积及林木所需养分贮量，同时也影响根系伸展及林木抗风倒性能。根据厚度不同，30cm 以下为薄土层，31～60cm 为中土层，60cm 以上为厚土层。山地土壤厚度与地形部位及母质类型有关，一般坡下部堆积母质上形成的土壤厚度较大，山脊山顶或坡上部残积母质上形成的土壤土层较浅薄。土壤厚度分布情况对于造林地点选择具有重要的指导意义。

3．腐殖层厚度

土壤腐殖质是有机质经过微生物作用后形成的具有多官能团、含氮、酸性的高分子有机化合物，即胡敏酸、富里酸。通常用胡敏酸与富里酸的比值（HA/FA）评价腐殖质质量。通常草甸上的HA/FA大于1.0，阔叶林土壤的HA/FA为0.5～1.0，针叶林土壤的HA/FA小于0.5。腐殖质在森林土壤肥力上具有众多功能，是林木营养物质的主要来源，土壤中大部分氮、磷、钾等养分贮存于腐殖质中，通过逐渐释放为森林植物吸收利用，成为稳定长效肥源。腐殖质带有正、负电荷，可以同时吸附阴、阳离子形态的养分元素，避免其流失，同时具有对酸碱反应的缓冲性能。腐殖质具有胶体性能，利于团粒结构的形成，使土壤疏松多孔，改善通气性和透水性。腐殖质是土壤中微生物活动的能源，有助于土壤酶活性的加强，改善土壤肥力。

4．土壤水分

土壤水分状况（土壤湿度）影响到物理、化学和生物过程，对林木生长有显著制约作用。水分在土壤中受到各种作用力的影响，分为重力水、毛管水、吸湿水和膜状水。重力水受重力作用的影响极易渗漏或流失，甚少为林木利用。吸湿水和膜状水受土壤颗粒的强烈吸附，也难以被林木吸收。毛管水可长时间在土壤孔隙中滞留，能被根系充分吸收，是林木利用的主要水分类型。土壤水分状况直接受气候、植被、地形及土壤本身性状的影响。在一定气候区域内地形对水分再分配起着主导作用。通常高海拔地区降水量大，空气湿度大，土壤湿度较低海拔地区的大。山坡上部有地表径流及土内侧渗，水分随地形汇于山脚坡麓，因此山坡上部的土壤湿度明显低于下部。山地坡面分为凹形坡、直形坡及凸形坡等，降水或土壤水受这些坡形的影响,其土壤湿度大小依次为凹形坡＞直形坡＞凸形坡。阴、阳坡及坡度陡缓导致土壤水分状况差异更明显。土壤本身的质地、结构和孔隙状况也是制约土壤水分含量的主要因素。在相同地理条件下黏质土含水量高于沙质土。团粒结构土壤能渗入更多水分。孔隙度大的土壤容蓄水量也大。在一定条件下，土壤含水量与林木生长线性相关。

5．土壤养分

土壤养分是形成林木生物量的基本物质，在林木生长中不可缺少的营养元素有20种左右。碳、氢、氧等元素可以通过空气和水获得，其他养分元素主要依靠土壤补给。常量元素如氮、磷、钾、钙、镁、铁等在林木器官中含量多，土壤中的含量也较丰富。微量元素如硫、锰、铜、锌、硼等在林木及土壤中含量较少。林木含氮量为0.1%～0.3%，缺氮时其根、茎、叶生长均受到抑制。林木含磷量为 0.1%～0.2%，缺磷时则生长停滞，干形发育差。森林土壤的含磷量一般为 0.02%～0.10%，速效磷含量一般为 0.5～50.0mg/kg。林木含钾量一般为 0.3%～2.0%，钾对树木生理有重要调节功能，贫缺时会严重削弱树木的抗逆性。森林土壤中的全钾含量一般为 2.5%～5.0%，速效钾含量一般为 20～200mg/kg，有效钾含量一般为 20～200mg/kg。上述营养元素在天然林中依靠森林生态系统进行自我调节，供应林木需要。但在人工林中，由于生物量移出林地多，轮伐期短，养分积累与循环失调，会导致林木养分不足，生长减缓。

6．土壤酸碱度

土壤酸碱度由土壤溶液中氢离子与氢氧根离子二者的相对数量决定。一般用氢离子浓度来反映土壤酸碱性，并用 pH 表示。当 pH＝7 时为中性，pH＜7 时为酸性，pH＞7 时为碱性。土壤水溶液的 pH 一般为 4～9，但因土壤类型不同而异。山地土壤多为酸性，平原土壤为中性或碱性，森林土壤除少数类型外多为酸性。土壤酸碱度分级：pH＜4.5 为强酸性；pH 4.5～5.5 为酸性；pH 5.6～6.5 为弱酸性；pH 6.6～7.5 为中性；pH 7.6～8.5 为弱碱性；pH＞8.5 为强碱性。不同的林木对土壤酸碱度有不同的适应性，这在育苗、造林特别是引种外来树种时更要注意它们对土壤的适应能力。土壤酸碱度在许多情况下是通过土壤微生物和土壤养分有效性间接地影响林木的。土壤的 pH 还可通过微生物影响有机物的分解和固氮作用的强度。此外，土壤酸碱度还会影响土壤营养元素的化学形态、溶解度及土壤保持养分的性能。

1.6 森林冠层结构

植物的冠型是植物用以适应环境和提高整体光合作用所采取的一种生态对策。森林冠层的生物多样性也构成了地球生物多样性的主要部分。林冠的研究一般包括 4 个组织层次，即器官（叶、茎、枝）、植株、林分和群落。森林的冠层几何学特征不仅直接影响森林截获太阳辐射的程度以及截留大气降水的能力等，还影响到诸如风速、空气温湿度、土壤蒸发量、土壤热储量、土壤温度等林内小气候特征，并影响到林冠和外界大气环境之间的能量交换。森林冠层结构不仅与组分植物种群自身的生长发育特性密切相关，还会影响到与植物群落相伴生的其他生物种群（如动物和微生物种群等）的动态特征，乃至森林生态系统的食物链结构。因此，森林冠层的结构与功能密切相关，这一方面的研究在整个森林生态系统研究中也占有十分重要的地位。

描述树冠形态的几何学参数包括冠型、分枝特征、叶片形状、大小、光学特性、排列方位及生理扩散阻力等[7]。天然林分的冠层形态主要受自然力的影响，冠层结构复杂，异质性程度高；而人工林的冠层形态主要受人工修剪或定向培育的影响，冠层结构相对简单，异质性程度相对较低。

用于定量化研究林冠表面的结构特征的新技术包括半球形摄影技术、遥感技术、三维X射线断层摄影技术以及分形的方法等。森林冠层研究需要进行长期的定位观测。

森林冠层结构的研究意义：①揭示树冠结构与太阳辐射截获以及树木或群落有效干物质积累能力之间的关系；②林冠是森林与外界环境相互作用最直接和最活跃的界面层。树（林）冠结构的研究，有助于解析森林生态系统内部能量传输和分配，以及各种功能作用的复杂过程和机制[8]。

1.7 光合作用

光合作用，即光能合成作用，是指含有叶绿体的绿色植物和某些细菌，在可见光的照射下，经过光反应和碳反应，利用光合色素，将二氧化碳（或硫化氢）和水转化为有机物，并释放出氧气（或氢气）的生化过程。同时也有将光能转变为有机物中化学能的能量转化过程。

光合作用是一系列复杂的代谢反应的总和，是生物赖以生存的基础，也是地球碳-氧平衡的重要媒介。光合作用可分为产氧光合作用和不产氧光合作用。对于生物界的几乎所有生物来说，这个过程是它们赖以生存的关键，而对于地球上的碳氧循环，光合作用是必不可少的。

光合作用是林木生长的重要基础。森林植物通过光合作用固定大气中的二氧化碳，从而使森林生态系统成为陆地生态系统中的重要碳汇。目前林木光与光合作用方面的研究主要在光抑制作用、光-光响应、光饱和点和光补偿点等领域。光对光合作用影响的生理学研究中，既有低光对光合作用的影响，又有强光对光合作用抑制的研究；随着光强的变化，植物生理生态特征也出现相应的反应。通过这些反应可以确定植物光合作用的时间特征（日变化、月变化等）及光补偿点和饱和点等基本特征。光补偿点和饱和点是植物对光适应的重要特征，用这些特征可以确定植物对光需求的界限。

在自然条件下，外界环境因子是影响光合作用的重要因素之一。影响光合效率的外界因素包括光因子、温度因子、水因子、二氧化碳浓度和土壤因子等。

1.8 树木生长

1.8.1 树木生长与木材的生成

树木是有生命的有机体，是由种子（或萌条、插条）萌发，经过幼苗期长成枝叶繁茂、根系发达的高大乔木。树木由树冠、树干和树根三大部分组成。树根占树木体积的 5%～25%，其功能是吸收水分和矿物质，将树木固定于土壤；树冠是树木的最上部分，由树枝、树叶组成，占树木体积的 5%～25%，树冠的功能是将树根吸收的水分和矿物质等养分和叶吸收的二氧化碳，通过光合作用制成碳水化合物；树干是树木地面以上的主茎部分，是树木的主体，占树木体积的 50%～90%，它一方面将树根吸收的养分由边材运送到树叶，另一方面把叶子制造的养料沿韧皮部输送到树木的各个部分，并与树根共同支撑整个树木。

树木的生长是高生长（顶端生长、初生长）和直径生长（次生长）的共同作用结果。高生长是根和茎主轴生长点的分生活动，即顶端分生组织或原分生组织的分生活动的结果。直径生长是形成层（即侧生分生组织）细胞向平周方向分裂的结果，形成层原始细胞向内形成次生木质部，向外形成韧皮部，于是树木的直径不断增大。

树木经历幼年期、青年期、成年期，直至衰老死亡。而木材产自高大的针叶树和阔叶树等乔木的主干。

1.8.2 树木生长量

一定间隔期内树木各种调查因子所发生的变化称为生长，变化的量称为生长量。生长量是时间的函数，时间的间隔可以是 1 年、5 年、10 年或更长的期间，通常以年为时间的单位。

测树学中所研究的生长按研究对象分为树木生长和林分生长两大类；按调查因子分为直径生长、树高生长、断面积生长、形数生长、材积（或蓄积）生长和生物量生长等。

1．树木年龄的测定

（1）年轮法

年轮是由于树木形成层受外界季节变化产生周期性生长的结果。在温带和寒温带，大多数树木的形成层在生长季节早期向内侧分化的次生本质部细胞具有生长迅速、细胞大而壁薄、颜色浅等特点，它的宽度占整个年轮宽度的主要部分，形成早材。而在秋、冬季，形成层的增生现象逐渐缓慢或趋于停止，使在生长层外侧部分的细胞小、壁厚而分布密集，木质颜色比内侧显著加深，形成晚材。晚材与下一年生长的早材之间有明显的界线，这就是通常用来划分年轮的界线。树干横断面上由早（春）材和晚（秋）材形成同心“环带”。

在正常情况下，树木每年形成一个年轮，直接查数树木根颈位置的年轮数就是树木的年龄。一般情况下，一年中树木年轮是由早晚材的完整环带构成的。但在某些年份，由于受外界环境的影响，在年轮分析过程中，常遇到伪年轮、多层轮、断轮，以及年轮消失、年轮界线模糊不清等变异现象。为此，在年轮测定时可借助圆盘着色、显微镜观测等手段识别年轮变异现象。

（2）生长锥测定法

当不能伐倒树木或没有伐桩查效年轮时，可以用生长锥测定树木年龄。生长锥是测定树木年龄和直径生长量的专用工具。

生长锥的使用方法：先将锥筒置于锥柄上的方孔内，用右手握住柄的中间，用左手扶住锥筒以防摇晃，垂直于树干将锥筒先端压入树皮，而后用力按顺时针方向旋转，待钻过髓心为止。将探取杆插入筒中稍许逆转再取出木条，木条上的年龄数即为钻点以上树木的年龄，加上由根颈长至钻点高度所需的年数即为树木的年龄。

（3）查数轮生枝法

部分针叶树种，如松树、云杉、冷杉等，一般每年在树的顶端生长一轮侧枝，称为轮生枝。因此，可以直接查数轮生枝的环数及轮生枝脱落（或修枝）后留下的痕迹来确定年龄。由于树木的竞争，老龄树干下部侧枝脱落（或树皮脱落），甚至节子完全闭合，其轮枝及轮枝痕不明显，这种情况可用对比附近相同树种小树枝节树木的方法近似确定。该方法用于确定幼小树木（人工林小于30年，天然林小于50年）年龄时十分精确，对老树则精度较差。

（4）查阅造林技术档案或访问的方法

这种方法对确定人工林的年龄是最可靠的方法。

2．树木生长量的分类

1）总生长量。树木自种植开始至调查时整个期间累积生长的总量为总生长量，它是树木的最基本生长量，其他种类的生长量均可由它派生而来。

2）定期生长量。树木在定期 n 年间的生长量为定期生长量。

3）总平均生长量。总平均生长量简称平均生长量，总生长量被总年龄所除之商称为总平均生长量，简称平均生长量。

4）定期平均生长量。定期生长量被定期年数所除之商，称为定期平均生长量。

5）连年生长量。树木一年间的生长量为连年生长量。

1.8.3 树木生长方程

树木生长包括3个基本过程，即细胞分裂、细胞延长和细胞分化。理论上各个细胞和组织的生长潜力是无限的，它们的生长过程应该始终按指数形式进行增长（图1-2中的A曲线），但由于单个细胞或器官之间内部的交互作用限制了生长，因此，经过一个阶段后，随着指数生长期的结束，增长速率开始下降，使整个生长曲线呈现S形（图1-2中的B曲线），这种曲线称为生长曲线，又称S曲线（图1-3）。尽管树木生长过程中由于受环境的影响出现一些波动，但总的生长趋势是比较稳定的。由于树木的生长速率是随树木年龄的增加而变化的，即缓慢—旺盛—缓慢—最终停止，因此反映总生长量变化过程的曲线是一个呈S

形曲线的生长方程，从这条曲线上能明显看出有两个弯或 3 个阶段。如果沿曲线的弯曲处作 3 条切线或渐近线，以其相交处为界线，第一段大致相当于幼龄阶段，第二段相当于中、壮龄阶段，第三段相当于近熟、成熟龄阶段。

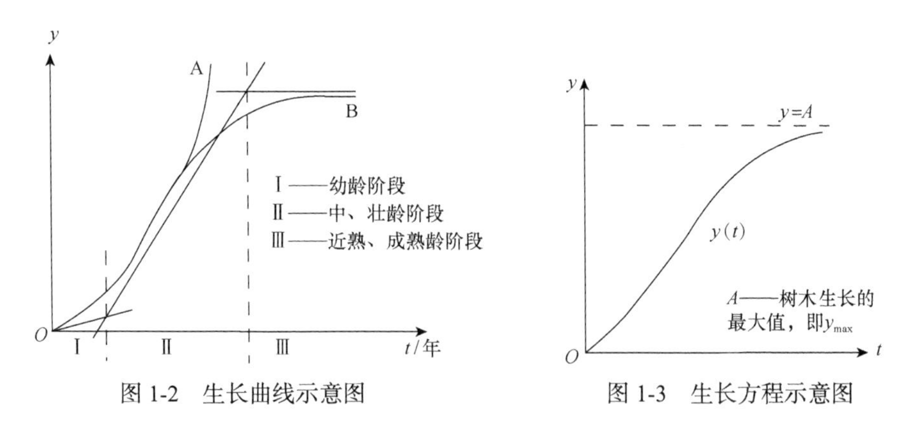

图 1-2　生长曲线示意图　　　图 1-3　生长方程示意图

树木的生长方程是指描述某树种（组）各调查因子总生长量 y 随年龄 t 生长变化规律的数学模型。由于树木生长受立地条件、气候条件、人为经营措施等多种因子的影响，因而同一树种的单株树木的生长过程往往不尽相同。生长方程是用来描述树木某调查因子变化规律的数学模型，所以它是该树种某调查因子的平均生长过程，也就是在均值意义上的生长方程。

树木生长方程是比较复杂的，有大量公式可以描述所观察的生长数据及曲线，总体上可划分为经验方程及理论方程两类。

1．经验方程

根据树木生长方程的性质，为了更严密地表达总生长过程曲线，各国学者曾提出许多经验生长方程，可供选择的主要方程有以下几个。

（1）舒马切尔方程

舒马切尔方程的形式为

$$y=ae^{-\frac{b}{t}} \quad \text{或} \quad y=10^{\left(a-\frac{b}{t}\right)} \tag{1-1}$$

（2）柯列尔方程

柯列尔方程的形式为

$$y=at^{b}e^{-ct} \tag{1-2}$$

（3）豪斯费尔德方程

豪斯费尔德方程的形式为

$$y=\frac{a}{1+bt^{-c}} \tag{1-3}$$

（4）莱瓦科威克方程

莱瓦科威克方程的形式为

$$y=\frac{a}{(1+bt^{-d})^{c}} \quad (d=1，2\text{ 或常数}) \tag{1-4}$$

（5）修正 Weibull 方程

修正 Weibull 方程的形式为

$$y=a(1-\mathrm{e}^{-bt^{c}}) \tag{1-5}$$

（6）吉田正男方程

吉田正男方程的形式为

$$y=\frac{a}{(1+bt^{-c})}+d \tag{1-6}$$

（7）斯洛波达方程

斯洛波达方程的形式为

$$y=a\mathrm{e}^{-b\mathrm{e}^{-ct^{d}}} \tag{1-7}$$

（8）其他经验方程

① 幂函数型，其方程的形式为

$$y=at^{b} \tag{1-8}$$

② 对数型，其方程的形式为

$$y=a+b\lg(t) \tag{1-9}$$

③ 双曲线型，其方程的形式为

$$y=a-\frac{b}{t+c} \tag{1-10}$$

④ 混合型，其方程的形式为

$$\ln y=a-\frac{a_1}{t+a_2} \tag{1-11}$$

$$y=\left(a+\frac{b}{t}\right)^{-c} \tag{1-12}$$

$$y=\frac{1}{a+bt^{-c}} \tag{1-13}$$

上述各方程中，y 为调查因子；t 为年龄；a、b、c 和 d 为待定参数；$\ln y$ 是以 e 为底的自然对数。

2．理论方程

在生长模型研究中，根据生物学特性做出某种假设，建立关于 $y(t)$ 的微分方程或微积分方程，求解后并代入其初始条件或边界条件，从而获得该微分方程的特解，这类生长方程称为理论方程。目前应用较多的有 Logistic 方程、单分子方程、坎派兹方程、考尔夫方程及理查德方程等。

（1）Logistic 方程

Logistic 方程的形式为

$$y=\frac{A}{1+me^{-rt}} \quad (A, m, r>0) \tag{1-14}$$

式中，A——树木生长的最大值参数，$A=y_{max}$；

m——与初始值有关的参数；

r——内禀增长率（最大生长速率）参数。

（2）单分子方程

单分子方程的形式为

$$y=A(1-e^{-rt}) \quad (A, r>0) \tag{1-15}$$

式中，A——树木生长的最大值参数，$A=y_{max}$；

r——生长速率参数。

（3）坎派兹方程

坎派兹方程的形式为

$$y=Ae^{-be^{-rt}} \quad (A, b, r>0) \tag{1-16}$$

式中，A——树木生长的最大值参数，$A=y_{max}$；

b——与初始值有关的参数；

r——内禀增长率（最大生长速率）参数。

（4）考尔夫方程

考尔夫方程的形式为

$$y=Ae^{-bt^{-c}} \quad (A, b, c>0) \tag{1-17}$$

式中，A——树木生长的最大值参数，$A=y_{max}$；

b、c——方程参数。

（5）理查德方程

理查德方程的形式为

$$y=A(1-e^{-rt})^{c} \quad (A, r, c>0) \tag{1-18}$$

式中，A——树木生长的最大值参数，$A=y_{max}$；

r——生长速率参数；

c——与同化作用幂指数 m 有关的参数，$c=\frac{1}{1-m}$。

上述经验方程和 5 个理论方程，均属于典型的非线性回归模型，估计参数时需采用非线性最小二乘法。许多高级统计软件包，如 SAS、SPSS、Statistica、统计之林（ForStat）等，均提供了非线性回归模型参数估计的方法。

1.8.4 树木生长率

生长率是树木某调查因子的连年生长量 $Z(t)$ 与其总生长量 $y(t)$ 的百分比，

它是说明树木相对生长速率的，即

$$P(t)=\frac{Z(t)}{y(t)}\times 100\ \% \tag{1-19}$$

式中，$y(t)$——树木的总生长方程；

$P(t)$——树木在年龄 t 时的生长率。

显然，当 $y(t)$ 为S形曲线时，$P(t)$ 是关于 t 的单调递减函数。

由于生长率是说明树木生长过程中某一期间的相对速率的，因此可用于对同一树种在不同立地条件下或不同树种在相同立地条件下生长速率的比较及未来生长量的预估等，这比用绝对值的效果要好得多。

1.8.5 各调查因子生长率之间的关系

各种调查因子的生长率，特别是材积生长率，在实际工作中应用很广。但除胸径生长率外，所有调查因子的生长率都很难直接测定和计算，常常根据它们与胸径生长率的关系间接推定，所以必须了解各种调查因子生长率之间的关系。

1．断面积生长率（P_g）与胸径生长率（P_D）的关系

已知 $g=\frac{\pi}{4}D^2$，其中断面积（g）与胸径（D）均为年龄（t）的函数，等式两边求导：

$$\frac{\mathrm{d}g}{\mathrm{d}t}=\frac{\pi}{4}2D\frac{\mathrm{d}D}{\mathrm{d}t}$$

用 $g=\frac{\pi}{4}D^2$ 同除等式的两边，得

$$P_g=2P_D$$

即断面积生长率等于胸径生长率的两倍。

2．树高生长率（P_H）与胸径生长率（P_D）的关系

假设树高与胸径的生长率之间关系满足相对生长式：

$$\frac{1}{H(t)}\frac{\mathrm{d}H(t)}{\mathrm{d}t}=k\frac{1}{D(t)}\frac{\mathrm{d}D(t)}{\mathrm{d}t}$$

即林木的树高与胸径之间可用如下幂函数表示：

$$H=aD^k \tag{1-20}$$

式中，H——t 年时的树高；

D——t 年时的胸径；

a——方程系数；

k——反映树高生长能力的指数，$k=0\sim2$。

因此，可得

$$P_H = kP_D \tag{1-21}$$

即树高生长率近似地等于胸径生长率的 k 倍。k 值是反映树高生长能力的指数。

当 $k \approx 0$ 时，树高趋于停止生长，这一现象多出现在树龄较大的时期，说明树高生长率为零，即 $P_H = 0$。

当 $k = 1$ 时，树高生长与胸径生长成正比。

当 $k > 1$ 时，即树高生长旺盛。树木的平均 k 值在 0～2 范围内变化。大量材料分析表明，林分中的平均 k 值与林木生长发育阶段和树冠长度占树干高度的百分数均有关。

3．材积生长率与胸径生长率、树高生长率及形数生长率之间的关系

依据立木材积公式 $V = g \cdot H \cdot f$，若把材积的微分作为材积生长量的近似值，则

$$\ln(V) = \ln(g) + \ln(H) + \ln(f)$$

取偏微分，则有

$$\partial\ln(V) = \partial\ln(g) + \partial\ln(H) + \partial\ln(f)$$

由此可得

$$\frac{\partial V}{V} = \frac{\partial g}{g} + \frac{\partial H}{H} + \frac{\partial f}{f}$$

即　$P_V = P_g + P_H + P_f$　或　$P_V = 2P_D + P_H + P_f$

现将树高生长率与胸径生长率的关系式（1-21）代入上式中，且假设在短期间内形数变化较小（即 $P_f \approx 0$），则

$$P_V = (k+2)P_D \tag{1-22}$$

以上推证的结果可为通过胸径生长率测定立木材积生长量提供了理论依据。

施耐德发表的材积生长率公式为

$$P_V = \frac{K}{nd} \tag{1-23}$$

式中，n——胸高处外侧 1cm 半径上的年轮数；

d——现在的去皮胸径；

K——生长系数，生长缓慢时为 400，中庸时为 600，旺盛时为 800。

此式外业操作简单，测定精度又与其他方法大致相近，直到今天仍是确定立木生长量的最常用方法。

1.8.6　树木生长量的测定

1．伐倒木生长量的测定

（1）直径生长量的测定

用生长锥或在树干上砍缺口或截取圆盘等办法，量取 n 个年轮的宽度，其宽度的 2 倍即为 n 年间的直径生长量，被 n 除得定期平均生长量。用现在去皮直径减去最近 n 年间的直径生长量得 n 年前的去皮直径。

（2）树高生长量的测定

每个断面积的年轮数是代表树高由该断面生长到树顶时所需要的年数。因此，测定最近 n 年间的树高生长量，可在树梢下部寻找年轮数恰好等于 n 的断面，量此断面至树梢的长度即为最近 n 年间的树高定期生长量。用现在的树高减去此定期生长量即得 n 年前的树高。

（3）材积生长量的测定

精确测定伐倒木材积生长量需采用区分求积法。首先按伐倒木区分求积法测出各区分段测点的带皮和去皮直径，用生长锥或砍缺口等方法量出各测点最近 n 年间的直径生长量，并算出 n 年前的去皮直径。根据前述方法测出 n 年前的树高。最后，根据各区分段现在和 n 年前的去皮直径以及现在和 n 年前的树高，用区分求积法可求出现在和 n 年前的去皮材积。按照生长量的定义即可计算各种材积生长量。

2．立木材积生长量的测定

通常是先用施耐德公式测定材积生长率 P_V，再计算材积生长量 Z_V，即

$$Z_V = V \cdot P_V \tag{1-24}$$

用式（1-23）和式（1-24）确定立木材积生长量的步骤如下。

1）测定树木带皮胸径（D）及胸高处的皮厚（B）。

2）用生长锥或其他方法确定胸高处外侧 1cm 半径上的年轮数（n）。

3）根据树冠的长度和树高生长状况确定系数 K。

4）计算去皮胸径，$d = D - 2B$。

5）计算材积生长率。

6）计算材积生长量。

1.9　森林生长模型

森林生长模型是森林动态模拟、森林经营决策的理论依据。艾弗里和伯克哈特把生长模型定义为：依据森林群落在不同立地、不同发育阶段的现实状况，经

一定的数学方法处理后，能间接地预估森林生长、死亡及其他内容的图表、公式和计算机程序等[9]。1987年，世界森林生长模拟和模型会议指出：森林生长模型是指一个或一组数学函数，它描述林木生长与森林状态和立地条件的关系[10]。

森林生长模型的发展经历了4个阶段：标准收获表时代、可变密度表时代、计算机模型初期时代、现代计算机综合模拟时代[11]。根据模型模拟对象的不同尺度，森林生长模型分为全林分模型、径级模型和单株树木模型[12]。

全林分模型选择林分总体特征指标作为模拟的基础，将林分的生长量或收获量作为林分特征因子，以年龄、立地、密度及经营措施等的函数来预估将来林分的生长和收获。这种模型又分为两类：一类是与密度无关的模型，如早期欧美的收获表及模式林分生长过程表，都是与密度无关的正常收获表；另一类是与密度有关的模型，它以林分密度作为自变量，常用的密度指标有单位面积株数、断面积、林分密度指数、树冠竞争因子、相对植距等。根据建模特点，林分生长模型分为林分经验生长模型和林分过程生长模型。林分经验生长模型也分为距离有关和距离无关两类。

径级模型以直径分布为自变量。林分不必按森林调查中的固定分级方式来进行，一般采用生态学中的分簇方式进行。预测方法包括林分预估方法，即未来林分直径分布通过当前林木直径分布中每一级生长的方法来预估，每一级中的直径分布或从生长方程中预估，或用林分生长数据库中的数据来直接预测，预测结果以各个级的生长量来表示。

单株树木模型是以模拟林分内每株树生长为基础的一类模型，一般从林木竞争机制出发，模拟林分内每株树木的生长过程。竞争指标是描述林木由竞争对生长影响的数值指标。按竞争指标中是否含有林木间的相对位置因子，又分为与距离无关的单株树木生长模型和与距离有关的单株树木生长模型。与距离无关的单株树木生长模型一般以建立与树木或树冠有关的回归方程为主；单株树木与距离有关的模型不仅包含了单株树木特征，而且考虑了树木的相对位置。按照模拟对象，可以分为直径模型、树高模型、断面积生长模型、枯损模型和蓄积模型等。

森林生长模型按其建模方法可分为3类：经验模型、理论模型和混合模型。经验模型是以林分生物量和生长结构测定为基础的产量模拟方法，使其能在环境条件和管理措施不变的情况下对未来森林生长和产量进行准确的分析和预测。理论模型以光合作用同化二氧化碳为基础，研究和模拟林分生长和产量形成的全过程及其与环境因子的关系。混合模型是前两者的综合运用[13]。

1.10　中国林业概况

中国地域广阔，自然气候条件复杂，植物种类繁多，森林资源丰富，森林类型多样，具有明显的地带性分布特征。森林类型由北向南主要有针叶林、针阔混交林、落叶阔叶林、常绿阔叶林、季雨林和雨林。根据第五次森林资源清查统计结果，全国合计林业用地面积 26 329.47 万 hm^2，森林面积 15 894.09 万 hm^2，全国合计森林覆盖率为 16.55%（其中，经济林覆盖率 2.11%，竹林覆盖率 0.45%）；活立木总蓄积量 1 248 786.39 万 m^3，森林蓄积量 1 126 659.14 万 m^3。全国合计针叶林面积 6 985.79 万 hm^2，蓄积量 632 670.86 万 m^3；阔叶林面积 6 449.78 万 hm^2，蓄积量 493 988 万 m^3（按郁闭度为 0.1～0.2 计算）。

根据《中国植被》，我国森林被划分为以下 8 个分区。

1．寒温带针叶林区域

寒温带针叶林区域位于我国大兴安岭北部，是欧亚大陆北方针叶林的一部分，属于东西伯利亚南部落叶针叶林沿山地向南的延续部分。大兴安岭山地海拔高度为 600～1 000m，部分山峰接近 1 400m。气候特点为全年气温偏低，年平均温度为－5℃～－1.2℃，7 月平均气温为 16～20℃，全年积温为 1 100～1 700℃，无霜期为 70～100 天，年降水量为 400～600mm。土壤分布情况：山地下部为棕色森林土，中上部为灰化棕色针叶林土，均呈酸性。植被有明显的垂直分带现象。海拔 600m 以下的谷地是含蒙古栎的兴安落叶松林，其他树种有紫椴、黑桦、水曲柳、山杨、黄檗等。林下灌木有二色胡枝子、榛子、毛榛等。海拔 600～1 000m 为杜鹃-兴安落叶松林，局部有樟子松林。林下灌丛有兴安杜鹃、杜香等。海拔 1 100～1 350m 为藓类-兴安落叶松林，也有红皮云杉、岳桦等少量乔木树种。林下有塔藓、毛梳藓等藓类地被层。海拔 1 350m 以上主要为偃松矮曲林、桦属植物等。

2．温带针阔叶混交林区域

温带针阔叶混交林区域包括东北东部山地、辽东丘陵山地、华北山地、山东、黄土高原东南部、关中平原和华北平原等地。我国温带地区多为季风气候，四季分明，光照充分，降水不足。根据热量条件的差异，又细分为温带针叶-落叶阔叶混交林带和暖温带落叶阔叶林带。落叶阔叶林是我国温带地区最主要的森林类型，构成群落的乔木树种主要为冬季落叶的阔叶树，林下一般分布有灌木和草本等植物。落叶阔叶林的主要树种有栎属（*Quercus*）、水青冈属（*Fagus*）、桦属（*Betula*）、杨属（*Poplus*）、桤木属（*Alnus*）、榆属（*Ulmus*）、朴属（*Celtis*）和槭属（*Acer*）等。

3．热带雨林、季雨林区域

热带雨林、季雨林区域主要分布在华南、西南地区，包括在北回归线以南的海南岛、雷州半岛、台湾岛的中南部和云南的南端。气候特点为热量充足，全年积温为 7 500～9 000℃，年平均气温为 21～25.5℃，1 月平均气温为 12～20℃，年降雨量为 1 200～2 200mm。代表性植被是常绿阔叶雨林和季雨林。植物种类丰富，组成优势科主要有桑科、桃金娘科、番荔枝科、无患子科、大戟科、棕榈科、梧桐科、豆科、樟科等。其中高等植物有 7 000 种以上，很多都是国家保护的珍贵稀有植物。

4．常绿阔叶林区域

常绿阔叶林区域分布在华中、西南地区。该区域东面为太平洋，西面为青藏高原，包括秦岭南坡、云贵高原、横断山脉和四川、湖北、湖南、福建、浙江、安徽南部、广东、广西、江苏南部以及东海岛屿和台湾岛的北半部。气候特点为温热多雨，无霜期为 240～300 天，年积温为 4 500～7 500℃，年平均气温为 14～21℃，年降水量为 1 000～1 800mm。植被主要是常绿阔叶林、常绿针叶林和竹林，在高海拔地区为落叶阔叶-常绿阔叶混交林。常绿阔叶林区的生物资源丰富，许多树种具有高度的经济价值。樟、楠、檫、栲、槠、木荷、水青冈、花榈木、伯乐树、观光木、福建柏、红豆杉、杉木、马尾松、毛竹等都是良材。马尾松、油茶、油桐、乌桕、山苍子等可用来生产油脂。柑橘、枇杷、荔枝、龙眼、猕猴桃、山核桃、板栗等是重要水果或干果。竹笋特别是毛竹的冬笋是中国常绿阔叶林区的特产蔬菜。真菌资源丰富，可供食用的银耳、木耳、紫红菇等超过 30 种。野生动物资源有熊猫、大熊猫、金丝猴、梅花鹿、云豹、黄腹角雉、白颈长尾雉等珍稀动物。

5．西北温带荒漠区域

我国的荒漠包括新疆的准噶尔盆地和塔里木盆地，青海的柴达木盆地，以及甘肃、宁夏北部和内蒙古西部地区，占我国土地面积的 1/5。荒漠植物以旱生的小半灌木、灌木构成稀疏植被，多年生草本不占重要地位。荒漠中小乔木以梭梭和白梭梭为主，叶退化和落叶性，高 2～4m。灌木有麻黄、木霸王、白刺、沙拐枣；半灌木及小半灌木有猪毛菜、假木贼、驼绒藜、蒿等。年降水量大部在 200mm 以下，很多地方不到 100mm，甚至不到 10mm，属于温带干旱气候和极端干旱气候。夏季酷热，冬季寒冷，昼夜温差大，多大风与尘暴。我国的荒漠区域大致可分为 3 个带区：温带灌木、半灌木荒漠带；北疆温带半灌木、小乔木荒漠带；南疆暖温带灌木、半灌木荒漠带。这里的植物普遍具有旱生特征，其旱生形态有：叶片缩小，叶子退化成刺，叶片完全退化，茎、叶被有密集的绒毛，或出现肉质茎和肉质叶等，以便减少水分蒸发或贮集水分。同时这里植物的根系特别发达，有的深达几十米，有的根系重量是地上部分的 8～10 倍，这样便能从土层的深度和广度上吸收水分。这是在干旱生态环境下植物长期适应演化的结果。

6．内蒙古、东北温带草原区域

内蒙古、东北温带草原区域包括东北平原、内蒙古高原和黄土高原的一部分。构成草原的植物以禾本科为主，如针茅属、羊茅、白羊草、羊草、冰草等，以及薹草、冷蒿、百里香。小半灌木中主要有蓍状亚菊、驴驴蒿、女蒿等。年均气温－3～9℃，≥10℃的积温为 1 600～3 200℃，最冷月平均气温为－7～29℃，年降水量在 350mm 以下，气候干燥，雨量少而变率大，多集中夏季，冬季寒长，有明显的季相更替，土壤为黑钙土或栗钙土。草原植物中旱生结构普遍存在，如叶面积缩小，叶片内卷，气孔下陷，机械组织和保护组织发达，地下部分发达，根系分布较浅，茎、叶上有绒毛等。本区域可以划分为东北、内蒙古东部草甸草原带，内蒙古中部典型草原带，内蒙古西部荒漠化草原，黄土高原森林草原带。

7．高寒荒漠区域

高寒荒漠是在寒冷和极端干旱的气候因素下发育形成的，集中分布于藏北高原和藏西湖盆、宽谷之中，海拔高度在 4 500m 以上，在藏西北的改则县西北部也有分布，下向与温性荒漠接壤。年降水量在 100mm 以下，有的地方不到 20mm，气候特点是寒冷而干燥，全年平均气温在 0℃左右，但夏季白天气温经常超过 20℃。依据植被群落类型划分为半灌木荒漠和高寒匍匐矮半灌木荒漠两种生态类型，半灌木荒漠有驼绒藜、垫状驼绒藜、灌木亚菊沙砾漠 3 种。驼绒藜集中分布在班公湖南北台地和狮泉河两岸的山体旱化强烈，坡面严重石质化的山上。垫状驼绒藜则是青藏高原上面积最大的高寒荒漠类生态系统类型，成为青藏高原上“高原地带性植被”的一部分，广泛分布于羌塘高原北部的高原面上，与新疆境内的同一类型连成一片。灌木亚菊则主要分布于班公湖周围的洪积扇和山坡上。

8．青藏高原高寒草甸、草原区域

本区域包括青海和西藏东南半部的大部分地区，并包括川西和云南西北部部分地区。高原面海拔高度在 4 000m 以上，山地都超过 5 000m，东部边缘的深切河谷可低于 4 000m。这里的气候特点是天气多变而凉爽。年平均气温为 16℃，1 月均温为－10～－3℃，7 月均温为 10～15℃，年降水量为 300～500mm。本区有高寒草原类草地 3 166.9 万 hm^2，占全国该类草地的 89.36%，占本区草地面积的 28.20%，居第二位。高寒草原类草地是在高原或高山寒冷干旱气候条件下，由抗旱耐寒的多年生草本或小半灌木组成的草地类型。草地生境气候是年平均温－4.4～0℃，年降水量 100～300mm；土壤为冷钙土，有机质含量低，pH 8.0～8.6。这类草地分布于本区中西部地区，即羌塘高原、藏南高原和青南高原西部。海拔分布在 4 300～5 000m，也可上升到 5 300m。组成草群的建群植物有固沙草、紫花针茅、青藏薹草、藏沙蒿、冻原白蒿等。这类草地因草群低矮，盖度小，平均产草量仅有 284kg/hm^2。在本区草地构成中，面积较大的还有高寒草甸草原类、高寒荒漠草原类、高寒荒漠类和山地草甸类，各自面积占本区草地面积的 4%～7%，其余各类草地所占比例在 1%以下。按草地热量带划分统计，各类高寒草地面积之和占本区草地面积的 90.63%，说明本区以高寒草地为主草地。

参 考 文 献

[1] 陈祥伟，胡海波．林学概论 [M]．北京：中国林业出版社，2005.

[2] 李景文．森林生态学 [M]．北京：中国林业出版社，1994.

[3] 彭萱亦，吴金卓，栾兆平，等．中国典型森林生态系统生物多样性评价综述 [J]．森林工程，2013，29（6）：5-10，43.

[4] 李庆逵．我国土壤科学发展与展望 [J]．土壤学报，1989，26（3）：207-216.

[5] 杨承栋，焦如珍，孙启武．森林土壤学科研究进展 [J]．世界林业研究，2004，17（2）：1-5.

[6] 周雄主，华陈意．森林土壤及其在林业发展中的作用 [J]．资源与环境科学，2010（9）：298、299、301.

[7] 王汉杰，王信理．生态边界层原理与方法 [M]．北京：气象出版社，1999.

[8] 李德志，臧润国．森林冠层结构与功能及其时空变化研究进展 [J]．世界林业研究，2004，17（3）：12-14.

[9] Avery T E, Burkhart H E. Forest measurements [M]. Third edition. Mc Graw Hill book company, 1983.

[10] Bruce D, Wensel L C. Modeling forest growth: Approaches, definition and problems [J]. In Proceeding of TUFRO conference: Forest growth modeling and prediction, 1987 (1): 1-8.

[11] 邵国凡，赵士洞．森林动态模拟 [M] .北京：中国林业出版社，1995.

[12] 桑卫国，马克平，陈灵芝，等．森林动态模型概论 [J]．植物学通报，1999，16（3）：193-200.

[13] 权兵．基于虚拟森林环境的林分生长和经营模拟研究 [D]．福州：福州大学，2005.

第 2 章　森林经营及用材林精细化经营概述

2.1　森林经营的概念及类型划分依据

1. 森林经营的概念

森林经营是森林培育以及管护现有森林所进行的各种生产经营活动的总称。森林经营包括森林采伐与更新、森林保护、森林再造、森林抚育等，其宗旨是实现林业可持续经营，实现森林资源可持续利用。

2. 森林经营类型划分依据

森林经营类型划分是森林经营的前提，其目的是按类型进行森林经营，采取不同的经营措施使该类型森林达到最大的效果或效益，其划分的依据包括 4 个方面。

（1）自然环境条件

自然环境条件不同，造成森林的生长环境不同，因此采取的经营措施也应不同。地处不同的海拔，可以改变树木的生物学特性，如坡度影响树木生长重力条件，影响土壤富集程度；土壤厚度、腐殖质厚度直接影响森林的生存环境。

（2）森林培育目标

森林培育目标不同，采取的经营对策也不同。公益林需要有较强的生态防护、防风固沙、水土保持等功能，要求森林具有长期的稳定性，林型结构复杂，形成生物多样性环境，抗逆性强。

（3）森林资源现状

针对不同的森林现状应该采取不同的森林经营对策。林种不同，对森林索取的物资不同。对于防护林，人们需要它的保护、防护功能；对于用材林，人们需要它提供大量优质的木材；对于经济林，人们需要它提供优良的果实。森林生长好坏差异，需要采取的经营方式、投入方式有所不同；不同的森林生长阶段（龄级）采取的经营措施也应不同。

（4）森林经营能力

现有的经营水平（栽培技术、科技含量）、经营能力（资金、人力、物资、基础设施等）是决定森林类型划分的主要依据。黔东南州现在经营大面积的森林还局限于常规技术方面。由于经营能力有限，资金不足，林区道路密度不够，造成大量幼林抚育、抚育间伐欠账，形成了大量低效、低产林分。全州约有低产杉木、马尾松用材林 32.5 万 hm^2，占两树种中龄林总面积的 50%以上。

已有研究中能够模拟森林抚育、收获过程的森林生长模型还不多见，因为这类模型不仅需要大量的森林清查数据，还需要各种抚育方式下森林生长的数据，或者采取以时间代空间的方法进行大范围的森林资源调查。但是，能够模拟森林抚育及收获过程是未来森林生长模拟系统发展的必然趋势。

森林经营中一项重要的活动就是进行经营决策。森林经营方案的制定是进行森林经营决策的依据。如何能够科学营林、降低在营林过程中发生的风险需要科学决策。构建各种描述森林生长动态模型及模拟系统的目的都是更加科学地进行森林经营决策。

2.2 国内外森林经营的现状

德国森林经营的理念、技术与方法对世界林业的发展产生了重要影响。17 世纪中叶，德国最早提出“森林永续利用理论”。1826 年德国林学家创立了“法正林”学说，对世界各国的森林经营产生了重大影响。这一理论主要考虑到的是森林蓄积的永续利用，以木材经营为中心，忽视了森林的其他功能、森林的稳定性和真正的可持续经营。1924 年，库茨针对用材林的经营方式，提出接近自然的用材林。到 20 世纪 50 年代，德国根据林业政策效益论和森林效益永续经营理论制定了森林为木材生产和社会效益的双重目标的林业发展战略，以木材为单一经营目标的森林经营模式开始有了转变。60 年代，德国开始推行森林多功能理论，实行了森林多效益发展战略。1975 年，德国制定了森林法，确立了森林多效益永续利用的原则。90 年代，德国开始采用“近自然林业”的理论与方法，并将它作为新的林业政策和经营方针。在“近自然林业”这种思想与理念的指导下，为了实现更科学的森林经营，慕尼黑大学与相关的研究机构目前正在从事“面向未来林业决策支持系统”的应用研究[1]。

早期美国的森林经营以多种用途和永续生产为主要思想，设置了林务局、大林区、林管区和营林区四级共有林管理机构。20 世纪 80 年代，美国林学家富兰克林提出新林业理论。1995 年后，美国提出“森林和林地资源的长期战略规划”，明确了森林生态系统经营的基本思想，把森林划分为若干相互依存、相互制约的经营单元进行科学经营，强调森林生态系统的完整性，重视景观生态和保护生态学理念，采取适应性经营，保护生物多样性。

我国编制最早的森林经营方案是于 1951 年编制的长白山林区森林施业案。初期的经营方案主要是在东北国有林区和福建等部分南方林区实施，参考的主要是苏联的经营模式。1986 年原林业部（现改为国家林业局）制定了《国家林业局、国有林场编制森林经营方案原则规定》（试行）；1991 年原林业部又下发了《集体林区森林经营方案编制原则意见》（试行）；1996 年原林业部下发了《国有林森林经营方案编制技术原则规定》和《国有林森林经营方案执行情况检查及实施效益评价办法》（试行）；2006 年国家林业局出台了《森林经营方案编制与实施纲要》(试行)。我国森林经营理念经历了以木材生产为中心、木材经济收益的永续经营到兼顾森林的经济与生态效益的森林多功能多效益的经营，再到环境和发展矛盾问题下的可持续森林经营的变化过程。

总体上，我国的森林经营以分类经营为主，根据林业用地分布位置，按照各类森林的功能制定相应的经营目标和经营方式。按照森林多功能主导利用的方向分为公益生态林和商品林两类进行经营。

2.3　森林经营学理论概述

2.3.1　森林收获调整

森林资源经营管理是对森林资源进行区划、调查、分析、评价、决策和信息管理等一系列工作的总称。其目标是实现林业可持续经营，实现森林资源可持续利用。最早的森林经营管理就是单一地以获得木材为主的森林经营活动。森林资源经营管理者在一定期间内，从森林中获得生产财物的总数量称为收获或收额。森林收获调整是在森林经营管理对象范围内，对林种结构、树种结构、年龄结构和空间结构的调整。

蓄积量、生长量和收获量是森林收获主要考虑的 3 个变量。蓄积量是指林分中全部林木的材积总和，是鉴定森林数量的主要指标。蓄积量是衡量森林质量、立地水平及经营水平的主要度量值。生长量是指林分在一定期间的变化量，可以分为林木生长量和林分生长量两类，其中又可按照调查因子分为胸径生长量、树高生长量、材积生长量、蓄积生长量、断面积生长量等。生长量较蓄积量能够更为详细地描述树木本身的生长潜力和环境对树木生长的影响。林分的生长量一般是通过调查单木生长量后计算得到的。收获量具有双重意义，可以指林分在各期间内所能收获的采伐量总和，又可以指在任何期间内能够采伐的总量。这 3 个量也是多数森林生长模型最终要得到的预测量。

森林收获调整主要调整 4 个方面：森林林种结构调整、树种结构调整、年龄结构调整和空间结构调整。

森林林种结构是指在一个森林经营单位范围内各林种森林的面积蓄积数量、组成比例及其相互之间的关系。森林林种结构的确定，主要根据区域土地利用、自然环境条件和社会经济发展要求而定，如林业区划、生态公益林规划等。

树种结构是森林经营单位内和林分内各类树种的组成、数量比例及其相互之间的关系。树种结构调整的原则：①适地适树原则；②树种多样性原则；③乡土树种优先原则。

年龄结构是森林经营单位内和林分内各类树种的年龄组成、数量比例及其相互之间的关系。年龄结构调整的原则：生长发育规律、自然和社会经济要求、年龄多样性。

空间结构是指森林经营单位内各个林分在地域上的排列分布关系和林分内各类树种林木的层次分布、数量比例及其相互之间的关系。同龄林目标空间结构：法正林分排列。异龄林目标空间结构：连层林、复层林。空间结构调整的原则：①符合林木和林分自然生长发育规律；②层次多样性原则；③密度适中原则；④树种互补，共享空间关系[2]。

2.3.2 森林经营决策

森林经营决策从狭义上讲是森林培育措施的总括，从广义上来讲是围绕森林的一切经营活动。

森林经营的目标是保持生态系统的持续稳定性，保持森林生态系统的结构与功能，使得各林分的相互作用能持续稳定地得以发挥。森林经营的决策结果必须满足以下要求。

（1）森林的空间布局要求

森林区划合理，道路、林分单元、异龄林与同龄林的空间分布、林分结构都要合理。

（2）时间规划合理

区分不同生长阶段、生长速率和经营方式。

森林经营决策在实施过程中可能会受到自然条件及各种因素的干扰。构建各种描述森林生长动态模型及模拟系统的目的都是便于人们对森林生长过程进行更深入的了解，降低调整失败的风险，提高森林经营水平。

2.3.3 森林经营评价

广义上的森林经营评价是以森林的直接效益和间接效益作为资产进行货币价值计算的科学。狭义上的森林经营评价是指某立地下，一定面积的森林获得的可利用产品的经济价值，涵养水源、保持水土等的生态价值，为实现森林效益而产生的人力、物力消耗的社会价值的总和。简而言之，就是对森林的经济价值、社会价值和生态价值进行货币定量化研究。森林经营评价的意义在于能够根据森林的价值来进行下一步森林经营计划的制订。

森林经营评价的内容包括林地、林木、副产品、设施和公益效能等部分；估价方法有 6 个方面：市场证据、计算现有净使用价值、获得的残值、市场定量、主观判断和重置成本。森林经营评价可以分为森林单元水平评价、景观尺度评价和全球尺度评价。森林单元水平评价往往依照单元大小、森林单元利用目的等多种因素来进行，但最根本的还是森林效益的实现。景观尺度评价是指评价森林在景观水平上的空间变化、演替、森林动植物健康、木材产品、水土保持、劳动力就业、国土价值、历史价值等。全球尺度评价一般指的是评价森林为全球人类社会、环境所提供的价值，即森林资源状况、生物多样性、森林健康与活力、森林生产功能、保护功能、经济需求等方面。

目前认为森林资源的主要价值是其巨大的生态效益，其次才是经济效益，生态效益从长远来看也会转化为经济效益。进行森林经营效果评价是使用各类森林生长模拟系统的重要目的，系统的预测结果可为评价当前森林生长情况、森林经营水平提供依据，并以此来制定后续经营方案，从而实现森林目的经营[3]。

2.4　森林抚育间伐

森林培育是从林木种子、苗木、造林到林木成林、成熟的整个培育过程中按既定培育目标和客观自然规律所进行的综合培育活动。森林培育是生产过程，森林培育是森林经营的基础，森林经营是森林培育的前提。

森林抚育和森林抚育采伐的概念不同。森林抚育是森林培育的一个内容，是指造林后根据林木生长情况或者经营目标临时改变而进行的林木生长与结构调整过程，包括林木修枝、摘芽和除孽等技术内容。森林抚育采伐是指在未成熟林分中，为了给保留木创造良好的生长条件，而采伐部分林木的森林培育措施，又称“中间利用采伐”，简称“间伐”。森林抚育采伐具有包括抚育保留木、利用采伐木的双重目的，但主要目的是让保留木生长得更好。森林抚育是森林培育的一项主要手段，是森林培育的重要组成部分，作为森林经营的主要措施，影响到森林的多个方面，包括林分生长、总收获量、林分结构，它为林木创造良好的生长环境，提高了林木质量，影响森林的生态功能。

抚育间伐在森林经营中起着十分重要的作用。合理的抚育间伐可以改善森林林冠层的营养空间、改善地下水肥的供应条件、保证林木个体和群体生长。研究抚育间伐对森林生长的影响及其模型，是优化抚育间伐作业体系及实现森林生长有效调控的需要。抚育间伐的目的主要有改善林木品质、调整林分结构、加速林木生长、提高木材利用量、改善林分的卫生状况和提高林分的稳定性[4]。

森林抚育采伐措施的划分是按照年龄和林木发育情况而定的，透光抚育在幼龄森林中使用，通过伐去灌木、藤本和高大的过熟林木，可以使幼林获得更加充足的光照，同时调整森林结构，降低环境和周围林木对幼林生长的压力。进入中龄后可以采用生长抚育，也叫疏伐，此时林相基本稳定，采伐时先要对林木进行分级，分级完毕后伐去生长弱、枯死及有病的树木。除了林木分级外，森林抚育采伐的目标树还可以根据径阶来选择。一定密度和立地条件下林木株数按径阶都会呈正态分布。伐去小径阶的树木称为下层抚育，伐去较大径阶树木称为上层抚育，此外还有综合抚育法和机械抚育法。选择各种不同的抚育方法首先应根据森林经营的目标来判断，此外还要调查现有森林发育状况、立地条件等其他因素。有关森林抚育的研究包括抚育方式、抚育强度、抚育周期与树木生长指标之间的关系等方面。

2.5 精准林业

精准林业（precision forestry）是指采用包括 3S（RS、GPS、GIS）技术、数字通信、机械自动化、传感器技术和林木遗传工程等在内的现代高科技技术对土地类型进行分析，建立森林生态模拟环境，对树木的育种、施肥、生长、病虫害防治和火灾事故预防实行监测，从而建立一体化、智能化、数字化的现代林业技术体系[5]。

精准林业的技术核心是利用 RS（remote sensing，遥感技术）、GPS（global positioning system，全球定位系统）、GIS（geographical information system，地理信息系统）、ES（expert system，专家系统）建立林地管理、营林区管理、林班管理、小班管理、土壤数据、小班坡向、坡度、坡位、自然条件、立地分析、造林模式决策支持、森林光谱数据、病虫害信息、森林生长与空间结构信息系统，研究森林生长的空间结构性和空间差异性，采取优化的森林空间结构调整理论和方法消除和减少这些差异，实现森林的健康和可持续经营[6]。

精准林业技术应用起步较晚，但近年来也有了可喜的进展，在林业生产管理方面逐步发挥其应有的作用。

2.6 用材林精细化经营

2.6.1 用材林概述

根据森林的用途，我国的森林法把森林分为以下 5 类。

（1）防护林

防护林是以防护为主要目的的森林、林木和灌木丛，包括水源涵养林，水土保持林，防风固沙林，农田、牧场防护林，护岸林，护路林。

（2）用材林

用材林是以生产木材为主要目的的森林和林木，包括以生产竹材为主要目的的竹林。

（3）经济林

经济林是以生产果品，食用油料、饮料、调料，工业原料和药材等为主要目的的林木。

（4）薪炭林

薪炭林是以生产燃料为主要目的的林木。

（5）特种用途林

特种用途林是以国防、环境保护、科学实验等为主要目的的森林和林木，包括国防林、实验林、母树林、环境保护林、风景林、名胜古迹和革命纪念地的林木、自然保护区的森林。

因此，用材林不属于经济林，薪柴属于薪炭林。

其中，防护林、特种用途林划分为生态公益林；将用材林、经济林、薪炭林划为商品林。在分类经营的基础上，我国进一步明确将全国森林划分为 4 个规划区域：长江上游、黄河中上游流域地区，大规模进行生态公益林建设；西北、华北北部、东北风沙干旱区，主体建设生态公益林，以实施防沙治沙工程为核心，全面推进林业生态建设；东北、内蒙古国有林区，主要任务是调减木树产量，分流人员，恢复植被；其他地区，以建设森林生态和林业产业两大体系为目标，按照分类经营思想规划建设生态林和商品林。具体划分见表 2-1。

表 2-1　森林分类区划林种一览表

<table>
<tr><th></th><th>森林种类</th><th>森林种组</th><th>林种</th></tr>
<tr><td rowspan="5">森林</td><td rowspan="2">生态公益林</td><td>防护林</td><td>①水源涵养林；②水土保持林；③防风固沙林；④农田、牧场防护林；⑤护岸林；⑥护路林</td></tr>
<tr><td>特种用途林</td><td>①国防林；②实验林；③母树林；④环境保护林；⑤风景林；⑥名胜古迹和革命纪念地林；⑦自然保护区林</td></tr>
<tr><td rowspan="3">商品林</td><td>用材林</td><td>①一般用材林；②短轮期用材林；③速生丰产用材林</td></tr>
<tr><td>薪炭林</td><td>薪炭林</td></tr>
<tr><td>经济林</td><td>①油料林；②特种经济林；③“三木”药材林；④其他经济林；⑤园地中的经济林</td></tr>
</table>

综上所述，用材林是指以培育和提供木材或竹材为主要目的的森林，是林业中种类多、数量大、分布普遍、材质好、用途广的主要林种之一。可分为一般用材林和专用用材林两种。前者指培育大径通用材种（主要是锯材）为主的森林；后者指专门培育某一材种的用材林，包括坑木林、纤维造纸林、胶合板材林等。培育用材林总的目标是速生、丰产和优质。速生是缩短培育规定材种的年限；丰产指提高单位面积上的木材蓄积量和生长量；优质主要包括节疤（数量、大小）、对干形（通直度、尖削度）及材性（木材物理-力学特性、化学组成特性等）等方面的要求。集约经营用材林的培育年限有时会缩短一半，但一般仅在条件较好、生产潜力较大的林地上采用。将这部分集约经营的森林（以人工林为主）称为速生丰产用材林。经营速生丰产林的业务称为高产林业或种植园式林业。

用材林是以生产木材或竹材为主要经营目的的乔木林、竹林、疏林。主要有：短期伐期工业原料用材林；速生丰产用材林；一般用材林。用材林是森林采伐、森林加工工业发展的可靠保证和重要的木材、竹材供应基地。按其经营目的或用途不同，分为一般用材林，纤维用材林，人造板和纸浆用材林，锯材、坑木、枕木、矿柱和电柱等用材林。衡量用材林林分质量高低的重要指标有单位面积上立木蓄积量和出材率、材质、经济价值等。在中国，组成用材林的优势树种为针叶树的落叶松、云杉、冷杉、华山松、柏木、樟子松、油松、马尾松、云南松、杉木等，阔叶树中脱刺的泓森槐、樟木、水曲柳、胡桃楸、楠木、黄波罗、栎类、桦木、杨树、杂木等。

2.6.2 用材林精细化经营研究路线

模拟森林抚育过程的森林生长模型,能够为合理制定抚育采伐措施提供依据。本研究通过建立用材林主要树种的生长模型，采用精准量测技术，利用精细化经营模拟软件制定森林抚育采伐方案,为森林经营管理人员提供森林经营决策依据。研究路线见图 2-1。主要研究内容包括以下几项。

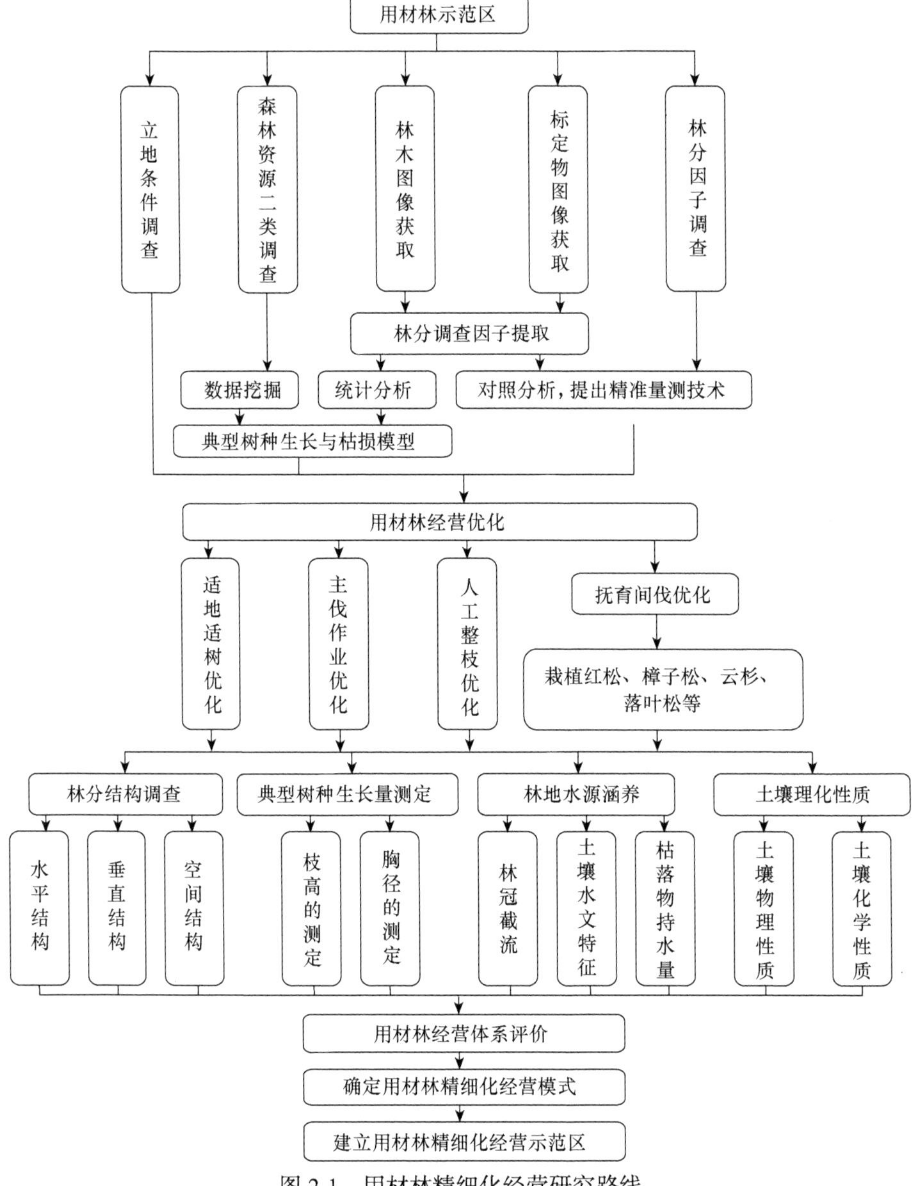

图 2-1　用材林精细化经营研究路线

（1）立木精准量测技术

在大小兴安岭林区选择试验林地，通过调查分析研究，建立示范区 3～4 处，面积 240hm^2。通过划分临时样地和固定样地的方法，对落叶松人工林、天然针阔混交林等林分中的落叶松、红松、樟子松、云杉树种，运用计算机视觉识别技术进行立木因子（精确到二级枝）测量，提出立木精准量测技术。

（2）典型树种生长与枯损模型

基于固定样地林分结构、各测树因子的统计分析及解析木的测定，结合森林资源二类、三类调查的历史数据，采取数据挖掘方法，建立落叶松、红松、樟子松、云杉树种生长与枯损模型。

（3）用材林优化经营技术

以实测数据为基础，基于所建立的林木生长与枯损模型，运用线性规划、动态规划和多元统计分析等优化方法，从抚育间伐、适地适树、主伐作业、人工整枝等 4 个方面对落叶松、红松、樟子松、云杉进行研究，提出大小兴安岭用材林优化经营技术。

（4）用材林精细化经营模式构建

在落叶松人工林、天然针阔混交林示范区中，采用抚育间伐、主伐作业、人工整枝、人工补植等经营措施，从林木生长率、林地水源涵养能力、土壤理化性质、林分结构等指标进行分析与评价，构建大小兴安岭用材林典型树种的精细化经营技术体系，筛选出大小兴安岭用材林精细化经营模式，并建立精细化经营试验示范区。

参 考 文 献

[1] 周立江，先开炳. 德国林业体系及森林经营技术与管理［J］. 四川林业科技，2005（4）：39-49.
[2] 韦希勤. 我国森林经营方案问题研究综述［J］. 林业调查规划，2007，32（5）：105-108.
[3] 段劼. 基于 FVS-BGC 的森林生长收获模拟系统应用研究［D］. 北京：北京林业大学，2010.
[4] 李淑华，杨继承，刘妍妍. 森林抚育间伐研究综述［J］. 黑龙江生态工程职业学院学报，2010，23（1）：30，31.
[5] 车腾腾，冯益明，吴春争. “3S” 技术在精准林业中的应用［J］. 绿色科技，2010（10）：158-162.
[6] 聂玉藻，马小军，冯仲科，等. 精准林业技术的设计与实践［J］. 北京林业大学学报，2002（03）：89-92.

第2篇

大兴安岭用材林精细化经营技术

第3章　大兴安岭研究区概况及样地设计

3.1　大兴安岭林区概况

大兴安岭林区位于我国最北部，是我国面积最大的林区之一。大兴安岭林区横跨北纬 46° 26′～53° 34′，东经 119° 30′～127° 。整个林区南北向纵深超过东西向宽度，呈狭长状态，且北面宽南面窄。大兴安岭林区东面至松嫩平原，向南一直延伸到阿尔山地区，西面到呼伦贝尔草原，北面以及东北面至黑龙江，与俄罗斯隔江而望。

1．地貌特征

大兴安岭的主脉呈北北东—南南西走向，在北部有一支伊勒呼里山山脉呈西西北—东东南走向。大兴安岭地区主要有两种地貌类型，即苔原地貌类型和山地地貌类型。其中分布比较普遍的为山地地貌，并且地貌变化有一定的规律性。从松嫩平原开始，一直向山地延伸，高度逐渐增加，从浅丘一直发展为中山，山势总体上较为平缓，坡度大多低于 15° ，而且阳坡比较陡峭，阴坡比较平缓。整个地区南部地势最高，海拔为 1 200～1 500m，整个北部包括支脉地势最低，海拔为 700～800m，中部海拔在 1 000～1 200m。

2．土壤

大兴安岭地区的土壤类别主要为棕色针叶林土、灰色森林土、暗棕壤、沼泽土、草甸土、冲积土等。其中，最普遍、最具代表性的土壤类型为棕色针叶林土。

棕色针叶林土又可分为草棕色针叶林土、典型棕色针叶林土、表潜棕色针叶林土、灰化棕色针叶林土等亚类，不同的兴安落叶松林型常与不同的土壤亚类相关。棕色针叶林土主要分布在海拔 500～1 000m 的樟子松林、白桦林和兴安落叶松林中，土壤表层被 5～8cm 厚的枯枝落叶覆盖着，下层土壤肥力较高；土壤表层为 10cm 左右的黑土层，其中腐殖质含量高达 10%～30%；整体土壤呈现酸性，pH 在 4.5～6.5，盐基饱和度比较高，代换性盐基总量达 10～40mg 当量/100g 土。

灰色森林土（灰黑土）主要分布在大兴安岭南部的西坡海拔 1 200～1 400m 范围内，土壤与某些草原土壤相似，形态特征表现为腐殖质层深厚，淀积层不发达，表层土除枯枝落叶层以外，其下类似黑土，腐殖质层的厚度在 0.5m 以上，而在整个土壤剖面内，都有白色的二氧化硅粉末，中下部尤为多，其盐基饱和度大，土壤呈中性反应，土壤肥力也较高。

暗棕壤土主要分布在大兴安岭山地外围海拔300～650m地带的阔叶林山杨、蒙古栎、黑桦林下，其林下生物积累、腐殖和成土速度较快，凋落物丰富，盐基含量较高，土壤肥力好。

沼泽土又可分为草甸沼泽土、腐殖质沼泽土和泥炭沼泽土。主要分布在山间谷地和河漫滩上面，水分多，泥炭发达，其上生长着沼泽植被，在沼泽化较轻的地段可以生长兴安落叶松林。

草甸土主要分布在开阔的谷地两侧的冲积阶地上，黑土层较厚，腐殖质含量很高，最厚的超过1m，结构良好，质地疏松，土壤肥沃。

冲积土主要分布在河流沿岸的现代冲积物上，表层多壤土，中层为砂质，下层为卵石。距离河流的远近、地下水的深浅和微地形的不同，导致表层的腐殖质含量和土层厚度不同，导致土壤肥力有差别。多生长灌丛。

3．气候特征

大兴安岭地区处于寒温带季风区。每年的5～8月为生长季，日平均气温高达10℃，年平均气温为－2～－4℃，10℃以上的年积温为1100～2 000℃。年温差较大，1月平均气温为－30～－20℃，7月平均气温为17～20℃。夏季气温较高且十分短暂，平均气温高于22℃，且持续时间不足1个月，冬季寒冷而漫长，平均气温低于10℃，持续时间长达9个月。

由于大兴安岭地区长期受到蒙古高压的影响，冬季寒冷干燥，降水量很少，只有比较强烈的冷风过境时，才能产生少量的降水。然而在每年的暖季，该地区东南季风活动频繁，南北暖湿气流交汇，易形成大量降水，因而在该段内的降水量占该地区全年降水量的85%～90%。同时，这一时间段气温较高，有利于林木的生长。大兴安岭地区全年降水量为350～500mm，积雪期长达5个月之久，相对湿度为70%～75%。由于该地区纵深较大，地域广阔，林区内各地的水热条件存在一定的差异性。主脉东侧受到东南暖湿气流的影响，降水量较大，比较湿润；西侧受到蒙古-西伯利亚气流的影响，降水量较少，相对比较干燥。

3.2　研究区概况

研究区位于黑龙江省新林林业局新林林场内，地处北纬51° 20′以北的大兴安岭伊勒呼里山的东北坡，该地区的平均海拔高度为600m，地势西南高、东北低，坡度不超过6° 。森林植被以寒温带兴安落叶松为主，针叶树种有樟子松、云杉，阔叶树种有白桦、山杨、蒙古栎等，灌木植物包括偃松、兴安杜鹃、胡枝子等，地被物种类有大叶樟、越橘、鹿蹄草等。土壤主要为棕色针叶林土，土层厚度一般为15～30cm。含石砾30%～40%，表层腐殖质含量较高，土壤肥力中等。属于寒温带大陆性气候，大于 10℃的年积温在 1 800～2 000℃，年平均气温为－2.6℃，年平均蒸发量为 924.6mm，年平均降水量为 480～510mm，主要集中在 6～9 月；8 月下旬开始出现初霜，无霜期平均为 90 天左右；全年冻结期约为 7 个月，结冰一般出现在 9 月下旬，终冻在 4 月下旬。

3.3 样 地 设 计

2007 年 3 月，在大兴安岭新林林场天然中龄林的 106、107、108、109 林班内选取 20 个用材林样地，编号 1～20，每个样地面积为 100m×100m。样地地势平缓，坡度多在 6° 以下，土壤种类均为棕色森林土，平均厚度为 15cm，下木以兴安杜鹃为主，平均覆盖度为 32%，地被物以越橘为主，平均多度为 74%。其中，1 号样地未进行抚育间伐，其他 19 个样地进行了不同强度的抚育间伐。抚育间伐强度是依据采伐蓄积量与总蓄积量之比进行设计的。抚育间伐按照用材林经营要求：对密度较大林分进行伐除；对无生长前途树木进行伐除；对非目的树种进行伐除。油锯伐木、畜力原木集材进行采伐作业，抚育间伐剩余物采用堆腐法进行处理，1～20 号样地的坐标及抚育间伐强度见表 3-1，林地概况见表 3-2，林分概况见表 3-3。

表 3-1　各样地坐标及抚育间伐强度

样地编号	抚育间伐强度/%	坐标	
		东经 E	北纬 N
1（CK）	0	124° 30′00.8″	51° 38′14.4″
2	34.38	124° 29′40.4″	51° 38′19.3″
3	6.23	124° 29′40.6″	51° 38′19.4″
4	40.01	124° 28′45.1″	51° 38′38.8″
5	20.86	124° 28′45.0″	51° 38′34.7″
6	16.75	124° 28′12.3″	51° 38′47.0″
7	12.52	124° 28′09.3″	51° 38′48.3″
8	49.63	124° 28′00.2″	51° 38′49.0″
9	13.74	124° 27′45.8″	51° 38′51.6″
10	47.87	124° 27′21.1″	51° 38′56.6″
11	56.51	124° 27′09.8″	51° 39′00.6″
12	3.42	124° 27′10.0″	51° 39′01.0″
13	53.09	124° 26′54.2″	51° 39′05.7″
14	59.92	124° 26′37.2″	51° 39′12.0″
15	50.61	124° 26′30.0″	51° 39′14.6″
16	25.48	124° 26′30.1″	51° 39′14.8″

续表

样地编号	抚育间伐强度/%	坐标	
		东经 E	北纬 N
17	67.25	124° 26′24.8″	51° 39′16.2″
18	27.85	124° 26′23.4″	51° 39′16.9″
19	51.48	124° 26′13.7″	51° 39′20.2″
20	19.00	124° 26′14.0″	51° 39′20.2″

表 3-2 林地概况

样地编号	海拔/m	伐前		
		树种比例	蓄积量/($m^3 \cdot hm^{-2}$)	林分密度/(株 · hm^{-2})
1	594	3L∶6B∶1Z	105.56	2 175
2	590	8L∶2B	131.32	2 825
3	590	9L∶1B	83.43	2 850
4	587	8L∶2B	146.39	2 850
5	580	7L∶2B∶1Y	77.25	1 400
6	571	10L	111.53	2 175
7	569	7L∶3B	106.43	1 925
8	562	9L∶1B	137.98	1 350
9	560	9L∶1B	64.08	2 550
10	555	9L∶1B	84.45	1 150
11	555	8L∶2B	205.37	2 875
12	555	8L∶1B∶1Y	83.70	2 600
13	554	9L∶1B	163.73	2 000
14	550	7L∶3B	155.93	1 825
15	548	7L∶3B	124.29	2 025
16	548	7L∶2B∶1Y	102.72	2 200
17	544	8L∶2B	179.74	2 150
18	543	8L∶1B∶1Y	111.32	2 900
19	537	8L∶2B	104.85	2 075
20	538	8L∶1B∶1Y	111.48	2 175

注：① L：落叶松；B：白桦；Z：樟子松；Y：山杨。
② 在树种比例中，比例小于 0.5 的树种省略不计。

表 3-3 林分概况

样地编号	伐前株数				伐后株数				采伐量/($m^3 \cdot hm^{-2}$)	伐后蓄积/($m^3 \cdot hm^{-2}$)	保留密度/(株 · hm^{-2})	抚育间伐强度/%
	兴安落叶松	白桦	山杨	樟子松	兴安落叶松	白桦	山杨	樟子松				
1	15	26	0	6	15	26	0	6	0	105.56	2 175	0
2	96	17	0	0	67	15	0	0	45.16	86.17	1 675	34.38

续表

样地编号	伐前株数				伐后株数				采伐量/(m^3·hm^{-2})	伐后蓄积/(m^3·hm^{-2})	保留密度/(株·hm^{-2})	抚育间伐强度/%
	兴安落叶松	白桦	山杨	樟子松	兴安落叶松	白桦	山杨	樟子松				
3	107	7	0	0	81	6	0	0	5.2	78.23	2 025	6.23
4	92	22	0	0	57	22	0	0	58.57	87.83	1 425	40.01
5	41	14	1	0	32	12	1	0	16.12	61.14	800	20.87
6	87	0	0	0	80	0	0	0	18.68	92.85	2 000	16.75
7	56	21	0	0	47	20	0	0	13.33	93.1	1 175	12.52
8	53	1	0	0	37	1	0	0	68.48	69.51	925	49.63
9	101	1	0	0	69	1	0	0	8.8	55.28	1 725	13.73
10	44	2	0	0	32	1	0	0	40.42	44.03	800	47.87
11	96	19	0	0	73	19	0	0	116.05	89.32	1 825	56.51
12	85	18	1	0	80	14	1	0	2.86	80.84	2 000	3.43
13	73	7	0	0	49	6	0	0	86.92	76.81	1 225	53.09
14	49	24	0	0	28	18	0	0	93.44	62.5	700	59.93
15	55	26	0	0	44	12	0	0	62.9	61.39	1 100	50.60
16	59	25	4	0	42	19	3	0	26.17	76.55	1 050	25.48
17	72	14	0	0	34	14	0	0	120.88	58.87	850	67.25
18	106	9	1	0	85	9	1	0	31.01	80.31	2 125	27.85
19	68	15	0	0	40	15	0	0	53.98	50.88	1 000	51.48
20	79	5	3	0	65	5	3	0	21.18	90.3	1 625	19.00

第 4 章　森林经营技术对生物多样性的影响

森林生物多样性是森林生态系统稳定性的重要体现，是森林生态系统演替的外部反映，是森林生态系统功能的衡量标准[1]。保护森林生物多样性是森林可持续经营的主要标准和目标。不同森林类型的生物群落在物种种类、数量及分布上存在较大差异，这种差异可以通过生物多样性指标来反映[2]。生物多样性指标一般包括物种丰富度指数、物种多样性指数和均匀度指数等，各指标从不同的角度反映了物种多样性的差异，而各种指标可以综合反映物种多样性的总体变化[3]。抚育间伐是森林经营的主要技术，它以采伐部分林木为手段，改善林内光照条件，为保留木增加营养面积，同时进行人工选择，以达到提高产量和质量的培育目的。同时，通过抚育间伐，林内小气候发生改变，进而使林内物种生存条件发生改变，最终对林内生物多样性产生影响。本研究通过对样地进行不同强度的抚育间伐后，对生物多样性进行调查，并对数据进行分析，从生物多样性的角度探讨合理的抚育间伐强度，为大兴安岭用材林的科学、精细化经营以及林分生物多样性的提高提供依据及参考。

4.1　研 究 方 法

选用样地 20 块，在 20m×20m 的试验样地范围内，记录每一株乔木的树种，测定其胸径（幼苗测量地径）、树高和冠幅；在每块样地中随机布设 3 个大小为 5m×5m 的灌木样方，分物种调查记录样方内所有灌木的种类、高度、冠幅、盖度（植物地上部分的垂直投影面积与样方面积之比的百分数）；在 3 个灌木样方的中心设置大小为 1m×1m 的草本样方，调查草本植物的种类、盖度、高度和频度。

生物多样性指标包括物种丰富度指数、物种多样性指数以及均匀度指数。

物种丰富度指数 S 反映了物种数的多少，其公式为

$$S = \text{标准地内所有物种数之和} \tag{4-1}$$

目前常用的物种多样性指数有 Shannon-Wiener 指数 H'、Simpson 指数 D'以及 Mclntoch 指数 D，本研究采用 Shannon-Wiener 指数 H':

$$H' = -\sum_{i=1}^{s} p_i \ln p_i \tag{4-2}$$

式中，p_i—— $p_i = n_i / N$，代表第 i 个物种的相对多度；

n_i——物种 i 的个体数；

N——所在群落的所有物种的个体数之和。

均匀度是指样地中各个种的多度的均匀程度。本研究采用 Pielou 均匀度指数 J:

$$J = H' / \ln S \tag{4-3}$$

式中，S——物种 i 所在样方中的物种总数，即丰富度指数。

通过对样地乔木层、灌木层以及草本层的调查，得出各层生物多样性指标，即物种丰富度指数 S、物种多样性指数 H'以及均匀度指数 J。利用 Excel 2010、SPSS 19.0 等计算机软件对数据进行加工处理，运用主成分分析法，得出研究结论。

4.2　结果与分析

4.2.1　乔木层生物多样性指标

将调查数据代入式（4-1）~式（4-3），计算得出乔木层生物多样性指标，结果见表 4-1。

表 4-1　乔木层生物多样性指标

样地编号	乔木层生物多样性指标		
	S	H'	J
1（CK）	3	0.52	0.75
2	3	0.42	0.38
3	2	0.25	0.36
4	2	0.59	0.85
5	3	0.68	0.62
6	2	0.42	0.36
7	2	0.48	0.69
8	2	0.67	0.97
9	2	0.59	0.85
10	2	0.14	0.20
11	2	0.51	0.73
12	2	0.07	0.11
13	2	0.34	0.50
14	2	0.12	0.18
15	3	0.47	0.43
16	3	0.78	0.71
17	2	0.60	0.87
18	2	0.61	0.88
19	3	0.37	0.34
20	3	0.95	0.87

各样地乔木层的主要物种为落叶松、白桦，有少量山杨、樟子松。由表 4-1 可见，各样地乔木层物种丰富度指数较对照样地持平或有所下降，2、5、15、16、

19、20 号样地的物种丰富度指数与对照地持平，其他样地均减少了 1 个种。4、5、8、9、16、17、18、20 号样地乔木层物种多样性指数高于对照样地，提高幅度为 0.07～0.43，其他样地乔木层物种多样性指数均低于对照样地，降低幅度为 0.01～0.45；16、20 号样地乔木层物种多样性指数较高。4、8、9、17、18、20 号样地乔木层均匀度指数高于对照样地，提高幅度为 0.10～0.22，其他样地均匀度指数均低于对照样地，降幅为 0.02～0.64。

4.2.2　灌木层生物多样性指标

将调查数据代入式（4-1）～式（4-3），计算得出灌木层生物多样性指标，结果见表 4-2。

表 4-2　灌木层生物多样性指标

样地编号	灌木层生物多样性指标		
	S	H'	J
1（CK）	5	0.97	0.61
2	4	1.03	0.74
3	4	0.79	0.57
4	3	0.12	0.11
5	6	1.16	0.65
6	5	1.15	0.71
7	5	1.15	0.71
8	3	0.06	0.05
9	4	0.97	0.70
10	5	1.17	0.73
11	4	0.48	0.34
12	3	0.34	0.31
13	4	0.56	0.41
14	7	0.90	0.46
15	3	0.22	0.20
16	5	0.97	0.60
17	3	0.05	0.05
18	3	0.67	0.61
19	5	0.85	0.53
20	4	0.72	0.52

各样地灌木层物种主要为水冬瓜赤杨、五蕊柳、小叶桦、金老梅、水杨梅、越橘、珍珠梅。由表 4-2 可见，各试验区灌木层物种丰富度指数总体变化不大，较为稳定，14 号样地与对照样地相比多 2 个种，5 号样地多 1 个种，6、7、10、16、19 与对照样地持平，2、3、9、11、13、20 与对照样地相比减少 1 个种，其

他样地均减少 2 个种。2、5、6、7、10 号样地的灌木层物种多样性指数相差不大且均高于对照样地，提高幅度为 0.06～0.20，其他样地的灌木层物种多样性指数与对照样地持平或有所下降，降低幅度为 0.07～0.92，降幅较大。2、5、6、7、9、10、18 号样地的灌木层均匀度指数与对照样地持平或有所提高，提高幅度为 0.04～0.13，其他样地块的灌木层均匀度指数均低于对照样地，降低幅度为 0.01～0.56。

4.2.3　草本层生物多样性指标

将调查数据代入式（4-1）～式（4-3），计算得出草本层生物多样性指标，结果见表 4-3。

表 4-3　草本层生物多样性指标

样地编号	草本层生物多样性指标		
	S	H'	J
1（CK）	9	1.57	0.72
2	5	0.72	0.45
3	3	0.77	0.70
4	11	1.78	0.74
5	9	1.71	0.78
6	9	1.53	0.70
7	6	1.24	0.69
8	10	1.58	0.68
9	6	1.40	0.78
10	9	1.13	0.52
11	6	1.22	0.68
12	3	0.96	0.87
13	7	1.41	0.73
14	6	1.59	0.89
15	6	1.24	0.69
16	8	1.53	0.74
17	6	1.31	0.73
18	8	1.65	0.79
19	4	0.80	0.58
20	6	1.32	0.74

各样地草本层物种主要为草乌、刺玫、地榆、东方草莓、杜香、铃兰、鹿蹄草、牛儿苗、薹草、小叶樟、野豌豆。由表 4-3 可见，4、8 号样地草本层物种丰富度指数与对照样地相比增加了 1～2 个种，其他样地与对照样地持平或有所减少，3、12 号样地草本层物种丰富度最小，比样地少 6 个种。4、8 号样地草本层

物种多样性指数均高于对照样地，提高幅度为 0.01～0.21，其他样地物种多样性指数均低于对照样地，降低幅度为 0.04～0.85。草本层物种均匀度指数范围为 0.45～0.89，与对照样地均匀度指数 0.72 相比，差别不大。

4.2.4 各样地生物多样性主成分分析

以各样地物种丰富度指数、物种多样性指数和均匀度指数为基础，运用主成分分析（Principal Component Analysis），计算各样地综合得分[4]。主成分特征值及其贡献率见表 4-4。前 3 个公因子特征值大于 1，3 个公因子累计贡献率达 79.561%，因此能够充分描述不同强度抚育间伐对林分生物多样性的影响。

表 4-4 主成分特征值及其贡献率

主成分	特征值	贡献率/%	累计贡献率/%
第 1 主成分	3.273	36.367	36.367
第 2 主成分	2.317	25.747	62.114
第 3 主成分	1.570	17.447	79.561

由表 4-5 可见，乔木层 S 在第三主成分（F_3）上有很大荷载；乔木层 H'、J 在第一主成分（F_1）上有很大载荷；灌木层 S、H'、J 在第二主成分（F_2）上有很大荷载；草本层 S、H'在第一主成分（F_1）上有很大荷载。3 个主成分分别从不同方面反映了各样地的生物多样性情况，单独一个主成分不能反映某一样地的情况。因此，按照各主成分对应的特征值为权数计算各样地综合得分，公式为

$$F=\frac{\lambda_1}{\lambda_1+\lambda_2+\lambda_3}S_1+\frac{\lambda_2}{\lambda_1+\lambda_2+\lambda_3}S_2+\frac{\lambda_3}{\lambda_1+\lambda_2+\lambda_3}S_3 \quad (4\text{-}4)$$

式中，F——综合得分；

S_1——第一主成分因子得分；

S_2——第二主成分因子得分；

S_3——第三主成分因子得分；

λ_1——第一主成分特征值；

λ_2——第二主成分特征值；

λ_3——第三主成分特征值。

表 4-5 因子载荷表

指数		主成分		
		F_1	F_2	F_3
乔木层	S	0.11	0.05	0.43
	H'	0.32	−0.05	0.28
	J	0.29	−0.11	0.13

续表

指数		主成分		
		F_1	F_2	F_3
灌木层	S	0.04	0.36	−0.15
	H'	0.03	0.35	0.06
	J	0.02	0.31	0.11
草本层	S	0.28	0.10	−0.11
	H'	0.29	0.12	−0.29
	J	0.05	0.05	−0.44

依据各因子得分，结合式（4-4），通过计算得出各样地生物多样性综合得分，结果见表 4-6。

表 4-6　各样地生物多样性综合得分

样地编号	因子得分 S_1	因子得分 S_2	因子得分 S_3	综合得分
1（CK）	0.95	0.83	0.33	0.78
2	−1.03	0.28	2.36	0.14
3	−1.65	−0.17	0.12	−0.79
4	1.21	−1.23	−0.88	−0.03
5	1.25	1.47	−0.01	1.05
6	0.14	1.19	−0.68	0.30
7	−0.08	0.79	0.02	0.22
8	1.10	−1.58	−0.27	−0.06
9	0.39	0.30	−0.19	0.23
10	−0.88	1.13	0.05	−0.03
11	−0.14	−0.68	0.00	−0.28
12	−2.01	−0.96	−1.19	−1.49
13	−0.29	−0.24	−0.72	−0.37
14	−0.69	1.37	−2.28	−0.38
15	−0.33	−1.18	0.65	−0.39
16	1.13	0.72	0.63	0.89
17	0.15	−1.80	−0.18	−0.54
18	0.88	−0.24	−0.48	0.22
19	−1.14	0.23	1.44	−0.13
20	1.03	−0.21	1.28	0.68

由表 4-6 可见，20 块不同抚育间伐强度的样地中，5 号样地（20.86%）得分最高，为 1.05；其次是 16 号样地（25.48%），得分为 0.89；再次是 1 号对照样地

（0%），得分为 0.78；其余样地综合得分均低于对照样地（CK），其中 3、4、8、10、11、12、13、14、15、17、19 号样地得分为负值，说明其抚育间伐强度对样地的生物多样性有较大的负面影响。

4.3 综 合 分 析

对大兴安岭新林林场内的 20 块采用不同抚育间伐强度的样地的生物多样性进行调查，以未采伐样地为对照，将乔木层、灌木层和草本层的物种丰富度指数、物种多样性指数以及均匀度指数作为评价指标，应用主成分分析的方法，对采集的数据进行综合分析及对比，得出的结论为：抚育间伐强度由 7 号样地的 12.52%增大到 2 号样地的 34.38%，各样地综合得分呈先增长后下降的趋势，在 5 号样地抚育间伐强度达到 20.86%时，其综合得分最高；5 号样地及 16 号样地，抚育间伐强度分别为 20.86%、25.48%，其综合得分均高于未抚育间伐的 1 号对照样地，综合得分排名排在第一和第二位；其他样地的综合得分均低于对照样地，其中 4、8、10、11、13、14、15、17、19 号样地的抚育间伐强度均大于等于 40%，综合得分为负值，3、12 号样地的抚育间伐强度均小于等于 6.2%，综合得分为负值；各样地综合得分结果说明中等强度的抚育间伐对林分生物多样性的提高起到促进作用，而过高或过低强度的抚育间伐对林分生物多样性将起到负面影响，甚至产生破坏作用。

分析其原因，中等强度抚育间伐后，乔木层林分密度更加合理，竞争减小，有利于其生长，同时林地内光照、湿度以及土壤肥力等条件改善，群落内资源梯度适中，促进了林下灌木及草本植物的生长；过大强度抚育间伐后，乔木层物种数量大大减少，林地内光照过强，林下环境发生极端变化，灌木层及草本层植被无法适应这种极端变化，使其种类、数量大幅度降低；低强度抚育间伐后，林地内小气候环境没有得到有效改善，光照强度有所增强，但未达到喜阳植物最佳生长要求，反而抑制了喜阴植物的生长，加之采伐过程中人为活动、树倒等干扰因素对林下植被的破坏不能有效恢复，因此抚育间伐后林分生物多样性不能得到提高。任立忠等研究了不同强度抚育间伐对山杨次生林植物多样性的影响，研究结果表明中度抚育提高了群落物种多样性，而强度抚育降低了群落物种多样性。雷相东等[5]研究抚育间伐对落叶松云冷杉混交林的影响后发现，20%和 30%左右的间伐强度使样地的物种多样性有所提高；间伐增加了林下灌草的生物量；间伐样地的土壤物理性质也有所改善。刘松春等[6]研究不同抚育强度对“栽针保阔”红松林植物多样性的影响后发现，从保护植物多样性方面来看，“栽针保阔”红松林上层透光抚育应以中等透光抚育强度比较理想。以上研究成果与本研究所得出的结论基本相符。综合上述分析，对大兴安岭用材林进行 20.86%～25.48%的中等强度抚育间伐经营方式，将有利于林分生物多样性的提高。

参考文献

[1] 高明，朱玉杰，董希斌，等．采伐强度对大兴安岭用材林生物多样性的影响［J］．东北林业大学学报，2013，41（8）：18-21.

[2] 吕海龙，董希斌．不同整地方式对小兴安岭低质林生物多样性的影响［J］．森林工程，2011，27（6）：5-9.

[3] 刘增文．森林生态系统的物质积累与循环［M］．北京：中国林业出版社，2009.

[4] 宋启亮，董希斌，李芝茹．不同改造方式对大兴安岭 3 种类型低质林生物多样性的影响［J］．东北林业大学学报，2012，40（4）：85-89.

[5] Niese J N, Strong T F. Economic and tree diversity trade-offs in managed northern hardwoods [J]. Canadian Journal of Forest Research, 1992, 22(11): 1807-1813.

[6] 孙刘平，钱吴永．基于主成分分析法的综合评价方法的改进［J］．数学的实践与认识，2009，39（18）：15-20.

第 5 章　森林经营技术对大兴安岭林地土壤的影响

5.1　大兴安岭用材林土壤模糊聚类

土壤为陆上植物提供了其生长所需的水分、养分和微生物等物质基础，不只影响着陆上植物的生长发育[1]，同时也影响着植物种类的分布格局[2, 3]。因此，对林地内的土壤进行科学合理的分类，可以为林业用地的规划治理、分块管护、合理经营以及造林树种的选择等提供科学的理论依据，具有十分重要的生产意义[4]。以前的研究基本上是以定性的方法，以土壤发生演替和地理分布的规律对土壤进行分类，并在我国土壤普查、土壤资源调查和流域规划中发挥了一定的作用，但这种方法只适用于大范围的土壤分类，原因主要是由于其只重视中心概念，缺少进行量化的标准，而且往往混淆分类和分区的概念，造成土壤分类模糊不清，因此难以对小区域的土壤进行精准分类[5, 6]。土壤科学和数学方法在近 30 年来的发展，使得越来越多的研究应用模糊聚类分析法对土壤进行分类[7]。模糊聚类分析是基于模糊集理论对聚类问题进行处理的一种数学方法，它可以对具有多项指标的事物进行综合分析，从而判断事物在多大程度上属于某一类，因此这种方法对界限不明显的样本进行分类十分适合[8]。例如，马咏真[9]利用 2000 年我国火灾统计数据资料，运用模糊聚类分析法将 31 个省、市地区划分为重灾区、较重灾区、一般灾区和轻灾区共 4 类；Rao 等[10]对美国印第安纳州的 7 个水文区域的年最大流量和洪水频率进行了研究分析，探讨了模糊聚类分析法在水文区域划分中的可行性。

抚育间伐会对林地内的土壤产生十分严重的影响[11, 12]，首先，在抚育间伐作业的整个过程中，人、畜、机器以及伐倒木会造成林地内的土壤被压实，使得林地土壤的容重加大、孔隙度减小，土壤物理性质发生很大变化[13]；其次，不同强度的抚育间伐作业后，林地植被生物量会不同程度地减少，林地内的光照、温度及湿度等微气候环境发生改变，从而造成抚育间伐剩余物的分解过程也发生变化，林地土壤的 pH、有机质和氮、磷、钾的含量等化学性质发生变化[14]。因此，抚育间伐强度不同，会造成林地土壤理化性质的变化程度也不尽相同。本研究运用模糊聚类分析法对大兴安岭用材林不同强度抚育间伐后的林地土壤进行定量分类研究，从而为大兴安岭用材林不同强度抚育间伐后的土壤改良以及森林精准经营提供科学的理论依据，同时也为我国森林土壤分类提供基础数据。

5.1.1　研究方法

1．数据采集方法

于 2013 年 5 月中下旬在 1～20 号样地上按 Z 形布点法各选择 5 个土壤取样点，每个样点均取土壤剖面 0～10cm 的土壤，然后按四分法混合取土样，共取 100 个土壤样本，每个土壤样本重 1kg，土壤样本在实验室进行自然风干处理，然后研磨过筛，用于分析土壤的化学性质。同时，用容积为 $100cm^3$ 的环刀在每个土壤取样点取环刀土壤样本，环刀土壤样本带回实验室用于分析土壤的物理性质。

土壤物理性质测定方法：土壤的含水量采用烘干法测定；土壤容重、最大持水量、毛管持水量、毛管孔隙度和非毛管孔隙度均采用环刀法测定。

土壤化学性质测定方法：每个土样称取两个样品进行重复测定，土壤 pH 采用 50∶1 的水土比例，用酸度计测定；土壤有机质采用油浴重铬酸钾氧化法测定；土壤全氮采用自动凯氏法测定，仪器为全自动定氮仪；土壤全磷采用酸溶-钼锑抗比色法测定；土壤全钾采用碳酸氢钠浸提-火焰光度法测定，仪器为火焰光度计；土壤水解氮采用碱解-扩散法测定；土壤有效磷采用氢氧化钠浸提-钼锑抗比色法测定；土壤速效钾采用乙酸铵浸提-火焰光度法测定。以上分析方法见森林土壤分析方法[15]。

2．数据分析方法

由于土壤自身具有模糊性，不同的土壤样本之间存在着多元模糊关系，因此本文运用模糊聚类分析法对不同强度抚育间伐后的林地土壤进行分类的定量化研究，从而使聚类分析的结果更符合实际。模糊聚类分析法首先对进行分类的样本的实测值进行无量纲化处理，然后确定各样本的模糊相似矩阵，再通过模糊等价关系变换，定量分析各样本之间的亲疏关系，从而对样本进行科学分类[16]。具体操作步骤如下。

（1）确定实测特征值矩阵

设有 n 个需要被分类的样本，其组成论域 $U=\{x_1,x_2,\cdots,x_n\}$，分别用 m 个实测指标来表示每个样本的性状：$x_1=\{x_{i1},x_{i2},\cdots,x_{im}\}$，可得到其实测特征值矩阵 $\boldsymbol{X}$:

$$\boldsymbol{X}=\{x_{ik}\}_{n\times m}\quad (i=1,2,\cdots,n;k=1,2,\cdots,m) \tag{5-1}$$

（2）数据标准化

由于不同指标的量纲一般不同，为了消除量纲对分类结果的影响，同时也为了满足模糊矩阵的要求，需要对实测特征值进行标准化处理，使实测特征值矩阵的元素在区间［0，1］上。一般采用“平移 · 极差变换”法达到上述目的，其表达式为

$$x'_{ik}=\frac{x_{ik}-\min\limits_{1\leqslant i\leqslant n}\{x_{ik}\}}{\max\limits_{1\leqslant i\leqslant n}\{x_{ik}\}-\min\limits_{1\leqslant i\leqslant n}\{x_{ik}\}}\quad (k=1,2,\cdots,m) \tag{5-2}$$

由计算公式可知，$0 \leqslant x'_{ik} \leqslant 1$。

（3）建立模糊相似矩阵

对样本进行聚类，其实就是确定各样本间的亲疏关系，为此，需要建立样本间的模糊相似矩阵 $\boldsymbol{R}$：

$$\boldsymbol{R}=\{r_{ij}\}_{n\times n} \quad (i,j=1,2,\cdots,n) \tag{5-3}$$

常用的方法主要包括相关系数法、欧氏距离法和夹角余弦法等。本研究采用夹角余弦法来进行标定，其计算公式为

$$r_{ij}=\frac{\sum_{k=1}^{m}(x_{ik}\cdot x_{jk})}{\sqrt{\sum_{k=1}^{m}x_{ik}^{2}}\cdot\sqrt{\sum_{k=1}^{m}x_{jk}^{2}}} \tag{5-4}$$

（4）绘制动态聚类图

模糊聚类的方法主要包括 Boole 矩阵法、直接聚类法、最大树法、编网法和传递闭包法[17, 18]，不同聚类方法有其各自的优缺点。本书采用传递闭包法对土壤样本进行聚类，利用平方法来求传递闭包 $t(R)$，得到的传递闭包 $t(R)$ 即为模糊等价矩阵 $\boldsymbol{R}^*$，其运算过程如下：

$$R\rightarrow R^2\rightarrow R^4\rightarrow\cdots\rightarrow R^{2p}\rightarrow\cdots$$

$$R^{2p}=R^{2^{(p-1)}}\circ R^{2^{(p-1)}}=\left\{r_{ij}^{2p}\right\}_{n\times n}$$

式中，$r_{ij}^{2p}=\bigvee_{t=1}^{n}\left(r_{it}^{2(p-1)}\wedge r_{tj}^{2(p-1)}\right), i,j=1,2,\cdots,n$，$\vee$、$\wedge$分别表示取大、取小运算符号。

当首次出现 $R^q\circ R^q=R^q$ 时，表明 R^q 存在传递性，则传递闭包 $t(R)=R^q$。每一个阈值 λ 都对应着一种分类结果，再将阈值 λ 从大到小变化，便得到了模糊动态聚类图。

（5）确定最佳阈值

为获得最佳的分类结果，就必须确定最佳阈值λ，通常采用 F 统计量来进行选择，其计算公式为

$$F=\frac{\sum_{j=1}^{r}n_j\left\|\overline{x}^{(j)}-\overline{x}\right\|^2/(r-1)}{\sum_{j=1}^{r}\sum_{i=1}^{n_j}\left\|x_i^{(j)}-\overline{x}^{(j)}\right\|^2/(n-r)} \tag{5-5}$$

式中，$\overline{x}^{(j)}$——第 j 类的中心向量；

$\overline{x}$——全部样本的中心向量；

$x_i^{(j)}$——第 j 类中第 i 个样本的特征值向量；

$\left\|\overline{x}^{(j)}-\overline{x}\right\|$——$\overline{x}^{(j)}$ 与 $\overline{x}$ 的距离；

$\left\|\overline{x}_i^{(j)}-\overline{x}^{(j)}\right\|$——$x_i^{(j)}$ 与 $\overline{x}^{(j)}$ 的距离；

n_j——第 j 类的样本数目；

n —— 全部的样本数目；

r —— 分类数目。

如果 $F > F_{0.05}(r-1, n-r)$，则说明类与类之间的差异较显著，即分类比较合理；若满足 $F > F_{0.05}(r-1, n-r)$ 的 F 不止一个，则需进一步计算 F 与 $F_{0.05}(r-1, n-r)$ 的差值，然后结合实际情况从差值较大者中选择满意的 F 即可。

本研究采用 Excel 2010 和 MATLAB 7.0 对数据进行计算处理。

5.1.2　结果分析

要对土壤进行准确精细分类，就必须尽可能选择足够多的指标来全面地反映土壤的性状，因此，在考虑东北地区特殊的土壤性质[19]基础上，结合有关专家的研究，选取了土壤 pH、有机质、全氮、全磷、全钾、水解氮、有效磷和速效钾 8 个化学指标，以及土壤容重、含水率、最大持水量、毛管持水量、毛管孔隙度和非毛管孔隙度 6 个物理指标来表示样地土壤的性状。经实验测得的大兴安岭用材林 20 个不同强度抚育间伐后样地土壤的 14 个理化指标实测值见表 5-1。

表 5-1　土壤指标实测值

样地编号	pH	有机质 /($g \cdot kg^{-1}$)	全氮 /($g \cdot kg^{-1}$)	全磷 /($g \cdot kg^{-1}$)	全钾 /($g \cdot kg^{-1}$)	水解氮 /($mg \cdot kg^{-1}$)	有效磷 /($mg \cdot kg^{-1}$)
1	6.24	18.36	4.11	1.00	15.68	111.22	19.23
2	6.20	28.66	10.15	1.04	9.29	204.45	19.82
3	6.54	17.91	6.12	0.92	12.18	92.87	10.37
4	6.63	19.11	6.78	0.30	24.08	148.79	31.83
5	6.51	16.72	3.41	1.10	13.09	111.15	27.69
6	6.55	19.55	4.11	0.83	8.19	92.63	28.48
7	6.16	10.75	4.09	1.21	15.38	129.50	25.13
8	6.56	29.24	8.20	0.79	14.97	111.60	35.96
9	4.61	32.54	6.18	0.76	9.08	92.56	26.12
10	5.42	17.91	6.86	2.05	22.91	130.19	38.71
11	5.14	29.24	6.84	1.42	19.09	203.91	27.89
12	5.35	18.36	4.07	1.73	17.55	111.67	14.11
13	5.36	13.58	5.48	1.28	17.94	148.69	40.29
14	5.30	13.14	7.53	2.53	24.73	185.62	28.87
15	5.28	12.17	5.49	1.99	12.06	204.05	35.17
16	5.65	17.91	4.13	0.73	12.19	111.60	15.88
17	5.41	20.30	7.55	0.36	7.69	222.01	31.43
18	5.17	25.08	4.77	1.10	13.09	148.00	15.09
19	5.12	30.60	6.85	0.96	10.72	130.19	25.33
20	5.34	22.69	7.50	1.01	17.88	129.68	15.88

续表

样地编号	速效钾/（mg·kg^{-1}）	容重/（g·cm^{-3}）	含水率/%	最大持水量/%	毛管持水量/%	毛管孔隙度/%	非毛管孔隙度/%
1	58.88	1.07	0.34	0.48	0.34	36.65	16.10
2	38.33	0.25	2.69	3.32	2.69	68.54	4.07
3	37.99	0.42	0.92	1.45	0.92	38.33	9.17
4	69.03	0.96	0.47	0.61	0.47	45.12	12.46
5	69.98	1.00	0.40	0.50	0.40	40.00	10.00
6	35.58	1.22	0.30	0.42	0.30	36.91	17.09
7	42.01	0.80	0.59	0.72	0.59	47.69	8.03
8	43.03	0.41	1.39	1.93	1.39	56.44	8.92
9	59.25	0.32	1.45	2.52	1.45	46.22	10.80
10	42.75	0.56	0.96	1.31	0.96	53.47	10.55
11	42.11	0.52	1.14	1.34	1.14	59.20	5.18
12	26.33	1.11	0.40	0.46	0.40	43.99	7.77
13	23.52	1.01	0.42	0.55	0.42	42.45	13.07
14	32.54	0.68	0.56	0.95	0.56	37.86	18.40
15	62.45	0.78	0.51	0.83	0.51	40.04	19.49
16	44.82	0.81	0.57	0.73	0.57	45.94	10.54
17	64.48	0.42	1.33	1.79	1.33	55.43	7.90
18	49.54	0.47	1.35	1.70	1.35	63.25	7.48
19	47.82	0.41	1.24	1.79	1.24	50.84	9.47
20	19.37	0.37	1.71	2.08	1.71	63.67	5.23

按式（5-2）对表 5-1 中的实测特征值进行标准化处理，结果见表 5-2。

表 5-2　标准化处理后的土壤指标值

样地编号	pH	有机质/（g·kg^{-1}）	全氮/（g·kg^{-1}）	全磷/（g·kg^{-1}）	全钾/（g·kg^{-1}）	水解氮/(mg·kg^{-1})	有效磷/(mg·kg^{-1})
1	0.81	0.35	0.10	0.31	0.47	0.14	0.30
2	0.79	0.82	1.00	0.33	0.09	0.86	0.32
3	0.96	0.33	0.40	0.28	0.26	0.00	0.00
4	1.00	0.38	0.50	0.00	0.96	0.43	0.72
5	0.94	0.27	0.00	0.36	0.32	0.14	0.58
6	0.96	0.40	0.10	0.24	0.03	0.00	0.61
7	0.77	0.00	0.10	0.41	0.45	0.29	0.49
8	0.97	0.85	0.71	0.22	0.43	0.15	0.86
9	0.00	1.00	0.41	0.20	0.08	0.00	0.53
10	0.40	0.33	0.51	0.78	0.89	0.29	0.95

续表

样地编号	pH	有机质 /（g·kg^{-1}）	全氮 /（g·kg^{-1}）	全磷 /（g·kg^{-1}）	全钾 /（g·kg^{-1}）	水解氮 /（mg·kg^{-1}）	有效磷 /（mg·kg^{-1}）
11	0.26	0.85	0.51	0.50	0.67	0.86	0.59
12	0.37	0.35	0.10	0.64	0.58	0.15	0.13
13	0.37	0.13	0.31	0.44	0.60	0.43	1.00
14	0.34	0.11	0.61	1.00	1.00	0.72	0.62
15	0.33	0.07	0.31	0.76	0.26	0.86	0.83
16	0.51	0.33	0.11	0.19	0.26	0.15	0.18
17	0.40	0.44	0.61	0.02	0.00	1.00	0.70
18	0.28	0.66	0.20	0.36	0.32	0.43	0.16
19	0.25	0.91	0.51	0.30	0.18	0.29	0.50
20	0.36	0.55	0.61	0.32	0.60	0.29	0.18

样地编号	速效钾 /（mg·kg^{-1}）	容重 /（g·cm^{-3}）	含水率/%	最大持水量/%	毛管持水量/%	毛管孔隙度/%	非毛管孔隙度/%
1	0.78	0.85	0.02	0.02	0.02	0.00	0.78
2	0.37	0.00	1.00	1.00	1.00	1.00	0.00
3	0.37	0.17	0.26	0.36	0.26	0.05	0.33
4	0.98	0.73	0.07	0.07	0.07	0.27	0.54
5	1.00	0.77	0.04	0.03	0.04	0.10	0.38
6	0.32	1.00	0.00	0.00	0.00	0.01	0.84
7	0.45	0.57	0.12	0.10	0.12	0.35	0.26
8	0.47	0.16	0.46	0.52	0.46	0.62	0.31
9	0.79	0.07	0.48	0.73	0.48	0.30	0.44
10	0.46	0.31	0.28	0.31	0.28	0.53	0.42
11	0.45	0.27	0.35	0.32	0.35	0.71	0.07
12	0.14	0.89	0.04	0.01	0.04	0.23	0.24
13	0.08	0.78	0.05	0.05	0.05	0.18	0.58
14	0.26	0.44	0.11	0.18	0.11	0.04	0.93
15	0.85	0.54	0.09	0.14	0.09	0.11	1.00
16	0.50	0.58	0.11	0.11	0.11	0.29	0.42
17	0.89	0.17	0.43	0.47	0.43	0.59	0.25
18	0.60	0.22	0.44	0.44	0.44	0.83	0.22
19	0.56	0.16	0.39	0.47	0.39	0.44	0.35
20	0.00	0.12	0.59	0.57	0.59	0.85	0.07

然后，采用式（5-4）对表 5-2 中的数据进行计算，即得到模糊相似矩阵 $\boldsymbol{R}$。

$$
\boldsymbol{R}=\begin{pmatrix}
1.000\,0 & 0.360\,2 & 0.760\,4 & 0.899\,1 & 0.944\,1 & 0.910\,6 & 0.865\,0 & 0.650\,2 & 0.518\,1 & 0.694\,8 & 0.562\,4 & 0.805\,8 & 0.762\,1 & 0.725\,2 & 0.800\,6 & 0.950\,5 & 0.546\,8 & 0.578\,8 & 0.610\,8 & 0.387\,1 \\
 & 1.000\,0 & 0.701\,3 & 0.520\,4 & 0.406\,6 & 0.320\,5 & 0.552\,0 & 0.845\,1 & 0.750\,3 & 0.657\,9 & 0.824\,9 & 0.388\,3 & 0.416\,6 & 0.470\,8 & 0.467\,1 & 0.573\,1 & 0.847\,5 & 0.871\,0 & 0.854\,9 & 0.915\,0 \\
 & & 1.000\,0 & 0.752\,6 & 0.738\,8 & 0.694\,1 & 0.752\,9 & 0.829\,4 & 0.612\,3 & 0.660\,8 & 0.595\,3 & 0.600\,8 & 0.511\,8 & 0.598\,0 & 0.554\,4 & 0.795\,0 & 0.596\,3 & 0.667\,8 & 0.708\,4 & 0.667\,4 \\
 & & & 1.000\,0 & 0.899\,2 & 0.775\,4 & 0.897\,2 & 0.791\,7 & 0.563\,7 & 0.809\,8 & 0.730\,2 & 0.721\,2 & 0.806\,2 & 0.744\,0 & 0.769\,9 & 0.901\,7 & 0.716\,1 & 0.661\,1 & 0.695\,7 & 0.557\,2 \\
 & & & & 1.000\,0 & 0.866\,6 & 0.912\,7 & 0.695\,4 & 0.530\,5 & 0.712\,9 & 0.589\,7 & 0.740\,4 & 0.734\,0 & 0.632\,6 & 0.782\,0 & 0.923\,8 & 0.623\,2 & 0.604\,2 & 0.623\,1 & 0.378\,5 \\
 & & & & & 1.000\,0 & 0.799\,6 & 0.642\,1 & 0.447\,4 & 0.600\,2 & 0.446\,9 & 0.734\,8 & 0.781\,7 & 0.610\,2 & 0.716\,5 & 0.869\,1 & 0.468\,0 & 0.447\,7 & 0.550\,7 & 0.318\,2 \\
 & & & & & & 1.000\,0 & 0.759\,9 & 0.463\,4 & 0.848\,3 & 0.714\,3 & 0.815\,3 & 0.847\,2 & 0.770\,0 & 0.800\,3 & 0.898\,9 & 0.669\,1 & 0.684\,7 & 0.630\,6 & 0.591\,2 \\
 & & & & & & & 1.000\,0 & 0.811\,7 & 0.843\,9 & 0.837\,8 & 0.568\,4 & 0.674\,3 & 0.621\,1 & 0.612\,7 & 0.776\,4 & 0.808\,2 & 0.827\,7 & 0.915\,1 & 0.840\,3 \\
 & & & & & & & & 1.000\,0 & 0.680\,2 & 0{,}738\,7 & 0.395\,6 & 0.448\,8 & 0.471\,1 & 0.564\,7 & 0.644\,8 & 0.761\,9 & 0.822\,6 & 0.947\,2 & 0.701\,1 \\
 & & & & & & & & & 1.000\,0 & 0.868\,2 & 0.747\,5 & 0.865\,6 & 0.880\,3 & 0.798\,2 & 0.763\,0 & 0.715\,5 & 0.771\,8 & 0.802\,5 & 0.767\,1 \\
 & & & & & & & & & & 1.000\,0 & 0.669\,0 & 0.702\,5 & 0.729\,5 & 0.690\,0 & 0.717\,8 & 0.850\,8 & 0.905\,2 & 0.892\,2 & 0.856\,3 \\
 & & & & & & & & & & & 1.000\,0 & 0.791\,0 & 0.764\,6 & 0.653\,5 & 0.830\,9 & 0.395\,3 & 0.610\,4 & 0.555\,7 & 0.553\,6 \\
 & & & & & & & & & & & & 1.000\,0 & 0.873\,8 & 0.840\,4 & 0.756\,1 & 0.592\,9 & 0.529\,5 & 0.605\,6 & 0.516\,2 \\
 & & & & & & & \text{对称部分} & & & & & & 1.000\,0 & 0.872\,3 & 0.696\,6 & 0.574\,1 & 0.576\,5 & 0.619\,6 & 0.573\,9 \\
 & & & & & & & & & & & & & & 1.000\,0 & 0.780\,7 & 0.743\,2 & 0.619\,2 & 0.669\,8 & 0.421\,0 \\
 & & & & & & & & & & & & & & & 1.000\,0 & 0.690\,5 & 0.777\,8 & 0.756\,3 & 0.598\,7 \\
 & & & & & & & & & & & & & & & & 1.000\,0 & 0.835\,6 & 0.861\,4 & 0.701\,1 \\
 & & & & & & & & & & & & & & & & & 1.000\,0 & 0.909\,8 & 0.876\,8 \\
 & & & & & & & & & & & & & & & & & & 1.000\,0 & 0.820\,4 \\
 & & & & & & & & & & & & & & & & & & & 1.000\,0
\end{pmatrix}
$$

采用平方法并通过 MATLAB 7.0 编程求传递闭包 $t(R)$，其运算过程如下：

$$R \to R^2 \to R^4 \to R^8 : R^8 \circ R^8 = R^8$$

可知，传递闭包 $t(R)=R^8$，因此，模糊等价矩阵 $\boldsymbol{R}^*=R^8$：

由模糊等价矩阵 $\boldsymbol{R}^*$可知，当 $\lambda=1.000\ 0$ 时，土壤样本分为 20 类：{1}，{2}，{3}，{4}，{5}，{6}，{7}，{8}，{9}，{10}，{11}，{12}，{13}，{14}，{15}，{16}，{17}，{18}，{19}，{20}。

当 $\lambda=0.950\ 5$ 时，土壤样本分为 19 类：{1，16}，{2}，{3}，{4}，{5}，{6}，{7}，{8}，{9}，{10}，{11}，{12}，{13}，{14}，{15}，{17}，{18}，{19}，{20}。

……

由于测量样本较多，为了避免冗余，分类结果不再一一表述。最终得到土壤的模糊动态聚类图，见图 5-1。

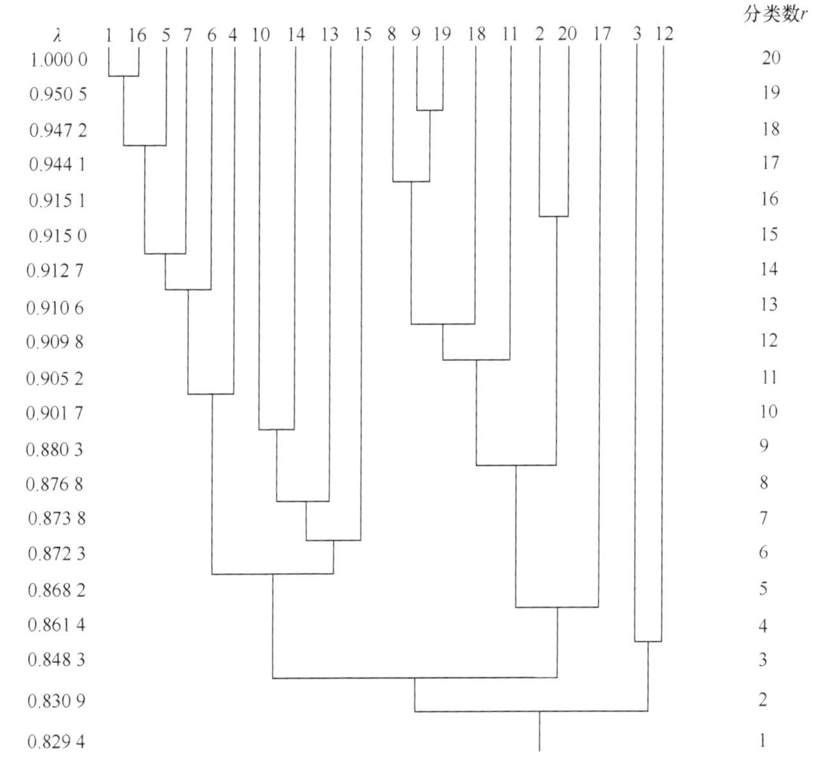

图 5-1　土壤的模糊动态聚类图

采用 F 统计量确定最佳阈值λ，根据式（5-5）并利用 MATLAB 7.0 软件进行编程计算，计算结果见表 5-3。

表 5-3 阈值 λ 的 F 统计量比较

λ	0.950 5	0.947 2	0.944 1	0.915 1	0.915	0.912 7	0.910 6	0.909 8	0.905 2	0.901 7
分类数 r	20	19	18	17	16	15	14	13	12	11
F	0.000	13.600	6.073	16.193	10.728	4.343	16.823	11.399	10.941	3.253
$F_{0.05}$（$r-1$，$n-r$）	—	247.32	19.44	8.69	5.86	4.64	3.98	3.57	3.31	3.14
差值	—	−233.720	−13.367	7.503	4.868	−0.297	12.843	7.829	7.631	0.113
λ	0.901 7	0.880 3	0.876 8	0.873 8	0.872 3	0.868 2	0.861 4	0.848 3	0.830 9	0.829 4
分类数 r	10	9	8	7	6	5	4	3	2	1
F	8.648	19.345	3.027	24.201	12.296	3.446	2.636	32.205	1.984	0.000
$F_{0.05}$（$r-1$，$n-r$）	3.02	2.95	2.91	2.91	2.96	3.06	3.24	3.59	4.41	—
差值	5.628	16.395	0.117	21.291	9.336	0.386	−0.604	28.615	−2.426	—

由表 5-3 中的结果可以看出，当 20 个观测样地被分为 20 类或 1 类时，分类太细或太粗，均没有任何实际意义。当 20 个样地被分为 19 类、18 类、15 类、4 类或 2 类时，F 与 $F_{0.05}$（$r-1$，$n-r$）的差值均小于 0，表明这 5 种分类结果均不合理；而在其他分类中，尽管 F 与 $F_{0.05}$（$r-1$，$n-r$）的差值都大于 0，但当中有的差值太小，分类意义不大，而当 20 个观测样地被分为 3 类时，F 与 $F_{0.05}$（$r-1$，$n-r$）的差值最大，达到了 28.615，说明此时类与类之间的差异非常显著，因此这种分类结果是最合理的。

最佳阈值 λ 为 0.848 3，由图 5-1 可知，此时 1 号（0%）、4 号（40.01%）、5 号（20.86%）、6 号（16.75%）、7 号（12.52%）、10 号（47.87%）、13 号（53.09%）、14 号（59.92%）、15 号（50.61%）和 16 号（25.48%）聚为一类，2 号（34.38%）、8 号（49.63%）、9 号（13.74%）、11 号（56.51%）、17 号（67.25%）、18 号（27.85%）、19 号（51.48%）和 20 号（19.00%）聚为一类，3 号（6.23%）和 12 号（3.42%）聚为一类。将 20 个样地分为 3 类，大大简化了林地的管理方案，降低了林地的管理难度和成本，经济可行。

5.1.3 最佳经营技术

土壤分类是土壤科学的基础，也是土壤科学发展水平的重要标志[20]。20 世纪 80 年代，我国在中国科学院和国家自然科学基金委员会的支持下开始对“中国土壤系统分类”进行研究，逐步从定性分类转变为定量分类，也先后取得了许多重要成果[21]。但以往的科研工作者一般都是针对大范围的土壤进行分类研究的，而对小区域土壤分类的研究较少。虽然小区域的土壤之间具有相同的地理分布规律和发生演替规律，但是由于受人类活动的干扰以及一些自然因素的影响，它们之间仍然存在或多或少的差异，因此，对小区域的土壤进行分类，更加有利于土地生产管理者“因地施策”，对实际生产、经营和管理更加具有指导意义。

土壤分类的定量化是小区域土壤进行分类的前提，而分类指标和分类方法的选择又直接关系到分类结果的准确性。刘焕军等[22]选取中国松嫩平原吉林省农安县5种主要土壤室内光谱反射率作为研究对象，利用去包络线法提取反射光谱特征指标，对基于表层土壤反射光谱特性进行土壤分类的可行性进行了探讨。张彦成等[23]以全氮、全磷、有机质、pH、代换量、耕层厚和密度 7 个土壤理化因子作为土壤分类指标，对 19 个土壤样本建立神经网络，最后对土壤样本分类结果的准确性进行验证，探讨了自组织特征映射神经网络在土壤分类中应用的可行性。本研究以土壤 pH、有机质、全氮、全磷、全钾、水解氮、有效磷和速效钾这 8 个化学指标，以及土壤容重、含水率、最大持水量、毛管持水量、毛管孔隙度和非毛管孔隙度这 6 个物理指标，共 14 个土壤理化因子作为分类指标，采用模糊聚类分析法对大兴安岭用材林不同强度抚育间伐后的 20 个样地土壤进行分类，结果表明当阈值 λ 为 0.848 3 时，全部样地土壤被分为 3 类最为合理：1 号（0%）、4 号（40.01%）、5 号（20.86%）、6 号（16.75%）、7 号（12.52%）、10 号（47.87%）、13 号（53.09%）、14 号（59.92%）、15 号（50.61%）和 16 号（25.48%）分为第一类，该类土壤全钾和有效磷含量较高，土壤有机质和全氮含量较低，土壤容重较高，土壤含水率、最大持水量、毛管持水量、毛管孔隙度较低，土壤非毛管孔隙度较高，土壤物理性质较差；2 号（34.38%）、8 号（49.63%）、9 号（13.74%）、11 号（56.51%）、17 号（67.25%）、18 号（27.85%）、19 号（51.48%）和 20 号（19.00%）分为第二类，该类土壤 pH 较低，土壤有机质和全氮含量较高，土壤全磷和全钾含量较低，土壤容重较低，土壤含水率、最大持水量、毛管持水量和毛管孔隙度较高，土壤物理性质较好；3 号（6.23%）和 12 号（3.42%）分为第三类，该类土壤有效磷和速效钾含量较低。因此，在以后的林地经营管理中，对于第一类土壤，可以适当施加有机肥和氮肥以提高土壤的有机质和含氮量，同时应对样地进行翻耕松土，以改善样地的土壤物理性质；而对于第二类土壤和第三类土壤，则可以适当施加磷肥和钾肥。

土壤种类的划分往往存在一些模糊性和不确定性，而模糊聚类分析则正好可以解决这些问题，因为它克服了“非此即彼”的不合理性，考虑的是关系深浅程度，而不是有无关系[24]。陈朝阳等[25]选用土壤 pH、有机质等 19 个指标对南平烟区植烟土壤进行模糊聚类分析，其结果表明，南平烟区植烟土壤可分成 5 个类群，符合南平烤烟生产实际，分类合理；Goktepe 等[26]采用模糊聚类分析方法，选择抗剪强度及塑性指数作为分类指标，对 120 个安塔利亚地区的土壤和 20 个其他地区的土壤进行聚类，结果显示 140 个土样能被准确地分成两类。本研究采用模糊聚类分析法对 20 个不同强度抚育间伐的样地土壤进行分类，结果显示第一类土壤中 1 号（0%）、5 号（20.86%）、6 号（16.75%）、7 号（12.52%）和 16 号（25.48%）样地抚育间伐强度低于 30%，4 号（40.01%）、13 号（53.09%）、14 号（59.92%）、15 号（50.61%）样地抚育间伐强度虽然较高，但其伐前样地蓄积量和林分密度较高，伐后蓄积量和林分密度与前几个样地接近。而第二类土壤中 2 号（34.38%）、9 号（13.74%）、18 号（27.85%）、20 号（19.00%）样地抚育间伐强度低于 40%，伐后蓄积量和林分密度较高，而 8 号（49.63%）、11 号（56.51%）、17 号（67.25%）、19 号（51.48%）样地抚育间伐强度较高，其中 11 号样地伐前样地蓄积量和林分密度较高，伐后蓄积量和林分密度仍然较高，8 号、17 号和 19 号样地伐后蓄积量和林分密度较低。第三类土壤中 3 号（6.23%）和 12 号（3.42%）样地抚育间伐强度低于 10%，说明分类结果与实际是比较相符的。定制到地块的土壤分类的精细化经营方法，值得推广。

5.2 大兴安岭用材林土壤肥力的综合评价

森林土壤质量是土壤肥力、健康与环境的综合度量，即土壤在森林生态系统的范围内，维持生物的生产能力、促进动植物健康及保护环境质量的能力[27，28]。土壤质量揭示了土壤动态变化的最敏感指标，体现了人类生产对土壤的影响。研究用材林不同强度抚育间伐后土壤质量变化规律，建立合理森林经营技术以及林地土壤质量演化预测模型，对用材林生态改善的评价有着极其重要的影响[29]。

土壤质量指标（soil quality indicator）是表示从土壤环境管理和生产潜力的角度监测评价土壤健康状况的功能、性状和条件[30]。土壤质量的好坏取决于土壤的自然原始组成成分，同时也与人类对土地的利用和管理导致的变化有关。作为一个复杂的功能实体，土壤质量是诸多基本特性的综合反映，不能够直接测定，但可以通过土壤质量指标的数值化来综合研究推测。土壤功能的有效性由土壤物理、化学和生物学过程等表征，以及土壤内部各因子的相互作用，同时对人为活动的扰动、利用方式的改变、土壤侵蚀的强度也有足够敏感的响应。土壤质量的分析性指标包括土壤物理指标、化学指标和生物指标[31-33]。

一般来说，反映土壤质量好坏的诊断特征可分为两组，一组是评价土壤健康的描述性特征，另一组是分析土壤肥力质量的分析性指标，具有定量单位，常为科学家所用[34]。土壤肥力质量是土壤系统物理、化学和生物组分之间复杂相互作用的综合体现，它通常用土壤的物理指标、化学指标和生物指标等具有相互关联的特征来评价。土壤肥力质量的评价提供了一种评价人类管理林地方式对土壤质量影响的有效方法。

5.2.1 林地土壤肥力指标及选取原则

土壤质量是在土壤不同功能间寻求平衡和整体表现而确定的土壤本身的内在属性，这一属性不能通过感官或仪器分析直接获得，而必须根据已知的土壤外部性质进行推测或者综合量化表达。这些用于评价土壤质量的土壤性质就是土壤质量指标。土壤质量包含非常多的物理、化学和生物学性质。任何一项研究也不能将这些性质全部包括，在评价土壤质量时，我们必须选择那些最能体现土壤质量本质的土壤性质，得到不同土壤属性的阈值与最适值，再通过各种土壤属性的不同水平间的相互组合，体现各种土壤属性与土壤功能之间的关系，在此基础上对土壤质量进行评价。所以，选取适合的指标是获得更能反映实际土壤质量的前提。

林地土壤肥力是土壤供应和协调森林生长所需的营养和环境因素的能力，它是构成土壤总体质量的一个重要部分。从概念上讲，林地土壤肥力是指土壤满足林木资源生长需要的度量。从一般意义上来看，林地土壤肥力指标包括描述性指标、林地资源指标和土壤生态过程指标，具体见表 5-4。

表 5-4　林地土壤肥力评价指标汇总

<table>
<tr><th>土壤物理指标</th><th>土壤化学指标</th><th>土壤养分指标</th><th>土壤生物指标</th></tr>
<tr><td>表土层厚度</td><td>pH</td><td rowspan="15">全磷
全氮
全钾
速效磷
速效氮
速效钾
微量营养元素全量和有效性
钙、镁、硫、铜、铁、锌、锰、硼、钼</td><td>有机质</td></tr>
<tr><td>障碍层厚度</td><td>CEC</td><td>有机质易氧化率</td></tr>
<tr><td>容重</td><td>电导率</td><td>HA</td></tr>
<tr><td>黏粒</td><td>盐基饱和度</td><td>HA/FA</td></tr>
<tr><td>粉黏比</td><td>交换性酸</td><td>微生物生物量碳</td></tr>
<tr><td>通气孔隙</td><td>交换性钠</td><td>微生物生物量碳/总有机碳</td></tr>
<tr><td>毛管孔隙</td><td>交换性钙</td><td>微生物总量</td></tr>
<tr><td>渗透率</td><td>交换性镁</td><td>细菌总量和活性</td></tr>
<tr><td>团聚体稳定性</td><td>铝饱和度</td><td>真菌总量和活性</td></tr>
<tr><td>大团聚体、微团聚体</td><td>Eh</td><td>放线菌总量和活性</td></tr>
<tr><td>结构系数</td><td></td><td>脲酶及活性</td></tr>
<tr><td>水分含量</td><td></td><td>转化酶及活性</td></tr>
<tr><td>温度</td><td></td><td>过氧化氢酶及活性</td></tr>
<tr><td>水分特征曲线</td><td></td><td>酸性磷酸酶及活性</td></tr>
<tr><td>渗透阻力</td><td></td><td></td></tr>
</table>

在这些指标中，物理指标中土壤质地是最常见和最综合性的指标，它与其他很多物理性状，如容重、孔隙度、渗透率等密切相关，但土壤质地涉及几种不同的颗粒级别，通常以黏粒含量作为代表性的指标。

化学指标中，pH 无疑是土壤化学环境最重要和直接的反映，决定着几乎所有元素的化学行为。养分指标中，氮、磷、钾等大量元素都是重要的林地土壤肥力因子，与森林的表现密切相关。研究表明，当土壤中的硝态氮含量低于 $25mg \cdot kg^{-1}$ 时，林地资源与其存在显著的正相关，但更高的含量并不会使产量进一步增加。全氮与土壤有机质存在高度的相关性，所以一般在使用有机质含量指标后不再需要全氮含量。磷素在土壤中存在多种化学形态，主要有无定形和晶质氧化物形态结合的无机态磷和有机磷，但对森林生长而言，速效磷含量最具直接意义。当然，不同提取剂获得速效磷也存在一定的差异。在大量养分元素中，钾素通常是含量最高的。矿质土壤的钾素含量为 0.4～30g · kg^{-1}，每公顷 20cm 表层土壤中全钾储量为 3～100t，但其中 98%是以矿物结合态存在的，只有不到 2%是以土壤溶液和交换态存在的，而后者对森林是有效的。因此，在评价林地土壤肥力时，一般用有效钾含量作为标准。

严格来说，土壤有机质既是土壤化学指标，也是土壤生物学指标，因为有机质对土壤的化学特性和生物学特性存在着至关重要的作用，有机质既与养分释放有关，同时也具有阳离子交换量形成、调节土壤 pH 和结合无机离子等功能，因此在林地土壤肥力评价中是不可或缺的指标。

土壤肥力质量综合反映了土壤各方面性质的相互影响与作用，因此土壤肥力质量评价指标应全面、综合地反映土壤养分肥力，合理选取土壤肥力质量评价指标是土壤肥力质量评价的核心工作，直接关系到土壤肥力质量评价结果的科学性、客观性和合理性。土壤肥力质量评价指标应既能反映土壤的养分贮存与释放，又能反映土壤的物理性状和环境条件[35]。

关于土壤肥力质量评价指标体系的建立并没有一个统一的标准，这主要是因为土壤肥力的时空差异性以及不同作物对土壤肥力的需求各不相同所造成的。但根据过往研究的一些成果，总结出相应的土壤质量评价指标的选取原则。

1）选取影响作物生长发育和生产力的主导限制因子作为土壤肥力的评价指标。

2）选择稳定性高的评价指标，使评价结果在相对较长的一段时间内具有应用价值。

3）从土壤的养分含量和所处地域的生态环境两方面来选择评价指标，以可度量的土壤养分含量为主，而生态环境条件必须能显著影响土壤肥力质量和作物的生产力。

4）定量与定性分析相结合原则，土壤肥力质量评价应以可定量的指标计算为主，对难以定量的概念型指标应进行定性分析。

5）差异性原则，选择的指标间应有较大差异性、相关性较小，同时体现出不同的时空差异性和不同属性土壤[36-42]。

根据上述土壤肥力质量评价指标的选择原则，以及东北地区土壤性质和肥力研究的相关经验[43-51]，同时结合现有的实验观测条件，本研究采用土壤容重、孔隙度、土壤 pH、有机质、全氮、全磷、全钾、水解氮、有效磷、速效钾、土壤碳通量 11 个指标对土壤肥力进行综合评价。

5.2.2 研究方法

1．数据采集方法

2013 年 5 月选取 1 号（对照样地）（0%）、3 号（6.23%）、6 号（16.75%）、5 号（20.86%）、18 号（27.85%）、4 号（40.01%）、11 号（56.51%）、17 号（67.25%）

样地为实验对象。样本采集及土壤理化性质的测定方法见 5.1.1 节。

土壤碳通量的测定是利用 LI-8150 多通道土壤碳通量自动测量系统来完成的，观测点设置与土壤样本取样点相同，测定各样地土壤表面二氧化碳通量，观测周期为 0.5 小时，全天 24 小时不间断进行自动测量，共重复 48 次。

所有测定数据均采用 SPSS 19.0 和 Excel 2010 软件进行整理计算以及数据分析。

2．数据分析方法

（1）灰色关联度分析法

1982 年，我国著名学者邓聚龙教授将“灰色系统的控制问题”发表在北荷兰出版公司出版的《系统与控制通讯》杂志中，就此宣告了灰色系统理论的诞生。系统的命名模式根据研究对象所属的领域和范围命名有很多，诸如林业、社会、工业、经济、生物等许多系统，而灰色系统中根据灰色等级的不同则是按照颜色命名的[52]。在控制系统论中，控制信息的明确程度区别于其他的评价模式常常被人们用颜色的深浅来形容，现在已被人们普遍接受的黑箱理论，就是阿什比通过控制系统中的命名模式提出的。

在很多系统中有些信息是完全明确的，有些信息是未知的，更有一部分信息是模棱两可的，这些可以分别用黑、白和灰来代表，而其中的灰又有不同程度的表示模式。这样一来，根据控制系统的命名模式就可以将系统中的所有信息都完全明确地称为白色系统，相反就可以将系统中完全不透明的信息叫作黑色系统，那么介于两者之间的系统顺理成章地就可以称为灰色系统[53]。综合分析可知，系统不完全明确的情况可以分为 4 种：①参数信息的不完全性，也就是说系统有未知的参数或是已知的参数数据是不完全的；②结构信息不完全性，灰色系统中的部分结构信息残缺或具有不透明性；③边界信息不完全性，灰色系统的边界系统较为复杂和多边，就会导致边界信息的缺乏，致使边界上的信息模棱两可，含糊不清；④运行行为信息不完全性，“差异”是指信息之间的相互差异性，凡是信息一定有差异性，并且信息不完全、不确定情况下的解也是非唯一的。灰色系统中存在着解的非唯一性，这是因为所要评价的系统并没有最佳的解决模式，只能以一种接近、完善、协调和优化的模式来评价目标、方案、信息、关系和途径，以使系统更具操作性、经济型和实用性，它是一种定量分析和定性分析相结合的解决途径。

灰色系统关联度分析法中有些信息是已知的、明确的，而有些信息是不透明的、未知的，在求解的过程中要充分利用已知的、透明的信息分析内在的变化，生成所需的信息，并进一步拓展系统的信息，在这些信息中选取对系统本身有价值的信息，这样就可以对系统的发展方向、进化规律和未来走势进行精确的评价[54]。系统论是灰色系统理论的指导思想，其主要的研究目标是灰色系统，就是对系统中那些不明确、不透明的信息进行系统综合的评价。灰色系统理论是一门年轻的科学，从开始到现在只不过 30 年的时间，由于近代各个科学的发展，灰色系统理论最具综合性和应用性，包括系统论、信息论、计算技术、模糊数学等学科相交叉，这也体现了新科学创立的艰难性和复杂性。虽然灰色系统理论才经过 30 年的发展，但是其广泛的用途使其现在已经建立为一个新兴的科学体系，成为近些年来研究的热门学科。由于在系统科学与系统评价工程方面的有关评价越来越复杂，因子越来越多，人们所能够掌握的信息并非是除了“黑”就是“白”，往往存在着多种不确定性和未知因子，因而多种研究不确定性系统的理论和方法也渐渐出现并迅速成长。

国外的学者已经将灰色系统理论应用到各个未知研究领域中，如贾达夫在霉菌的研究过程中，通过其在棉花中的生长观测，应用灰色系统理论探讨出了霉菌的生长繁殖规律。约瑟夫论述了应用灰色系统理论研究常用工程操作过程中常见的而又非常繁杂的选择问题。约翰·威斯特豪斯在已有结论的基础上对灰色系统理论的组成成分及关联因子做了大量的数据处理和分析。在我国，煤矿勘探中的预测分析、森林土壤的评价、项目投资中的决策分析、森林评定中的等级评定以及环境污染中的等级评定等相关领域，灰色系统理论尤其是灰色关联度分析都得到广泛应用。特别是近年来灰色关联度分析被越来越多地研究和应用，以帮助解决生产生活中的实际问题。杨奇勇等通过运用灰色系统理论模型，并将此理论进行改进，实现了定量化、自动化评价土壤肥力的目标。肖慈英等通过对不同森林类型土壤化学性质各个指标的研究，运用灰色系统理论得出了土壤肥力状况的影响因素。在水环境综合评价和水质综合预测方面，辜寄蓉等利用经典灰色系统理论模型,采集并用相关软件拟合了九寨沟历史降雨量数据并进行灰色关联度分析，预测未来该地区的降水量和水资源情况。很多学者在研究的基础上对灰色关联度分析进行改进并应用，如张蕾等对灰色系统理论进行了大胆的改造，区别于以往的灰色关联曲线，张蕾用灰色系统理论中的灰色区间对水质监测数据进行评价，这样使得评价更加客观科学。近些年来，在林业系统的研究方面也出现了很多灰色系统理论的影子，如尹少华等为了得到林业产业内部的各产业产能和效益的分析预测，就开始将灰色系统理论应用到湖南林业产业结构预测研究中。刘思峰、谢乃明等学者通过对灰色系统理论的研究，将灰色系统理论成功应用到了自然科学、社会科学中。森林生态系统是一个抽象化的概念，在对这一指标进行评价时，由于要受到涉及社会、经济、环境三方面作用下的多种因素的影响，如林区人为干扰、病虫害、采伐量、气候条件等，森林生态系统中的参数较多，有已知的也有未知的。森林的发展趋势是各方面的因素共同作用、相互协调的结果，然而各个因素在影响时所处的地位是不同的，这样一来，为了确定哪一个或哪些因素在森林生态系统的发展起主导作用，一般就要要求对森林系统的多种因素进行系统分析，常用的系统分析方法有方差分析、回归分析、主成分分析、模糊数学、层次分析法等。当然这种方法也有其不足之处：①要通过大量数据来计算每一个因素，计算量大且不易实现；②以上方法均要求评价的指标必须服从一定的概率分布，且各个指标不能相互影响，必须保证彼此的独立性；③在各个因素的分析过程中，由于系统中一些指标的信息不明确，进而导致定量分析和定性分析的不确定性，得到的关系和规律有偏差，甚至完全相反。但灰色关联度分析法用定量分析和灰色关联图像相结合的方法，能够补救用数理统计方法做系统分析过程中所出现的缺点和不足，对系统的评价也就更准确，完全避免了信息不明带来的失误。

对不同强度抚育间伐后大兴安岭用材林土壤肥力进行灰色关联度分析时，首先根据数据序列，将数据序列转变成无量纲量，通过专业的软件画出灰色关联曲线，用图形化的曲线相似度来判断其关联程度。再通过计算，求解出在统一的参照系下各个因素的综合灰色关联度，关联度越高的证明越好，反之越差。

（2）评价模型

灰色关联度是建立在灰色关联分析或白化权函数基础上的将观测对象划分成若干可定义类别的方法，是近年来广泛应用于质量评估、结构预测、环境评价、工程分析等方面的较为科学有效的分析方法，在社会、经济、工程和生态等诸多方面的应用都较为成功。按关联对象的不同，灰色关联理论分析一般分灰色关联和灰色白化权函数，其中灰色关联更利于复杂系统的简化，一般将同类因素并归到同属的大类别中，最终用观测因素综合平均指标代替同属的若干因素，同时保持信息的完整性。在林业生态系统评估方面，由于涉及土壤肥力的各个指标，这些指标也较为分散，所以很难对每一个指标进行逐一的判断，因此采用灰色关联度法分析对抚育间伐后大兴安岭用材林土壤肥力进行综合评价。

设系统有 n 类测量对象，每类测量对象中又观测 m 个特征指标，得到数据序列如下。

设参考数据列为

$X_0=[X_0(1), X_0(2), X_0(3), \cdots, X_0(n)]$

相对于参考数列进行比较的数据列为 $X_1, X_2, X_3, \cdots, X_n$:

$X_1=(X_1(1), X_1(2), \cdots, X_1(n))$

$X_2=(X_2(1), X_2(2), \cdots, X_2(n))$

……

$X_m=(X_m(1), X_m(2), \cdots, X_m(n))$

灰色关联度关联性实质上就是关联曲线间的图形关系和最后求得综合关联度的大小，因此可以将曲线间差值的大小和关联度的高低综合起来作为关联程度的衡量尺度。因此，可以定义点关联系数的计算公式为

$$r(x_0(k)), x_i(k)) = \frac{\min_i \min_k \left|x_0(k) - x_i(k)\right| + \xi \cdot \max_i \max_k \left|x_0(k) - x_i(k)\right|}{\left|x_0(k) - x_i(k)\right| + \xi \cdot \max_i \max_k \left|x_0(k) - x_i(k)\right|} \tag{5-6}$$

记 $\Delta_i(k)=\left|x_0'(k)-x_i'(k)\right|$；$k=1, 2, 3, \cdots, n$；$i=1, 2, 3, \cdots, m$，则

$$r(x_0(k), x_i(k)) = \frac{\min_i \min_k \Delta_i(k) + \xi \cdot \max_i \max_k \Delta_i(k)}{\Delta_i(k) + \xi \cdot \max_i \max_k \Delta_i(k)}$$

在灰色系统的评价过程中，式（5-6）中代表分辨力的ξ，其值介于 0 和 1 之间，值越小说明分辨力越大，根据实际情况和研究表明，普遍情况下$\xi=0.5$。

$\min\limits_{i\in m}\min\limits_{k\in n}\left|x_0(k)-x_i(k)\right|$称为系统中两级的最小差；$\max\limits_{i\in m}\max\limits_{k\in m}\left|x_0(k)-x_i(k)\right|$称为系统中两级的最大差。有了关联系数的计算公式，根据灰关联空间，关联度的计算公式为

$$r_i=\frac{1}{n}\cdot\sum_{k=1}^{n}\xi_i(k) \tag{5-7}$$

5.2.3 结果与分析

1. 确定决策矩阵

决策矩阵是由 n 个样地的 m 个评价指标实测值组成的集合，$m=11$，$n=8$，得到决策矩阵 $\boldsymbol{X'}$。

$$\boldsymbol{X}=\begin{pmatrix}
6.24 & 18.36 & 4.11 & 1.00 & 15.68 & 111.22 & 19.23 & 58.88 & 1.07 & 36.65 & 0.25\\
6.54 & 17.91 & 6.12 & 0.92 & 12.18 & 92.87 & 10.37 & 37.99 & 0.42 & 38.33 & 0.49\\
6.51 & 16.72 & 3.41 & 1.10 & 13.09 & 111.15 & 27.69 & 69.98 & 1.00 & 40.00 & 0.59\\
6.63 & 19.11 & 6.78 & 0.30 & 24.08 & 148.79 & 31.83 & 69.03 & 0.96 & 45.12 & 0.73\\
5.41 & 20.30 & 7.55 & 0.36 & 7.69 & 222.01 & 31.43 & 64.48 & 0.42 & 55.43 & 0.24\\
5.14 & 29.24 & 6.84 & 1.42 & 19.09 & 203.91 & 27.89 & 42.11 & 0.52 & 59.20 & 0.49\\
5.17 & 25.08 & 4.77 & 1.10 & 13.09 & 148.00 & 15.09 & 49.54 & 0.47 & 63.25 & 0.58\\
6.55 & 19.55 & 4.11 & 0.83 & 8.19 & 92.63 & 28.48 & 35.58 & 1.22 & 36.91 & 0.50
\end{pmatrix}$$

2. 初始化决策矩阵

对决策矩阵进行初始化处理，因为土壤肥力的 11 个评价指标的量纲有所不同，会对评价结果产生不良影响，为了消除这种影响，对不同指标进行无量纲处理，对决策矩阵进行初始化处理。计算出抚育间伐后土壤肥力的决策矩阵 $\boldsymbol{X'}$。

$$\boldsymbol{X'}=\begin{pmatrix}
0.94 & 0.63 & 0.54 & 0.70 & 0.65 & 0.50 & 0.60 & 0.84 & 0.39 & 0.58 & 0.34\\
0.99 & 0.61 & 0.81 & 0.65 & 0.51 & 0.42 & 0.33 & 0.54 & 1.00 & 0.61 & 0.66\\
0.98 & 0.57 & 0.45 & 0.77 & 0.54 & 0.50 & 0.87 & 1.00 & 0.42 & 0.63 & 0.80\\
1.00 & 0.65 & 0.90 & 0.21 & 1.00 & 0.67 & 1.00 & 0.99 & 0.44 & 0.71 & 1.00\\
0.82 & 0.69 & 1.00 & 0.25 & 0.32 & 1.00 & 0.99 & 0.92 & 1.00 & 0.88 & 0.33\\
0.78 & 1.00 & 0.91 & 1.00 & 0.79 & 0.92 & 0.88 & 0.60 & 0.81 & 0.94 & 0.67\\
0.78 & 0.86 & 0.63 & 0.77 & 0.54 & 0.67 & 0.47 & 0.71 & 0.89 & 1.00 & 0.79\\
0.99 & 0.67 & 0.54 & 0.58 & 0.34 & 0.42 & 0.89 & 0.51 & 0.34 & 0.58 & 0.69
\end{pmatrix}$$

3. 确定灰色关联判断矩阵

理想对象矩阵 $\boldsymbol{S}$ 为 $\boldsymbol{S}=\{s_i\}_{m\times 1}$　（$i=1, 2, \cdots, m$）

其中：s_i 为决策矩阵 $\boldsymbol{X}'$ 中第 i 行的最大值。因此得出理想对象矩阵 $\boldsymbol{S}$ 为

$$\boldsymbol{S}^{\mathrm{T}}=[1\ \ 1\ \ 1\ \ 1\ \ 1\ \ 1\ \ 1\ \ 1\ \ 1\ \ 1\ \ 1]$$

计算出土壤肥力各个评价指标的灰色关联系数 r_{ij}。由土壤肥力评价指标的灰色关联系数 r_{ij} 构成的矩阵 $\boldsymbol{R}$ 即为灰色关联评价矩阵。

$$\boldsymbol{R}=\begin{pmatrix} 0.87 & 0.51 & 0.46 & 0.57 & 0.53 & 0.44 & 0.50 & 0.71 & 0.39 & 0.48 & 0.37 \\ 0.97 & 0.50 & 0.68 & 0.53 & 0.44 & 0.40 & 0.37 & 0.46 & 1.00 & 0.50 & 0.54 \\ 0.96 & 0.48 & 0.42 & 0.64 & 0.46 & 0.44 & 0.75 & 1.00 & 0.40 & 0.52 & 0.66 \\ 1.00 & 0.53 & 0.79 & 0.33 & 1.00 & 0.54 & 1.00 & 0.97 & 0.41 & 0.58 & 1.00 \\ 0.68 & 0.56 & 1.00 & 0.35 & 0.37 & 1.00 & 0.97 & 0.83 & 1.00 & 0.76 & 0.37 \\ 0.64 & 1.00 & 0.81 & 1.00 & 0.66 & 0.83 & 0.76 & 0.50 & 0.67 & 0.86 & 0.54 \\ 0.64 & 0.73 & 0.52 & 0.64 & 0.46 & 0.54 & 0.43 & 0.57 & 0.79 & 1.00 & 0.66 \\ 0.97 & 0.54 & 0.46 & 0.49 & 0.37 & 0.40 & 0.79 & 0.45 & 0.38 & 0.49 & 0.56 \end{pmatrix}$$

4. 确定灰色关联权重

运用相关系数法计算出不同强度的抚育间伐经营后大兴安岭用材林土壤肥力评价指标的权重。土壤肥力指标与不同强度的抚育间伐相关性分析结果见表 5-5。

表 5-5　土壤肥力指标间的相关性分析

指标	pH	有机质	全氮	全磷	全钾	水解氮	有效磷	速效钾	容重	孔隙度	碳通量
pH	1	-0.840	−0.386	−0.323	0.086	-0.776	0.012	0.121	0.672	−0.923	0.289
有机质	−0.840	1	0.368	0.488	0.231	0.617	0.034	−0.382	−0.483	0.821	0.054
全氮	−0.386	0.368	1	−0.431	0.237	0.741	0.243	0.022	−0.646	0.486	−0.090
全磷	−0.323	0.488	−0.431	1	0.014	−0.158	−0.410	−0.461	−0.089	0.147	0.007
全钾	0.086	0.231	0.237	0.014	1	0.120	0.154	0.298	0.114	0.094	0.527
水解氮	−0.776	0.617	0.741	−0.158	0.120	1	0.473	0.254	−0.568	0.794	−0.243
有效磷	0.012	0.034	0.243	−0.410	0.154	0.473	1	0.457	0.362	0.077	0.083
速效钾	0.121	−0.382	0.022	−0.461	0.298	0.254	0.457	1	0.181	0.004	0.049
容重	0.672	−0.483	-0.646	−0.089	0.114	−0.568	0.362	0.181	1	−0.691	0.157
孔隙度	−0.923	0.821	0.486	0.147	0.094	0.794	0.077	0.004	−0.691	1	0.046
碳通量	0.289	0.054	-0.090	0.007	0.527	−0.243	0.083	0.049	0.157	0.046	1

计算出各土壤肥力评价指标的权重，见表 5-6。

表 5-6　抚育间伐后大兴安岭用材林土壤肥力指标的权重

指标	pH	有机质	全氮	全磷	全钾	水解氮	有效磷	速效钾	容重	孔隙度	碳通量
权重	0.124	0.121	0.102	0.071	0.053	0.133	0.065	0.063	0.111	0.114	0.043

5．确定抚育间伐模式灰色关联评度

由前面计算得出的灰色关联判断矩阵 $\boldsymbol{R}$ 和权重结果，利用式（5-8）计算得到各样地的灰色关联度 b_j。

$$b_j=\sum_{i=1}^{m}(w_i\times r_{ij})\quad (j=1,2,\cdots,n) \tag{5-8}$$

不同强度抚育间伐经营后大兴安岭用材林各个样地的灰色关联度计算结果见表 5-7。

表 5-7　不同强度抚育间伐后各个样地的灰色关联度

样地	1	3	6	5	18	4	11	17
灰色关联度	0.537	0.609	0.592	0.699	0.761	0.775	0.657	0.542

在灰色关联评价中，不同强度抚育间伐经营后样地土壤肥力的灰色关联度越大，证明样地土壤肥力越接近理想的土壤肥力状况，说明其抚育间伐经营后林地土壤状况越好。由表 5-7 的计算结果可以看到，不同强度抚育间伐经营后各样地土壤肥力的灰色关联度在［0.542，0.775］这个区间上，都高于对照样地的灰色关联度系数 0.537，说明不同强度抚育间伐经营后林地的土壤肥力得到了改善。

5.2.4　综合分析

土壤是林木生长的根本，是所有林业活动能够继续进行的必要条件。林木生长不仅与所处环境的阳光、空气温湿度等各种条件相关，更离不开土壤。林地土壤质量中最为重要的一个组成部分就是土壤肥力，它包括土壤的物理指标、化学指标和生物学指标。对林地土壤肥力进行系统研究，可以提高科学经营森林的水平及技术，有助于森林资源的可持续开发与利用。很多学者利用灰色关联评价法对土壤肥力进行了研究，并取得了较好的结果。例如，肖慈英等便利用灰色关联评价法得到了较为准确可靠的土壤肥力评价结果[55]。曾翔亮等以大兴安岭蒙古栎低质林为研究对象，应用灰色关联度分析法对不同方式诱导改造后林地土壤养分进行了综合评价，同样取得了较好的评价效果[56]。从以往相关研究中总结发现，抚育间伐对土壤化学性质的影响主要包括林地土壤 pH、有机质和土壤养分含量。其中，抚育间伐会降低表层土壤氮浓度[57]，土壤总氮量会下降[58]，但往往会提升表层土壤中磷元素的含量[59]，而在抚育间伐后的初期，表层土壤中钾元素的含量会有较大幅度的下降[60]。总的来说，抚育间伐经营主要影响着土壤 pH、有机质含量和土壤养分（氮、磷、钾等）含量。

通过灰色关联法对大兴安岭用材林抚育间伐经营后的土壤肥力进行综合分析，其关联度从大到小的顺序是：4（0.775）＞18（0.761）＞5（0.699）＞11（0.657）＞3（0.609）＞6（0.592）＞17（0.542）＞1（0.537）。

从各样地土壤肥力的灰色关联度计算结果可以发现，不同强度抚育间伐样地的土壤肥力随着抚育间伐强度的提高而呈现先上升后下降的趋势，这主要是由于适当强度的抚育间伐可以增加林内的光照强度和阳光辐射面积，改善了林地内温度、湿度等微气候条件，有利于采伐剩余物及枯落物的分解，促进林地内的物质循环，从而改善了林地内的土壤肥力状况，但当抚育强度过大后，林地生物量明显减少，林地表层土壤枯落物来源量减少，同时地表土缺少了林冠对降雨的截留作用，容易造成林地土壤的溅蚀及水土流失，林地土壤养分迅速流失，土壤肥力状况下降。土壤肥力综合评价的各个指标的权重都不尽相同，对各自的指标赋予不同的权重，有利于提高土壤肥力综合评价的精度。林地中的树木以吸收磷酸氢根为主，也少量吸收磷酸二氢根，前者在大多数林地树木普遍适应的土壤 pH 范围内成为其主要的吸收形态。树木也吸收核酸和肌醇六磷酸钙镁，这两种化合物可由土壤中有机物分解产物产生且直接被树木吸收。磷最重要的作用是存储和转运能量。在林地树木体内，磷酸盐扮演着能量流通载体的角色。从光合作用和碳水化合物代谢中获得的能量储存在磷酸盐中以备以后的生长和繁殖利用。土壤有机质的数量与质量变化作为土壤肥力及环境质量状况最重要的表征，是制约土壤理化性质如含水率、孔隙度、土壤密度、土壤碳通量及土壤养分等的关键因素，因此，土壤中保持相对较高的有机质数量和质量水平就成为林地持续利用和森林持续增长的先决条件。全氮和速效氮的权重相近且较高，氮常以硝酸盐和铵离子或者尿素的形态被树木吸收。氮不仅能合成蛋白质，还是光合作用中光能主要载体——叶绿素的必需组分，这些都决定了氮对林地土壤肥力的影响程度。

5.3　抚育间伐对大兴安岭用材林土壤呼吸的影响

土壤是一个巨大的碳储存库[61]，土壤呼吸产生的二氧化碳量是化石燃料燃烧释放二氧化碳总量的十几倍[62]，因此，土壤呼吸作用的微小改变就能对全球碳循环造成重要影响，从而影响全球的碳平衡[43]。同时，土壤呼吸还是土壤有机质矿化速率和异养代谢活性的指标，在一定程度上反映了土壤养分转化和供应能力[44-46]，因此，土壤呼吸往往作为用材林经营后土壤养分和透气性指标而得到重视[47, 48]。但是，以往对用材林经营后土壤呼吸的测定绝大多数集中在生长季内[49, 50]，而对非生长季的土壤呼吸测定及其调控机制的研究非常少[51]。对于北纬 35°～65° 之间的中高纬度地区，春季虽然是植物的非生长季，却是影响陆地碳循环的关键期，因为土壤冻融交替事件往往发生在春季[63]，而土壤冻融交替直接影响着有机质的分解、养分有效性与动态、微生物动态等生态系统过程，进而深深影响着土壤呼吸的动态过程[64]。然而，目前对于用材林间伐后在春季土壤冻融交替时期土壤呼吸的动态变化规律及其机制还缺乏深入的了解[65]。因此，以大兴安岭用材林为研究对象，通过对其进行抚育间伐并在春季对样地的土壤呼吸进行测定，探讨抚育间伐对大兴安岭用材林春季土壤呼吸的影响，以期为大兴安岭用材林的经营培育提供理论参考，并为全球碳循环的研究提供基础数据和科学依据。

5.3.1 土壤呼吸的影响因子

1．生态系统生产力和底物供应

呼吸作用所释放出的二氧化碳是在分解含碳的有机底物时产生的，所以在生物化学水平上，就碳原子来说，通过呼吸产生的二氧化碳与消耗的底物之间的关系是 1∶1 的摩尔比。从生态系统水平上来讲，土壤呼吸是多个过程的复合，消耗多种来源的底物。根呼吸利用的是细胞间和细胞内的糖类、蛋白质、脂质及其他基质。土壤微生物能利用所有种类的底物，从新鲜残体和根分泌物中的简单糖类到土壤有机质中复杂的腐殖质。虽然呼吸作用释放的二氧化碳与底物的可利用性之间具有线性关系，但是底物转变为二氧化碳的速率也随着底物的类型而改变。简单的糖类很容易被根和微生物转变为二氧化碳，滞留时间很短。腐殖质很难分解，需要几百或是几千年的时间才能转换成二氧化碳。纤维素、半纤维素、木质素和酚类物质的滞留时间介于两者之间。由于底物性质的异质性，底物供应的来源又多种多样，这使得很难在底物供应和呼吸作用产生的二氧化碳之间找到一个简单的关系来构建模型。

最近的实验结果证明了来自冠层光合作用的底物供应对土壤呼吸有很强的控制作用。在温度和湿度保持不变的条件下进行的一个模式草地生态系统的温室实验也表明地上部分的光合作用直接控制着土壤呼吸。该实验跨了 1999 年和 2000 年的两个生长季。白天和夜间的温度分别控制在 28℃和 22℃，土壤含水量保持相对恒定，为田间持水量的 70%。测得的土壤呼吸速率在没有植物时接近零，逐渐增加至生长季的峰值，在 1999 年不施氮肥的情况下峰值为 $4gC \cdot m^{-2} \cdot d^{-1}$，在 2000 年施氮肥的情况下为 $7gC \cdot m^{-2} \cdot d^{-1}$。由于土壤温度和土壤含水量保持不变，土壤呼吸显著的季节性变化只能是由植物地上部分底物供应的变化而导致。

其他的研究也证明了土壤呼吸和地上部分光合作用有着密切联系。例如，根和土壤呼吸随着地上动物的食草行为、营养的可利用性、光及其他控制植物碳获取的因子而变化。另外，地下环境也强烈地影响根的生长和对地上光合作用所合成糖类物质的需求。土壤的环境调控着对糖类的需求，而光合作用决定了地上部分供应糖类的能力，需求与供应之间的相互作用，共同控制着地下部分碳通量，也因而控制着根和土壤呼吸。除了地上部分光合作用对土壤呼吸的直接控制外，凋落物也为微生物呼吸提供了大量碳底物，所以土壤呼吸通常也随着凋落物数量的增加而增加。

2．土壤温度

温度几乎影响呼吸过程的各个方面。在生物化学水平上，呼吸系统包括许多酶以驱动糖酵解、三羧酸循环和电子传递链。生物化学和生理学研究证明了一个普遍的温度响应曲线，即温度较低时呼吸速率随着温度的升高呈指数增加，在45～50℃时达到最大值，然后随着温度升高呼吸速率开始下降。在低温范围内，呼吸酶的最大活性（V_{max}）可能是最大限制因子。

温度和呼吸作用的生物化学过程之间的关系通常用指数方程或阿累尼乌斯方程来描述。范特霍夫（1985）提出了一个简单的经验指数模型来描述化学反应对温度变化的响应：

$$R=\alpha e^{\beta T}$$

式中，R—— 呼吸速率；

α—— 0℃时的呼吸速率；

β—— 温度响应系数；

T—— 热力学温度。

当温度较低、呼吸速率主要受生物化学反应限制时，根呼吸也是随着温度升高呈指数增加。温度较高时，那些主要依赖扩散运输的代谢底物和代谢产物（如糖、氧气、二氧化碳）就成了限制因子。温度超过 35℃时，原生质系统可能开始降解。低温时如果氧气含量较低，那么通过扩散传输的物理过程也可能限制呼吸。幼根呼吸比老根呼吸对温度更敏感。温度通过影响根的生长间接地影响根呼吸。

根据微生物对温度的要求可将微生物分为三类，即嗜冷微生物、嗜温微生物和嗜热微生物。它们的最适温度分别是＜20℃、20～40℃、＞40℃。在自然条件下，土壤中有许多微生物类群，在一个相当宽的温度范围内，土壤呼吸对温度的响应呈指数变化通过测量取自 3 个湿润高地苔原的冰冻的有机土壤中微生物的呼吸速率发现，在－10～0℃测量的结冻土壤和在 0～14℃测量的解冻土壤，其微生物呼吸速率可用一个简单的一阶指数方程很好地描述。同样地，在一个较宽的温度范围内，土壤不同深度的微生物对温度变化的响应也呈指数形式。

在土壤团聚体的水平上，温度可以通过影响底物或氧气的运输而间接影响土壤呼吸。气体和溶质通过土壤水膜的扩散是由土壤的扩散率和含水量共同决定的。一方面，在土壤含水量不变的条件下，土壤扩散率随着温度的升高而增加。另一方面，在一定时期内温度的升高导致水分蒸散增加而可能降低土壤含水量和土壤水膜的厚度。土壤含水量极大地影响扩散。所以从动态的角度来看，温度通过改变土壤含水量而对高地土壤呼吸造成的直接的、间接的影响通常是负面的。

3．土壤湿度

土壤湿度是影响土壤呼吸的另一个重要因子。通常认为土壤呼吸与土壤湿度之间的关系是：土壤二氧化碳通量在干燥条件下较低，在中等土壤湿度水平时最大，当含水量很高、厌氧条件占优势致使好氧微生物的活性受到抑制时又下降。最适的含水量通常是接近林地间持水量，这时大孔隙空间大部分充满空气，利于氧气扩散，小孔隙空间大部分充满水，利于可溶性底物的扩散。例如，在湿润的低活性强酸土和北方的粗腐殖质层中，在－15kPa（持水量的 50%）时土壤呼吸速率最大。在土壤湿度较高的情况下，土壤水分对土壤呼吸的影响主要受氧气浓度的控制。虽然实验室的研究指出在最适土壤含水量时土壤呼吸速率最高，但是很多野外测量结果表明土壤湿度只有在最低和最高的情况下才会抑制土壤二氧化碳通量。在一个很宽范围内，土壤呼吸对土壤湿度的响应可能有一个平稳期，土壤湿度过低或过高土壤呼吸都会急剧降低。

土壤湿度对土壤呼吸的直接影响是通过影响根和微生物的生理过程进行的，对土壤呼吸的间接影响是通过影响底物和氧气的扩散进行的。土壤微生物群体具有极大的灵活性，能适应的土壤水环境很广。虽然发生水分胁迫时有些微生物缺乏调节体内渗透势的生理机制，但许多微生物具有渗透调节策略，使它们能够在水分胁迫的条件下生长和存活。能进行渗透调节的微生物通常具有细胞壁-膜复合体，因此很容易亲和溶质或诱导产生额外的溶质。因此，这些微生物可以忍耐极端下调冲击（引起质壁分离）和上调冲击（引起细胞质溢出）的水分胁迫，并能在土壤含水量很低的条件下维持生长。

水分胁迫对微生物生长的影响随着生物合成、能量产生、底物吸收的速率以及水分干扰的性质和方式不同而变化。在非极端干燥或积水的条件下，土壤湿度对呼吸作用的调控主要是通过影响底物和氧气的扩散实现的。在干燥土壤中，限制微生物活性的主要过程是底物的供应，而在潮湿的土壤中，主要是氧气扩散控制微生物活性。在较干的土壤中水分的物理性质也许会影响微生物的运动性，以及营养和根分泌物扩散到微生物活动的位点。对于没有菌丝系统能在空气空间搭起桥梁的微生物来说，运动性受到限制尤为重要。如果充满水的孔隙或孔颈太小不能通过时，小型动物和运动型细菌的活动也会受到限制。此外，空气和水的交界面本身也影响生物的运动。含水量较高时，土壤孔隙中的水分影响微生物和根活动地点氧气和二氧化碳的交换。因此，氧气或二氧化碳的扩散活动的有效面积随着被水占据的空隙空间的增加而成比例地下降。在给定的土壤水势条件下，在砂土中气体扩散系数的下降要低于在黏土中的下降。

5.3.2　数据采集方法

按照抚育间伐强度的梯度设置原则，选取（1 号）0%、（3 号）6.23%、（6 号）16.75%、（5 号）20.86%、（18 号）27.85%、（4 号）40.01%、（11 号）56.51%和（17 号）67.25%样地作为研究对象进行土壤呼吸试验。其中，（1 号）为对照样地。

于 2013 年 5 月中下旬在每个样地上均按 Z 形布点法各选择 5 个观测点进行土壤呼吸的测定，为减小对土壤呼吸测定的干扰，每次测量时，提前 24 小时在观测点安置内径为 20cm 的 PVC 土壤环，使其露出地表 2～3cm，并保留土壤环内凋落物的自然状态。土壤呼吸的测定采用 LI-8150 多通道土壤碳通量自动测量系统，测量前，根据观测点的地形调试好呼吸室的摆放姿态，然后以 30 分钟为一测量周期，对观测点进行全天重复测量。在测定土壤呼吸的同时，分别采用与 LI-8150 系统配套的土壤温度探头和土壤水分传感器测量观测点土壤 10cm 深处的土壤温度和湿度。

实地测量完毕后，在实验室用与 LI-8150 配套的软件 File Viewer V3.0.0 将测得的土壤呼吸数据打开，对数据进行校正等预处理后，导入 Excel 2010 和 SPSS 17.0 进行计算和处理。

5.3.3　结果与分析

1. 抚育间伐对春季土壤呼吸日变化的影响

以 4 号样地（抚育间伐强度为 40.01%）为例分析经过抚育间伐经营后春季土壤呼吸的日变化特征（图 5-2）。4 号样地春季土壤呼吸的日变化在总体上表现为双峰曲线，其在 13:00 左右出现一个较小的峰值，但其最大的峰值（4.80μmol · m^{-2} · s^{-1}）出现在 19:00 左右；在 22:00～次日 8:00 期间，春季土壤呼吸的速率均相对较低，但其最小值出现在 2:00 左右，为 2.04μmol · m^{-2} · s^{-1}，仅为最大值的 42.5%；春季土壤呼吸的日平均值为 3.02μmol · m^{-2} · s^{-1}，其日变化幅度为 2.76μmol · m^{-2} · s^{-1}。

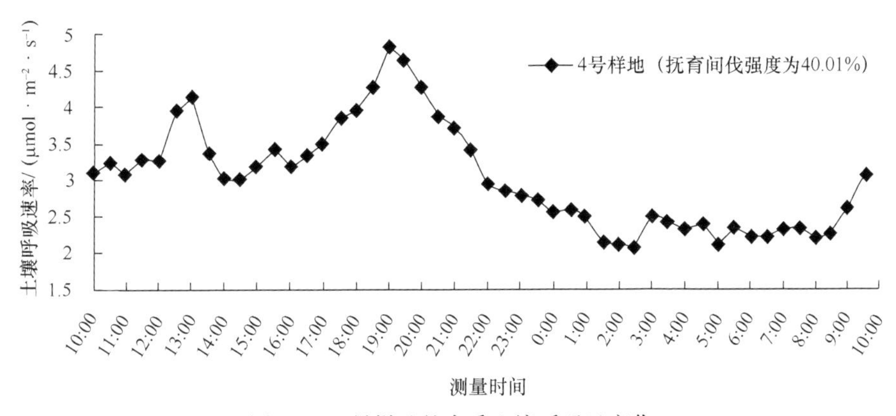

图 5-2　4 号样地的春季土壤呼吸日变化

为更好地分析不同强度的抚育间伐经营对样地春季土壤呼吸的影响，将各样地春季土壤呼吸的峰值出现时间、日平均值、日最大值、日最小值及日变化幅度整理出来，见表 5-8。

表 5-8　不同强度抚育间伐后春季土壤呼吸日变化

样地	峰值出现时间	日最大值 /(μmol·m^{-2}·s^{-1})	日最小值 /(μmol·m^{-2}·s^{-1})	日变化幅度 /(μmol·m^{-2}·s^{-1})	日平均值 /(μmol·m^{-2}·s^{-1})
1	0:00	5.19	3.08	2.11	4.06
3	14:00	5.06	1.67	3.39	2.81
6	19:00	3.22	1.25	1.97	2.21
5	16:30	5.08	1.60	3.48	3.14
18	19:00	4.21	2.67	1.54	3.28
4	19:00	4.80	2.04	2.76	3.02
11	19:30	2.47	1.08	1.39	1.77
17	17:00	4.12	1.93	2.19	2.76

由表 5-8 可知，抚育间伐样地春季土壤呼吸的峰值几乎都出现在 19:00 左右，其中 3 号样地的峰值出现时间（14:00）相对较早，而对照样地 1 的峰值则出现在 0:00 左右，晚于各抚育间伐样地；各抚育间伐样地春季土壤呼吸日最大值为 2.47～5.08μmol·m^{-2}·s^{-1}，均不同程度地低于对照样地 1（5.19μmol·m^{-2}·s^{-1}）；1 号对照样地春季土壤呼吸的日最小值为 3.08μmol·m^{-2}·s^{-1}，高于各抚育间伐样地，其中 11 号样地的日最小值最小，仅为 1.08μmol·m^{-2}·s^{-1}；各抚育间伐样地春季土壤呼吸的日变化幅度为 1.39～3.48μmol·m^{-2}·s^{-1}，其中 3、5、4 号样地和 17 号样地的日变化幅度高于对照样地 1（2.11μmol·m^{-2}·s^{-1}）；1 号对照样地的春季土壤呼吸日平均值最高，达到了 4.06μmol·m^{-2}·s^{-1}，而 11 号样地的土壤呼吸日平均值最低，仅为 1.77μmol·m^{-2}·s^{-1}。春季土壤呼吸日平均值变化的总体趋势是：当抚育间伐强度较低时，随抚育间伐强度增加而升高，而当抚育间伐强度较高时，随抚育间伐强度增加而降低。

2．抚育间伐对土壤温度的影响

采用范特霍夫提出的指数模型及温度敏感指数 Q_{10} 来描述各样地春季土壤呼吸与土壤温度之间的关系[15]，模型表达式如下：

$$R_S = a \times e^{b \times T}$$

$$Q_{10} = e^{10b}$$

其中，R_S 为土壤呼吸速率，单位为 μmol·m^{-2}·s^{-1}；T 为土壤距地表 10cm 处的温度，单位为℃；Q_{10} 为温度敏感指数；a、b 为待定参数。

以 4 号样地（抚育间伐强度为 40.01%）为例分析经过不同强度抚育间伐后土壤温度对春季土壤呼吸的影响。由 4 号样地土壤温度的日变化曲线（图 5-3）可知，土壤温度的最大值出现在 18:00 左右，最小值出现在 7:30 左右。与图 5-2 进行比较，可知其变化趋势与春季土壤呼吸的日变化趋势总体上比较吻合。

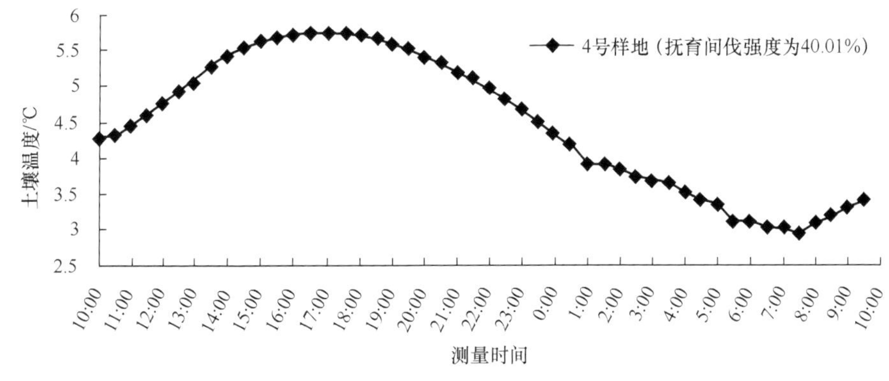

图 5-3　4 号样地的土壤温度日变化

将 4 号样地春季土壤呼吸与土壤温度的关系用散点图描绘出来，然后用指数模型对其进行拟合，得到其拟合模型：

$$R_S=1.140e^{0.217T}$$

为更好地分析比较不同强度抚育间伐后土壤温度对春季土壤呼吸的影响，将各样地的土壤日平均温度、拟合模型、R^2 以及 Q_{10} 整理出来（表 5-9），结果显示抚育间伐对土壤温度的影响存在波动，各抚育间伐样地土壤日平均温度的波动范围为 3.049～5.098℃，均不同程度地低于对照样地 1（6.074℃），这可能是因为抚育间伐移走了一部分地上生物量，导致林地夜晚的蓄温能力下降；各样地的相关系数为 0.318～0.766，说明春季土壤呼吸与土壤温度的相关性比较显著，其中 1 号对照样地的相关系数为 0.421，略高于 18 号样地（0.346）和 17 号样地（0.318），而 5 号样地的相关系数最高，达到了 0.766，说明仅土壤温度就能解释 5 号样地春季土壤呼吸的 76.6%；在温度敏感指数 Q_{10} 方面，各抚育间伐样地的 Q_{10} 为 1.099～1.292，均高于对照样地（1.052）。

表 5-9　不同强度的抚育间伐后春季土壤呼吸与土壤温度的关系

样地	日平均温度/℃	拟合模型	R^2	Q_{10}
1	6.074	$R_S=2.946e^{0.051T}$	0.421	1.052
3	4.220	$R_S=0.949e^{0.246T}$	0.434	1.279
6	3.049	$R_S=0.991e^{0.256T}$	0.527	1.292
5	5.098	$R_S=1.064e^{0.203T}$	0.766	1.225
18	3.258	$R_S=2.049e^{0.142T}$	0.346	1.153
4	4.371	$R_S=1.140e^{0.217T}$	0.694	1.242
11	3.647	$R_S=1.227e^{0.094T}$	0.402	1.099
17	3.627	$R_S=1.747e^{0.123T}$	0.318	1.131

3．抚育间伐对土壤湿度的影响

本研究中测定的土壤湿度为体积含水率，即单位土壤总体积中水分所占的体积分数，以 4 号样地（抚育间伐强度为 40.01%）为例，将 4 号样地的土壤湿度随时间变化的测量值用曲线描绘出来（图 5-4），可知其最大值出现在 15:00 左右，最小值出现在 4:30～10:00，但其日变化幅度仅为 0.935%。与图 5-2 进行比较，其变化趋势与春季土壤呼吸的日变化趋势总体上吻合度较低。

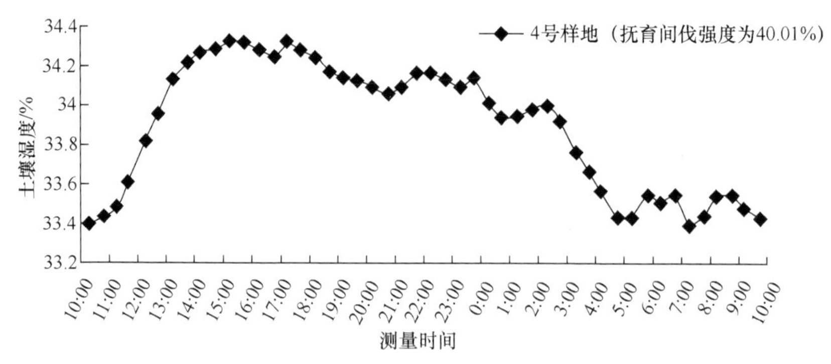

图 5-4　4 号样地的土壤湿度日变化

为了更好地分析比较各样地春季土壤呼吸与土壤湿度的关系，本研究采用多种模型对二者进行拟合，但均发现二者的相关性不是很显著，如当采用二次多项式模型和线性模型对其进行拟合时，分别得到相关系数 R_1^2 和 R_2^2，同时对各样地的土壤湿度日平均值和日变化幅度进行整理，结果见表 5-10。结果显示，经过不同强度的抚育间伐后，各抚育间伐样地的土壤日平均湿度均有所升高（6 号样地除外）；各抚育间伐样地土壤湿度的日变化幅度为 0.131%～0.935%，除 4 号样地外，均不同程度地低于对照样地 1（0.599%）；二次多项式模型稍优于线性模型，但两模型中各样地的相关系数均在 0.316 以下，说明春季土壤呼吸与土壤湿度的相关性不显著，即土壤湿度对春季土壤呼吸的影响很小。

表 5-10　抚育间伐后春季土壤呼吸与土壤湿度的关系

样地	日平均值/%	日变化幅度/%	R_1^2	R_2^2
1	28.949	0.599	0.150	0.001
3	32.634	0.450	0.242	0.108
6	16.547	0.426	0.051	0.025
5	34.736	0.411	0.316	0.315
18	40.776	0.407	0.134	0.114
4	33.896	0.935	0.303	0.293
11	37.375	0.131	0.039	0.006
17	38.329	0.185	0.058	0.020

5.3.4 综合分析

春季土壤解冻过程是东北森林土壤呼吸整年内变化的一个转折时期[66]，而森林抚育间伐作业可导致植被组成、生物多样性、土壤微生物活性以及土壤理化特性等发生变化，并进一步引起土壤呼吸的改变[67, 68]。以大兴安岭用材林为研究对象，对抚育间伐后用材林的春季土壤呼吸进行测定，结果表明，抚育间伐对春季土壤呼吸有比较明显的影响，这与沈微和郭辉等[69, 70]的研究结果类似。虽然抚育间伐对春季土壤呼吸的影响存在微弱波动，但其总体趋势是：当抚育间伐强度较低时，随抚育间伐强度增加而升高，而当抚育间伐强度较高时，随抚育间伐强度增加而降低。这可能是因为在抚育间伐强度较低时，随着抚育间伐强度增加，林地内的抚育间伐剩余物随之增加，为土壤呼吸提供的呼吸底物也相应增加，因此土壤呼吸速率升高；而当抚育间伐强度达到一定程度时，呼吸底物已经不是土壤呼吸的限制因子，此时，过高的抚育间伐却会造成林内的微气候发生较大改变，同时由于抚育间伐时人畜的频繁行走，使土壤被压实，不利于林地内的土壤呼吸，因此，土壤呼吸速率会出现下降。而对照样地的春季土壤呼吸之所以高于各抚育间伐样地，可能是因为对照样地的土壤温度高于各抚育间伐样地。

各抚育间伐样地的土壤温度均不同程度地低于对照样地，说明抚育间伐对土壤温度存在影响，但抚育间伐对大兴安岭用材林土壤温度的影响存在波动，这与郭辉等[70]的研究结果存在差异，可能是由于样地的立地条件、林相和土壤呼吸测定季节等不同造成的。本研究采用指数模型对各样地的春季土壤呼吸与土壤温度进行拟合，结果显示各样地的相关系数为 0.318～0.766，说明春季土壤呼吸与土壤温度存在比较显著的相关性，这与以往大多数研究结果相同，其机理可能是因为土壤温度可以直接影响酶的活性和土壤生物，并且可以通过影响底物供应和氧气运输间接影响土壤呼吸[71]。温度敏感指数 Q_{10} 是描述土壤呼吸与土壤温度关系的一个重要指标，本研究中各抚育间伐样地的 Q_{10} 为 1.099～1.292，均高于对照样地 1（1.052），说明各抚育间伐样地春季土壤呼吸对土壤温度变化的敏感程度要高于对照样地 1；以往的研究结果一般都认为当土壤平均温度高于 20℃时，林地土壤呼吸 Q_{10} 在 1.28～1.81，而当土壤平均温度低于 20℃时，Q_{10} 在 2.0 以上，且 Q_{10} 会随纬度的增加而升高[72]，但本研究中的各样地的 Q_{10} 低于 2.0，这与以往的研究结果存在很大差异，其原因可能是春季时土壤冻融交替会抑制酶的活性，也可能与试验样地的立地条件、林相、抚育间伐方式以及植被的自身生理活动等有关，但其具体原因还需进一步地研究。

在不同的研究中，土壤湿度与土壤呼吸之间的关系往往不一致，即使在相似的立地条件下，不同植被类型土壤湿度对土壤呼吸的影响也不一样[73]。研究结果显示，经过不同强度的抚育间伐后，各抚育间伐样地的土壤日平均湿度均有所升高（6 号样地除外），可能是因为抚育间伐后，林间出现的空隙增加，直达地表的雨雪增多，春季融化后导致土壤湿度增加。本研究中，不论是对照样地还是各抚育间伐样地，采用多种模型进行拟合，结果均表明春季土壤呼吸与土壤湿度的相关性不显著，这可能是因为大兴安岭的春季气温较低，植物刚处于发芽状态，土壤蒸发、植物蒸腾作用等都很微弱，导致土壤湿度的日变化幅度很小（＜1%），微弱的土壤湿度改变很难对春季土壤呼吸造成明显的影响。

参考文献

[1] 吕海龙，董希斌. 不同整地方式对小兴安岭低质林生物多样性的影响 [J]. 森林工程，2011，27（06）：5-9.

[2] Raulund-Rasmussen K, Vejre H.Effect of tree species and soil properties on nutrient immobilization in the forest floor [J]. Plant and Soil, 1995, 168 (01): 345-352.

[3] Passioura J B. Soil conditions and plant growth [J]. Plant, Cell & Environment, 2002, 25(02): 311-318.

[4] 付大友，袁东. 聚类分析在土壤研究中的应用 [J]. 四川理工学院学报（自然科学版），2005，18（02）：66-72.

[5] Anderson-Cook C M, Alley M M, Roygard J K F, et al. Differentiating soil types using electromagnetic conductivity and crop yield maps [J]. Soil Science Society of America Journal, 2002, 66 (05): 1562-1570.

[6] 龚子同，张甘霖. 中国土壤系统分类：我国土壤分类从定性向定量的跨越 [M]. 中国科学基金，2006，(05)：293-296.

[7] 刘兴久，许景刚，汪树明，等. 模糊聚类分析在土壤分类中的应用 [J]. 东北农业大学学报，1988，19（02）：119-126.

[8] 付强. 数据处理方法及其农业应用 [M]. 北京：科学出版社，2006.

[9] 马咏真. 模糊聚类分析在中国火灾危害分类中的应用 [J]. 防灾减灾工程学报，2006，26（04）：414-418.

[10] Rao A R, Srinivas V V. Regionalization of watersheds by fuzzy cluster analysis [J]. Journal of Hydrology, 2006, 318（01）：57-79.

[11] 刘美爽，董希斌，郭辉，等. 小兴安岭低质林采伐改造后土壤理化性质变化分析 [J]. 东北林业大学学报，2010，38（010）：36-40.

[12] 王立海. 森林采伐迹地清理方式对迹地土壤理化性质的影响 [J]. 林业科学，2002，38（06）：87-92.

[13] 王立海，田静，张锐，等. 林地土壤压实对土壤呼吸影响的数学模型研究 [J]. 森林工程，2007，23（01）：5-7.

[14] 周新年，邱仁辉，杨玉盛，等. 不同采伐、集材方式对林地土壤理化性质影响的研究 [J]. 林业科学，1998，34（03）：18-25.

[15] 张万儒，杨光滢，屠星南. 森林土壤分析方法 [M]. 北京：中国标准出版社，1999.

[16] Hammah R E, Curran J H. Validity measures for the fuzzy cluster analysis of orientations [J]. Pattern Analysis and Machine Intelligence, IEEE Transactions on, 2000, 22 (12): 1467-1472.

[17] 李军，李小梅，康志强，等.模糊聚类分析方法在乌兰察布市林业区划中的应用 [J]. 林业资源管理，2009，(01)：114-117.

[18] 王宇，臧妻斌. Boole 矩阵法模糊聚类在地形图数据挖掘中的应用 [J]. 高师理科学刊，2006，26（03）：71-75.

[19] 黑龙江省土壤普查办公室. 黑龙江省土地管理局.黑龙江土壤 [M]. 北京：农业出版社，1991.

[20] 付强，王志良，梁川. 自组织竞争人工神经网络在土壤分类中的应用 [J]. 水土保持通报，2002，22（01）：39-43.

[21] 龚子同，陈志诚. 中国土壤系统分类参比 [J]. 土壤，1999，31（02）：57-63.

[22] 刘焕军，张柏，张渊智，等. 基于反射光谱特性的土壤分类研究 [J]. 光谱学与光谱分析，2008，28（03）：624-628.

[23] 张彦成，段禅伦. 基于自组织特征映射神经网络的土壤分览 [J]. 计算机工程与科学，2008，30（10）：113-115.

[24] 武伟，刘洪斌. 土壤养分的模糊综合评价 [J]. 西南农业大学学报，2000，22（3）：270-272.

[25] 陈朝阳，陈星峰．南平烟区植烟土壤理化性状聚类分析与施肥对策［J］．中国烟草科学，2012，33（03）：17-22．

[26] Goktepe A B, Altun S, Sezer A. Soil clustering by fuzzy c-means algorithm [J]. Advances in Engineering Software, 2005, 36 (10): 691-698.

[27] Smith J L，Halvorson J J，Papendick R I. Using multiple variable indicators Kringing for evaluating soil quality [J]. Soil Sci. Soc. Am. J., 1993, 57: 743-749.

[28] Doran J W, Parkin T B. Defining and assessing soil quality//Doran J W, Coleman D C, Bezdicek D F, et al. ed. Defining soil quality for a sustainable environment [J]. SSSA Spec. Publ. 35, Am. Soc. Agron., Madison, WI, 1994: 3-21.

[29] 刘占锋，傅伯杰，刘国华，等．土壤质量与土壤质量指标及其评价［J］．生态学报，2006，26（03）：901-913.

[30] 郑昭佩，刘作新．土壤质量及其评价［J］．应用生态学报，2003，14（01）：131-134.

[31] Hartermink A E. Soil chemical and physical properties as indicators of sustainable land management under sugar cane in Papua New Guinea [J]. Geoderma, 1998, 85: 283-306.

[32] Lal R. Soil quality and soil erosion [M]. Boca Raton: CRC Press, 1999.

[33] Karlen D L, Rosek M J, Gardner J C, et al. Conservation reserve program effects on soil quality indictors [J]. Soil and Water Conservation, 1999, 54(1): 439-444.

[34] 王刚．杉木人工林土壤肥力指标及其评价［D］．南京：南京林业大学，2008.

[35] Strivastava S C, Singh J S. Microbial C, N and P in dry tropical forest soils: Effects of alternate land-uses and nutrient flux [J].Soil Biol Biochem, 1991, 23 (02): 117-124.

[36] Karlen D L, Mausbach M J, Doran J W, et al. Soil quality: A concept, definition, and framework for evaluation (a guest editorial) [J].Soil Sci. Soc. Am., 1997, 61: 1-4.

[37] 赵汝东．北京地区耕地土壤养分空间变异及养分肥力综合评价研究［D］．保定：河北农业大学，2008.

[38] 周勇，张海涛，汪善勤，等．江汉平原后湖地区土壤肥力综合评价方法及其应用［J］．水土保持学报，2001，15（04）：70-77.

[39] 高玉蓉，许红卫，周斌．稻田土壤养分的空间变异性研究［J］．土壤通报，2005，36（06）：822-825.

[40] 石常蕴，周慧珍．GIS 技术在土地质量评价中的应用——以苏州市水田为例［J］．土壤学报，2001，38（03）：248-255.

[41] Crabtree B, Bayfild N. Developing sustainability indicators for mountain ecosystems: A study of the Cairngorms, Scotland [J]. Journal of Environmental Management, 1998, 52: 1-14.

[42] 周不生，周春华，唐亮，等．上海野生动物园土壤性状及其综合评价［J］．上海农学院学报，1996，14（03）：153-158

[43] Janssens I, Lankreijer H, Matteucci G, et al. Productivity overshadows temperature in determining soil and ecosystem respiration across European forests [J]. Global Change Biology, 2001, 7(03): 269-278.

[44] 周萍，刘国彬，薛萐．草地生态系统土壤呼吸及其影响因素研究进展［J］．草业学报，2009，18（02）：184-193.

[45] Hanway J. Corn growth and composition in relation to soil fertility: II. Uptake of N, P, and K and their distribution in different plant parts during the growing season [J]. Agronomy journal, 1962, 54 (03): 217-222.

[46] 杨鲁，张健，倪彬，等．采伐干扰对巨桉人工林土壤养分和酶活性的影响［J］．四川农业大学学报，2008，26（02）：154-157.

[47] 纪浩，董希斌，李芝茹．大兴安岭低质林诱导改造后土壤呼吸影响因子［J］．东北林业大学学报，2012，40（04）：97-100.

[48] 王丹，王兵，戴伟，等．杉木生长及土壤特性对土壤呼吸速率的影响［J］．生态学报，2011，31（03）：680-688.

[49] 沈微．森林作业对小兴安岭针阔混交林土壤呼吸的影响［D］．哈尔滨：东北林业大学，2009.

[50] 孟春，王立海，沈微．择伐对小兴安岭针阔叶混交林土壤呼吸的影响［J］．应用生态学报，2008，19（04）：729-734.

[51] 王娓，汪涛，彭书时，等．冬季土壤呼吸：不可忽视的地气 CO_2 交换过程［J］．植物生态学报，2007，31（03）：394-402.

[52] 肖新平，宋忠民，李峰，等．灰技术基础及其应用［M］．北京：科学出版社，2002.

[53] 齐景顺，张吉光，杨明杰. 灰色关联分析法在油气勘探早期构造圈闭评价中的应用 [J]. 资源调查与评价，2003，20（05）：1-4.
[54] 罗佑新，张龙庭. 灰色系统理论及其在机械工程中的应用 [M]. 长沙：国防科技大学出版社，2010.
[55] 肖慈英，阮宏华，屠六邦. 下蜀主要森林土壤肥力的灰色关联分析与评价 [J]. 南京林业大学学报（自然科学版），2000，24（21）：59-62.
[56] 曾翔亮，董希斌，高明. 不同诱导改造后大兴安岭蒙古栎低质林土壤养分的灰色关联评价 [J]. 东北林业大学学报，2013，41（07）：48-52.
[57] Schmidt M G, Macdonald S E, Rothwell R L. Impacts of harvesting and mechanical site preparation on soil chemical properties of mixed-wood boreal forest sites in Alberta [J]. Canadian Journal of Soil Science, 1996, 76(04): 531-540.
[58] Olsson B A, Staaf H, Lundkvist H, et al. Carbon and nitrogen in coniferous forest soils after clear-felling and harvests of different intensity [J]. Forest Ecology and Management, 1996, 82(01): 19-32.
[59] Verheyen K, Bossuyt B, Hermy M, et al. The land use history (1278-1990) of a mixed hardwood forest in western Belgium and its relationship with chemical soil characteristics [J]. Journal of Biogeography, 1999, 26(05): 1115-1128.
[60] Liu W, Fox J E D, Xu Z. Leaf litter decomposition of canopy trees, bamboo and moss in a montane moist evergreen broad-leaved forest on Ailao Mountain, Yunnan, south-west China [J]. Ecological Research, 2000, 15(04): 435-447.
[61] 杨玉盛，董彬，谢锦升，等. 森林土壤呼吸及其对全球变化的响应 [J]. 生态学报，2004，24（03）：583-591.
[62] Schlesinger W H，Andrews J A. Soil respiration and the global carbon cycle[J]. Biogeochemistry, 2000, 48(1): 7-20.
[63] Grogan P，Michelsen A，Ambus P, et al. Freeze-thaw regime effects on carbon and nitrogen dynamics in sub-arctic heath tundra mesocosms [J]. Soil Biology and Biochemistry, 2004, 36 (04): 641-654.
[64] Edwards K A, Mcculloch J, Peter-Kershaw G, et al. Soil microbial and nutrient dynamics in a wet Arctic sedge meadow in late winter and early spring [J]. Soil Biology and Biochemistry, 2006, 38(09): 2843-2851.
[65] 杨阔，王传宽，焦振. 东北东部 5 种温带森林的春季土壤呼吸 [J]. 生态学报，2010，30（12）：3155-3162.
[66] Fand C, Moncrieff J. The dependence of soil CO_2 efflux on temperature [J]. Soil Biology and Biochemistry, 2001, 33 (02): 155-165.
[67] 周海霞，张彦东，孙海龙，等. 东北温带次生林与落叶松人工林的土壤呼吸 [J]. 应用生态学报，2007，18（12）：2668-2674.
[68] Adachi M, Bekku Y S, Rashidah W, et al. Differences in soil respiration between different tropical ecosystems [J]. Applied Soil Ecology, 2006, 34 (02): 258-265.
[69] 沈微，王立海，孟春. 小兴安岭天然针阔混交林择伐后土壤呼吸动态变化 [J]. 森林工程，2009，25（03）：1-4.
[70] 郭辉，董希斌，姜帆. 采伐强度对小兴安岭低质林分土壤碳通量的影响 [J]. 林业科学，2010，46（02）：110-115.
[71] 杨庆朋，徐明，刘洪升，等. 土壤呼吸温度敏感性的影响因素和不确定性 [J]. 生态学报，2011，31（08）：2301-2311.
[72] 王庆丰，王传宽，谭立何. 移栽自不同纬度的落叶松（*Larix gmelinii Rupr.*）林的春季土壤呼吸 [J]. 生态学报，2008，28（05）：1883.
[73] 王小国，朱波，王艳强，等. 不同土地利用方式下土壤呼吸及其温度敏感性 [J]. 生态学报，2007，27（05）：1960-1968.

第 6 章　森林经营技术对大兴安岭用材林地表径流的影响

6.1　不同强度的抚育间伐对水质的影响

6.1.1　地表径流水质测定

2015 年 7 月同一天同一时间点测定 20 个样地地表径流水质情况。选取温度（℃）、pH、电导率（$S\cdot m^{-1}$）、盐分质量浓度（$mg\cdot L^{-1}$）、氧化还原电位（mV）、浊度（NTU）、总悬浮固体质量浓度（$mg\cdot L^{-1}$）7 个指标进行分析，7 个指标均采用 SEBA 公司的 MPS-D8 water quality probes 水质仪野外实地测定。每块样地随机选取 5 个点测量后取平均值。

6.1.2　水质变化

1．水质指标分析

森林与水的关系是相互的，森林生态系统对大气降雨等流入森林生态系统的水分进行净化，水分进入到森林生态系统后，参与生态系统的方方面面。水分进入森林主要分为林冠截留、树干茎流、枯落物截持水、林地土壤水分入渗、林地蒸发散、贮水等。参与林分生长、微生物呼吸、空气净化等多个方面。抚育改造后各样地林冠不同程度地减少，林冠截留、枯落物截持水、地表径流等发生改变均对水质产生一定影响，对此进行一系列研究，以期筛选出对水质改善最有益的抚育间伐强度。本研究所选择的指标有 pH、温度、电导率、盐分、氧化还原电位、浊度、总悬浮固体含量。适宜的 pH 及温度对于林分的生长有很大影响，不同树种有其生长特定的 pH 及温度。枯落物分解、微生物反应、土壤根系分泌物均会释放一些有机物质、无机盐等通过壤中流流入地表径流改变水质，电导率、盐分、氧化还原电位从微观角度上反映水中带电离子的含量，侧面反映根系、微生物、枯落物分解的活跃程度。浊度和总悬浮固体含量从宏观上反映枯落物分解剩余物、土壤流失对水质的影响。各样地抚育间伐后，各指标数值见表 6-1。

表 6-1　不同抚育间伐强度下的水质情况

抚育间伐强度	温度/℃	电导率/（$S\cdot m^{-1}$）	盐分/（$mg\cdot L^{-1}$）	pH	氧化还原电位/mV	浊度/NTU	总悬浮固体量/（$mg\cdot L^{-1}$）
0.00%	10.026	0.049	0.024	6.824	175.259	50.615	0.202
3.42%	10.708	0.050	0.024	6.748	203.373	36.484	0.146

续表

抚育间伐强度	温度/℃	电导率/（$S\cdot m^{-1}$）	盐分/（$mg\cdot L^{-1}$）	pH	氧化还原电位/mV	浊度/NTU	总悬浮固体量/（$mg\cdot L^{-1}$）
6.23%	13.850	0.047	0.023	6.953	223.484	60.219	0.241
12.52%	9.660	0.049	0.024	6.752	140.047	43.093	0.172
13.74%	12.022	0.085	0.042	7.222	128.311	37.917	0.307
16.75%	9.133	0.090	0.043	7.363	162.665	49.349	0.198
19.00%	8.105	0.063	0.030	6.901	193.926	24.051	0.099
20.86%	15.363	0.088	0.042	7.386	266.093	56.111	0.225
25.48%	14.090	0.092	0.044	7.306	153.818	27.776	0.111
27.85%	10.413	0.057	0.027	6.780	145.695	23.349	0.093
34.38%	13.570	0.085	0.041	7.290	114.625	25.250	0.101
40.10%	8.776	0.026	0.013	5.524	234.115	21.239	0.085
47.87%	13.703	0.049	0.024	6.737	136.472	60.317	0.226
49.63%	9.868	0.050	0.024	6.829	185.690	59.834	0.239
50.61%	10.669	0.026	0.012	5.782	227.467	53.501	0.214
51.48%	12.053	0.050	0.024	6.933	154.239	69.928	0.280
53.09%	8.789	0.049	0.024	6.873	194.644	68.551	0.274
56.51%	12.023	0.044	0.021	6.588	155.610	70.433	0.282
59.92%	14.031	0.043	0.021	6.479	207.633	98.198	0.621
67.25%	12.750	0.032	0.016	5.652	206.588	163.089	2.352
最小值	8.105	0.026	0.012	5.524	114.625	21.239	0.085
最大值	15.363	0.092	0.044	7.386	266.093	163.089	2.352

温度受抚育间伐强度影响较为明显，最大值出现在抚育间伐强度为 20.86%时，值为 15.363℃，最小值出现在抚育间伐强度为 19.00%时，值为 8.105℃。温度随抚育间伐强度的升高呈现不规律变化。抚育间伐强度在 12.52%～34.38%电导率明显高于对照样地，抚育间伐强度为 25.48%时，电导率最大为 0.092 $S\cdot m^{-1}$，抚育间伐强度为 40.10%，电导率最小（0.026 $S\cdot m^{-1}$）。抚育间伐强度在 13.74%～34.38%时，盐分明显高于对照样地，该抚育区间有利于盐分的聚集，抚育间伐强度为 25.48%时，水中盐分含量最高（0.044$mg\cdot L^{-1}$），抚育间伐强度为 50.61%时，水中盐分含量最低（0.012$mg\cdot L^{-1}$）。研究显示，电导率与盐分变化趋势相似。pH 是制约生物化学反应的另一重要元素，抚育间伐强度为 20.86%时，pH 最高（7.386），抚育间伐强度为 40.10%时，pH 最低（5.524）。弱度抚育间伐有利于 pH 升高。氧化还原电位、浊度、总悬浮固体量随抚育间伐强度变化趋势相似。抚育间伐强度为 20.86%，氧化还原电位最高（266.093mV），抚育间伐强度为 34.38%时，氧化还原电位最低（114.625mV）。抚育间伐强度为 67.25% 时，浊度最高（163.089NTU），抚育间伐强度为 40.10% 时，浊度最低（21.239NTU）。抚育间伐强度为 67.25%时，总悬浮固体量最高（2.352$mg\cdot L^{-1}$），抚育间伐强度为 40.10%时，总悬浮固体量最低（0.085$mg\cdot L^{-1}$）。当抚育间伐强度过高时，宏观角度上，

浊度、总悬浮固体量随之增大，当抚育间伐强度过大时，林冠面积骤降，降雨对地表的冲刷加剧，土壤微生物的活动受到影响，保持水土能力下降，促使水中泥沙增多。根据表 6-1 的数据，绘制温度、电导率、盐分、pH、浊度、氧化还原电位、浊度及总悬浮固体量随抚育间伐强度增加的变化趋势，见图 6-1～图 6-7。

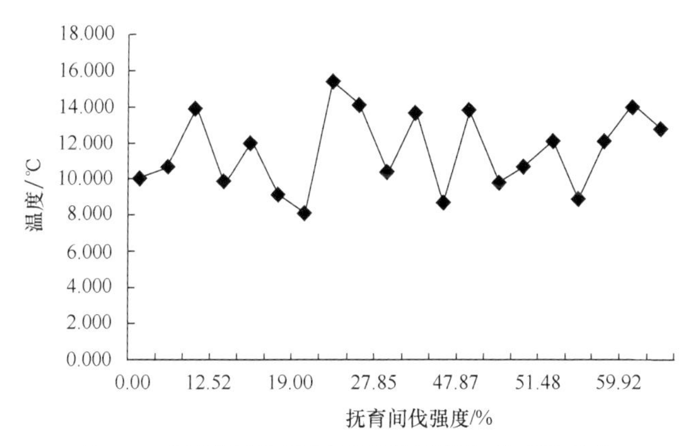

图 6-1　径流温度随抚育间伐强度增加的变化趋势

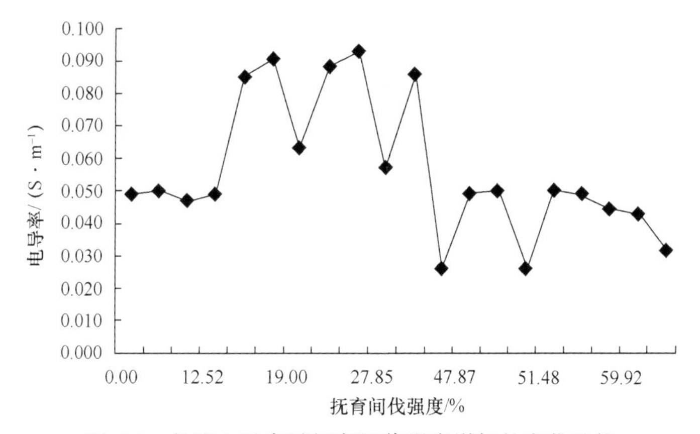

图 6-2　径流电导率随抚育间伐强度增加的变化趋势

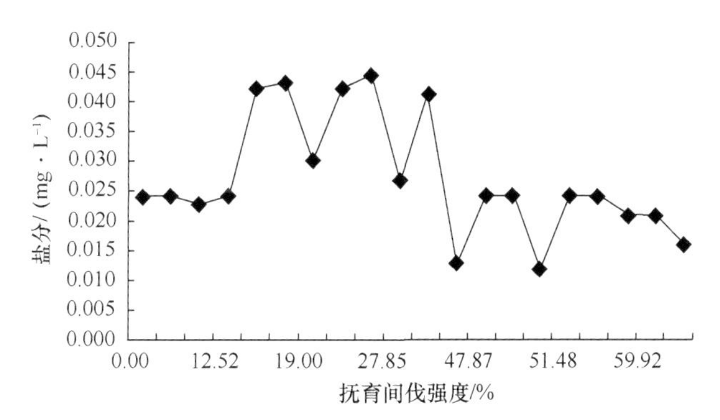

图 6-3　径流盐分随抚育间伐强度增加的变化趋势

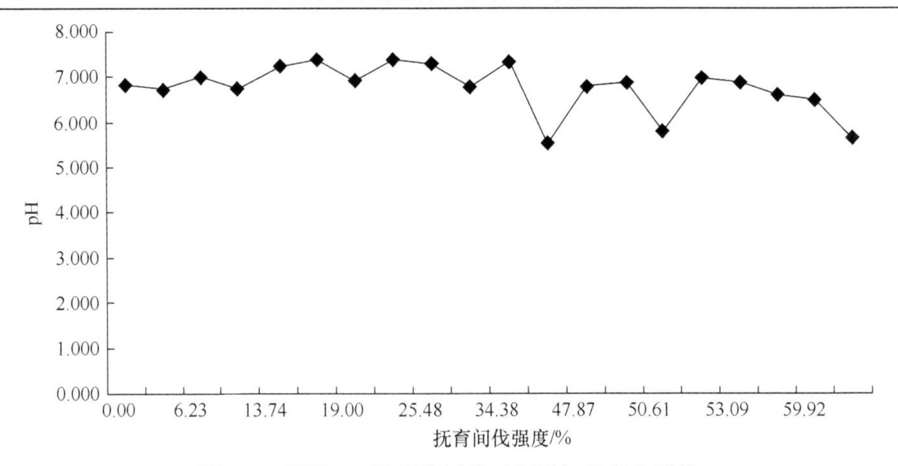

图 6-4　径流 pH 随抚育间伐强度增加的变化趋势

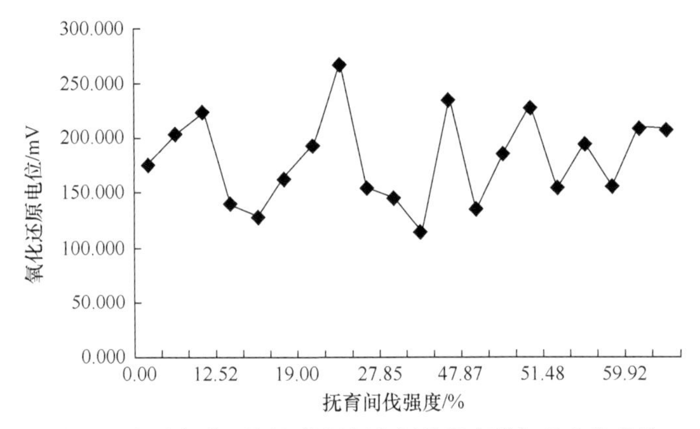

图 6-5　径流氧化还原电位随抚育间伐强度增加的变化趋势

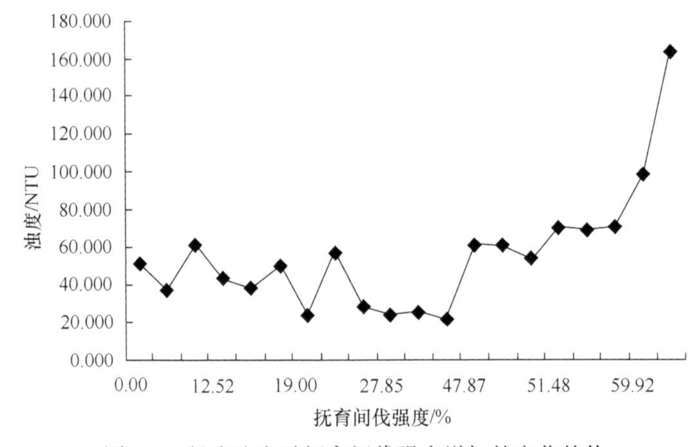

图 6-6　径流浊度随抚育间伐强度增加的变化趋势

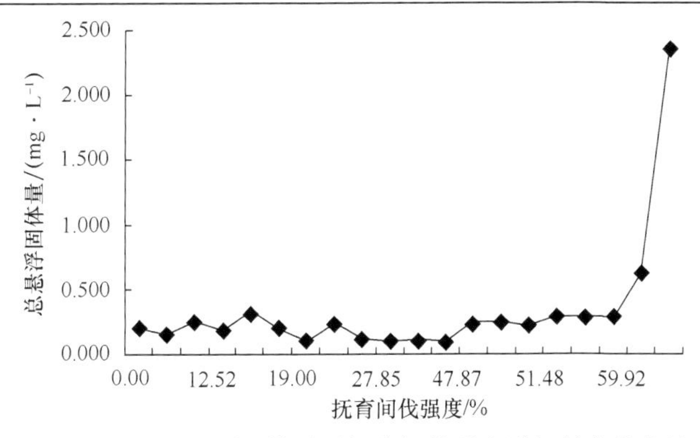

图 6-7　径流总悬浮固体量随抚育间伐强度增加的变化趋势

2. 水质指标相关性分析

对包括抚育间伐强度在内的 8 项指标进行相关性计算，结果见表 6-2。电导率、盐分、pH 与抚育间伐强度呈显著负相关。浊度、总悬浮固体量与抚育间伐强度呈显著正相关。电导率与盐分、pH 呈显著正相关。电导率与盐分、pH 均为养分在微观上的表现，三者既相互联系，又相互区别，养分在水中以离子形式存在时带电性不同，带电个数也不同，表现出不同的电导率及 pH，总体上呈正相关。盐分与 pH 呈显著正相关。pH 与总悬浮固体量呈显著负相关。浊度与总悬浮固体量呈显著负相关。水中的微粒凝聚及分解及水中离子的浓度有关，二者处于一种动态平衡，呈负相关。

表 6-2　水质指标间的相关性

指标	抚育间伐强度	温度	电导率	盐分	pH	氧化还原电位	浊度	总悬浮固体量
抚育间伐强度	1.000	0.136	−0.447*	−0.451*	−0.508*	0.063	0.598**	0.473*
温度	0.136	1.000	0.283	0.287	0.239	0.026	0.298	0.217
电导率	−0.447*	0.283	1.000	0.999**	0.867**	−0.360	−0.398	−0.307
盐分	−0.451*	0.287	0.999**	0.000	0.866**	−0.370	−0.389	−0.295
pH	−0.508*	0.239	0.867**	0.866**	1.000	−0.408	−0.401	−0.473*
氧化还原电位	0.063	0.026	−0.360	−0.370	−0.408	1.000	0.246	0.180
浊度	0.598**	0.298	−0.398	−0.389	−0.401	0.246	1.000	−0.895**
总悬浮固体量	0.473*	0.217	−0.307	−0.295	−0.473*	0.180	0.895**	1.000

* 表示在 0.05 水平（双侧）上显著相关。

** 表示在 0.01 水平（双侧）上显著相关。

6.1.3　水质的综合评价

利用灰色系统理论对水质进行综合评价，灰色系统理论以“部分信息已知，部分信息未知”的“小样本”“贫信息”不确定性系统为研究对象，主要通过对“部分”

已知信息的生成、开发，提取有价值的信息[1]，非常适合运用于水质评价中。在评价体系中，将每个指标最佳值作为理想值，构成理想矩阵，计算各样地与理想矩阵的关联度，关联度越高越接近理想模式，抚育效果越好。本研究所选指标有温度、电导率、盐分、pH、氧化还原电位、浊度、总悬浮固体量。化学反应及微生物生存活动需要在适宜温度及酸碱度下进行，将温度及 pH 设置为固定性指标。土壤中的氮、磷、钾等通常以离子形式存在，有利于植物的吸收与利用，经雨水冲刷、壤中流等进入地表径流，微观上具有一定的电导率及氧化还原强度，宏观上反映为盐分。将电导率、氧化还原电位、盐分作为效益型指标，数值越高越好。将浊度及总悬浮固体量作为成本性指标进行计算，浊度及总悬浮固体量越小说明水中杂质越少，枯落物分解越彻底，释放的营养物质越多，冲刷所带走的泥沙越少，有利于水质情况的改善。

（1）构造决策矩阵

决策矩阵由 20 个待评价样地的温度、电导率、盐分、pH、氧化还原电位、浊度、总悬浮固体量共 7 个指标实测值构成。决策矩阵 $\boldsymbol{X}$ 如下：

$$\boldsymbol{X}=\begin{pmatrix}
10.026 & 0.049 & 0.024 & 6.824 & 175.259 & 50.615 & 0.202 \\
10.708 & 0.050 & 0.024 & 6.748 & 203.373 & 36.484 & 0.146 \\
13.850 & 0.047 & 0.023 & 6.953 & 223.484 & 60.219 & 0.241 \\
9.660 & 0.049 & 0.024 & 6.752 & 140.047 & 43.093 & 0.172 \\
12.022 & 0.085 & 0.042 & 7.222 & 128.311 & 37.917 & 0.307 \\
9.133 & 0.090 & 0.043 & 7.363 & 162.665 & 49.349 & 0.198 \\
8.105 & 0.063 & 0.030 & 6.901 & 193.926 & 24.051 & 0.099 \\
15.363 & 0.088 & 0.042 & 7.386 & 266.093 & 56.111 & 0.225 \\
14.090 & 0.092 & 0.044 & 7.306 & 153.818 & 27.776 & 0.111 \\
10.413 & 0.057 & 0.027 & 6.780 & 145.695 & 23.349 & 0.093 \\
13.570 & 0.085 & 0.041 & 7.290 & 114.625 & 25.250 & 0.101 \\
8.776 & 0.026 & 0.013 & 5.524 & 234.115 & 21.239 & 0.085 \\
13.703 & 0.049 & 0.024 & 6.737 & 136.472 & 60.317 & 0.226 \\
9.868 & 0.050 & 0.024 & 6.829 & 185.690 & 59.834 & 0.239 \\
10.669 & 0.026 & 0.012 & 5.782 & 227.467 & 53.501 & 0.214 \\
12.053 & 0.050 & 0.024 & 6.933 & 154.239 & 69.928 & 0.280 \\
8.789 & 0.049 & 0.024 & 6.873 & 194.644 & 68.551 & 0.274 \\
12.023 & 0.044 & 0.021 & 6.588 & 155.610 & 70.433 & 0.282 \\
14.031 & 0.043 & 0.021 & 6.479 & 207.633 & 98.198 & 0.621 \\
12.750 & 0.032 & 0.016 & 5.652 & 206.588 & 163.089 & 2.352
\end{pmatrix}$$

（2）初始化决策矩阵

由于评价体系中 7 项评价指标的单位不同，具有不可公度性，对决策矩阵进行初始化处理。根据各指标的性质，筛选出最佳值，用各实测值除以最佳值后得到新的决策矩阵。

$$X'_{ij}=X_{ij}/X_{i0}\ (i=1,2,3,\cdots,7;\ j=1,2,3,\cdots,20) \tag{6-1}$$

式中，X'_{ij}——初始化得到的决策矩阵；

X_{ij}——原始值构成的决策矩阵；

X_{i0}——最佳值构成的矩阵。

计算得初始化后的决策矩阵 X'如下：

$$X'=\begin{pmatrix}
0.653 & 0.536 & 0.541 & 0.924 & 0.659 & 0.420 & 0.419\\
0.697 & 0.543 & 0.540 & 0.914 & 0.764 & 0.582 & 0.581\\
0.902 & 0.514 & 0.521 & 0.941 & 0.840 & 0.353 & 0.352\\
0.629 & 0.540 & 0.543 & 0.914 & 0.526 & 0.493 & 0.492\\
0.783 & 0.925 & 0.951 & 0.978 & 0.482 & 0.560 & 0.277\\
0.594 & 0.980 & 0.974 & 0.997 & 0.611 & 0.430 & 0.429\\
0.528 & 0.690 & 0.679 & 0.934 & 0.729 & 0.883 & 0.854\\
1.000 & 0.962 & 0.951 & 1.000 & 1.000 & 0.379 & 0.378\\
0.917 & 1.000 & 1.000 & 0.989 & 0.578 & 0.765 & 0.763\\
0.678 & 0.628 & 0.618 & 0.918 & 0.548 & 0.910 & 0.908\\
0.883 & 0.929 & 0.928 & 0.987 & 0.431 & 0.841 & 0.840\\
0.571 & 0.284 & 0.294 & 0.748 & 0.880 & 1.000 & 1.000\\
0.892 & 0.538 & 0.543 & 0.912 & 0.513 & 0.352 & 0.375\\
0.642 & 0.546 & 0.543 & 0.925 & 0.698 & 0.355 & 0.354\\
0.694 & 0.282 & 0.276 & 0.783 & 0.855 & 0.397 & 0.397\\
0.785 & 0.541 & 0.543 & 0.939 & 0.580 & 0.304 & 0.303\\
0.572 & 0.539 & 0.540 & 0.931 & 0.731 & 0.310 & 0.310\\
0.783 & 0.480 & 0.480 & 0.892 & 0.585 & 0.302 & 0.301\\
0.913 & 0.474 & 0.480 & 0.877 & 0.780 & 0.216 & 0.137\\
0.830 & 0.350 & 0.362 & 0.765 & 0.776 & 0.130 & 0.036
\end{pmatrix}$$

（3）构造判断矩阵

由 7 项指标最佳值构成理想矩阵，进行初始化处理，得到判断矩阵：

$$X_{i0}^{\mathrm{T}}=(1\quad 1\quad 1\quad 1\quad 1\quad 1\quad 1)_{m\times 1}$$

利用母序列 X_{i0} 求出各抚育间伐强度下水质指标和理想值的灰色关联度 r_{ij} 为

$$r_{ij}=\frac{\min\limits_{7}\min\limits_{20}\left|X_{i0}-X'_{ij}\right|+\lambda\max\limits_{7}\max\limits_{20}\left|X_{i0}-X'_{ij}\right|}{\left|X_{i0}-X'_{ij}\right|+\lambda\max\limits_{7}\max\limits_{20}\left|X_{i0}-X'_{ij}\right|} \tag{6-2}$$

式（6-2）中 $\lambda=0.5$。

由此构成灰色关联评价矩阵 $\boldsymbol{R}$ 为

$$\boldsymbol{R}=\begin{pmatrix}
0.575 & 0.608 & 0.827 & 0.558 & 0.683 & 0.537 & 0.498 & 1.000 & 0.850 & 0.593 & 0.801 & 0.523 & 0.813 & 0.568 & 0.606 & 0.685 & 0.523 & 0.683 & 0.844 & 0.734 \\
0.503 & 0.507 & 0.491 & 0.505 & 0.863 & 0.959 & 0.603 & 0.925 & 1.000 & 0.558 & 0.869 & 0.396 & 0.504 & 0.509 & 0.395 & 0.506 & 0.505 & 0.474 & 0.472 & 0.419 \\
0.506 & 0.505 & 0.495 & 0.507 & 0.905 & 0.947 & 0.594 & 0.905 & 1.000 & 0.551 & 0.868 & 0.400 & 0.507 & 0.507 & 0.393 & 0.507 & 0.505 & 0.474 & 0.474 & 0.424 \\
0.861 & 0.845 & 0.889 & 0.845 & 0.955 & 0.993 & 0.877 & 1.000 & 0.977 & 0.851 & 0.973 & 0.651 & 0.842 & 0.862 & 0.684 & 0.884 & 0.871 & 0.813 & 0.793 & 0.667 \\
0.579 & 0.666 & 0.746 & 0.498 & 0.476 & 0.547 & 0.634 & 1.000 & 0.527 & 0.509 & 0.452 & 0.796 & 0.491 & 0.608 & 0.764 & 0.528 & 0.636 & 0.531 & 0.681 & 0.677 \\
0.447 & 0.529 & 0.420 & 0.481 & 0.516 & 0.452 & 0.801 & 0.430 & 0.666 & 0.839 & 0.747 & 1.000 & 0.420 & 0.421 & 0.438 & 0.403 & 0.405 & 0.402 & 0.375 & 0.351 \\
0.447 & 0.529 & 0.420 & 0.480 & 0.394 & 0.451 & 0.763 & 0.430 & 0.665 & 0.837 & 0.746 & 1.000 & 0.429 & 0.421 & 0.438 & 0.403 & 0.405 & 0.402 & 0.352 & 0.328
\end{pmatrix}$$

（4）利用变异系数法求水质指标权重

抚育间伐强度对森林生态系统各层面的影响不同，如电导率与抚育间伐强度具有极显著的相关性，温度对抚育间伐强度的映射较小，为区分不同指标对综合评价的贡献程度，对其赋予不同的权重值。采用变异系数法求权重值。变异系数法与灰色关联度评价法有较好的衔接性。变异系数在均值的基础上能更好地反映数据的离散程度，区分不同指标对于综合评价的贡献率。采用变异系数法计算各指标权重值的公式为

$$v_i=\frac{\sigma_i}{x_i^0}\quad（i=1，2，\cdots，7）\tag{6-3}$$

式中，v_i——第 i 项指标的变异系数值；

σ_i——第 i 项指标实测值的标准差；

x_i^0——第 i 个指标实测值的平均值。

求得 v_i 后，再求各指标的权重值 w_i 为

$$w_i=\frac{v_i}{\sum_{i=1}^{m}v_i}\quad(i=1,2,\cdots,7)\tag{6-4}$$

代入数据，解得权重矩阵如下：

$$\boldsymbol{W}=(0.059\ \ 0.121\ \ 0.120\ \ 0.027\ \ 0.072\ \ 0.192\ \ 0.468)$$

其中，总悬浮固体量的权重值最大，对水质的影响最大，其次为浊度，pH 的贡献率最低。

（5）计算灰色关联度值

将灰色关联判断矩阵 $\boldsymbol{R}$ 和权重矩阵 $\boldsymbol{W}$ 代入式（6-5）

$$b_j=\sum_{i=1}^{m}w_i r_{ij}\quad（j=1，2，3，\cdots，20）\tag{6-5}$$

解得各样地灰色关联评价值，见表 6-3。

表 6-3　不同抚育间伐强度的灰色关联评价值

抚育间伐强度/%	灰色关联评价值	抚育间伐强度/%	灰色关联评价值
0.00	0.515 6	34.38	0.808 1
3.42	0.577 7	40.10	0.861 8
6.23	0.522 9	47.87	0.509 4
12.52	0.530 9	49.63	0.501 0
13.74	0.596 8	50.61	0.493 2
16.75	0.625 6	51.48	0.490 3
19.00	0.754 0	53.09	0.489 1
20.86	0.662 5	56.51	0.480 3
25.48	0.794 6	59.92	0.471 2
27.85	0.781 0	67.25	0.432 4

通过变异系数法求权重，7 项指标的权重由大到小为总悬浮固体量、浊度、

电导率、盐分、氧化还原电位、温度、pH。总悬浮固体量与抚育间伐强度极显著相关。水体中的悬浮固体主要由地表冲刷的泥土流入水中，或枯枝落叶进入水体等，可有效反映水质状况。其次为浊度。林内阳光增加，温度升高，枯落物受到最直接的影响，分解速率加快，不同样地的分解速率不一致，导致水体浊度不同。电导率从微观角度上反映水体中营养物质的情况，受植物根系、土壤养分等因素影响。pH 对水体水质影响较小，抚育间伐强度对 pH 的影响程度较弱。由表 6-3 可知，随着抚育间伐强度的升高，水质的灰色关联评价值逐渐升高，当抚育间伐强度达到 40.10%时，灰色关联评价值达到最高（0.861 8），以后随着抚育间伐强度的升高，灰色关联评价值降低，趋势见图 6-8。40.10%的抚育间伐强度最有利于水质的改善。当抚育间伐强度超过 47.87%时，样地灰色关联评价值低于对照样地，抚育效果较差。抚育通过对林分冠层进行修剪、移除生长不良林分、割灌等处理，促进森林生态系统的自我恢复。随着抚育间伐强度的升高，土壤表层接受的阳光雨露越多，幼苗的养分输入增加，生物多样性随之升高，有利于森林生态系统的恢复。当抚育间伐强度过大时，森林养分快速流失，林冠骤降，幼苗失去保护，雨水对土壤的冲刷加剧，不利于森林生态系统的可持续发展。适度的抚育改造后，林地郁闭度下降，林冠下层乔灌木吸收到更多阳光，阳光的增加有利于幼苗生长，林内温度升高，枯落物分解速率加快，微生物生化反应加快，枯落物增加，减少降雨对地表土壤的冲刷，水质情况进而得到改善。

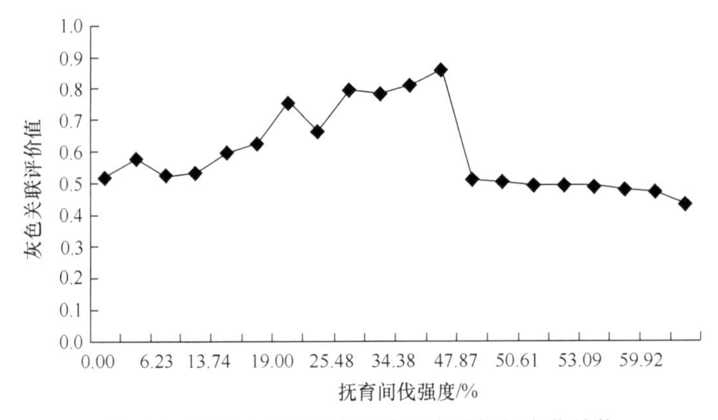

图 6-8　径流水质随抚育间伐强度增加的变化趋势

6.2　不同强度的抚育间伐对枯落物的影响

6.2.1　枯落物的采集与测定

于 2015 年 6 月天气晴朗之日，采集 20 个样地半分解层及未分解层枯落物，为避免枯落物在某一区域富集，在试验小区内沿蛇形选取 4 个 30cm×30cm 样方。未分解层为乔木、灌木、草本科刚掉落的叶片及其他器官，尚未开始分解的枯枝落叶，半分解层是已经开始分解，但尚能辨认外貌的阶段。已分解层为已分解 80%～90%，无法辨认其外形，并开始与土壤融为一体。取样时尽量保持枯落物原有状态，测试后取 4 组平均值进行研究分析。枯落物收集完毕后，即刻称其鲜重，称量完毕后在 85℃下烘干 24h，此时质量不再发生改变，测量枯落物干重，换算得到各实验样地枯落物的总蓄积量。通过浸泡法测量枯落物的持水性。为避免枯落物在浸泡过程中的损失，将其装入网袋后浸入水中，测定 0.5h、1h、2h、4h、8h 及 24h 浸泡后的质量，在枯落物脱离水面不再滴水的状态下测量。利用已测量得到的数据计算枯落物的以下指标：

自然持水量　$$K_0 = m_1 - m_2 \tag{6-6}$$

自然持水率　$$K_0' = (m_1 - m_2)/m_2 \times 100\% \tag{6-7}$$

最大持水量　$$K_m = m_3 - m_2 \tag{6-8}$$

最大持水率　$$K_m' = (m_3 - m_2)/m_2 \times 100\% \tag{6-9}$$

有效拦蓄量　$$W = (0.85K_m' - K_0')M \tag{6-10}$$

式中，m_1——枯落物鲜重（g）；

m_2——烘干后质量（g）；

K_0——自然持水量（g）；

K_0'——自然持水率（%）；

K_m——最大持水量（g）；

K_m'——最大持水率（%）；

m_3——浸泡 24h 后不再滴水时的质量；

M——枯落物蓄积量（$t \cdot hm^{-2}$）；

W——有效拦蓄量（$t \cdot hm^{-2}$）。

6.2.2　未分解层枯落物分析

森林枯落物层持水量动态变化对林下大气与地表土壤水分及能量传输起到重要作用。由于枯落物层的吸水特性，进而影响穿透雨对植物水分的供应及对土壤水分的补充。抚育间伐后，各样地林冠不同程度减少，郁闭度降低。林内阳光及水分输入改变，枯落物蓄积量、自然持水率、最大持水率、最大持水量、有效拦蓄量随之发生改变。当抚育间伐强度超过 53.09%时，枯落物未分解层蓄积量低于对照样地。由于不良林分的移除及割灌等抚育措施，降低了枯落物的输入，过大的抚育间伐强度不利于枯落物的蓄积。各样地枯落物蓄积量介于 0.926～4.951 $t \cdot hm^{-2}$。抚育间伐强度为 13.74%时，蓄积量达到最大（4.951 $t \cdot hm^{-2}$），抚育间伐强度为 67.25%时，蓄积量最小（0.926 $t \cdot hm^{-2}$）。总体趋势，随着抚育间伐强度的升高，蓄积量逐渐升高，当抚育间伐强度过大时，随着抚育间伐强度的增大而蓄积量减小，见图 6-9。随抚育间伐强度的升高，自然持水率呈现不规则变化，见图 6-10。自然持水率是枯落物在自然状态下吸持水的能力。当抚育间伐强度为 40.01%时，枯落物自然持水率最大（94.862%），当抚育间伐强度为 6.23%时，枯落物自然持水率最小（49.602%）。抚育后，阳光和水分的变化使枯落物的分解速率改变，枯落物的疏松程度发生改变，自然持水率随之改变。随着抚育间伐强度的升高，枯落物最大持水率不规则变化，见图 6-11，抚育间伐强度为 67.25%时，枯落物最大持水率最大（448.837%），抚育间伐强度为 51.48%时，枯落物最大持水率最小（117.577%）。抚育间伐后除抚育间伐强度 16.75%和 56.51%的样地外，其余抚育间伐样地枯落物的最大持水量均高于对照样地，见图 6-12。抚育有利于枯落物最大持水量的升高。抚育间伐强度为 40.01%时，枯落物最大持水量最大（23.203t · hm^{-2}），抚育间伐强度为 56.51%时，枯落物最大持水量最小（10.733t · hm^{-2}）。除抚育间伐强度为 51.48%和 59.92%的样地外，实验样地枯落物有效拦蓄量均高于对照样地，见图 6-13。抚育措施有利于枯落物有效拦蓄量的升高。有效拦蓄量代表枯落物的拦蓄能力，即枯落物保持水土的能力，数值越大，

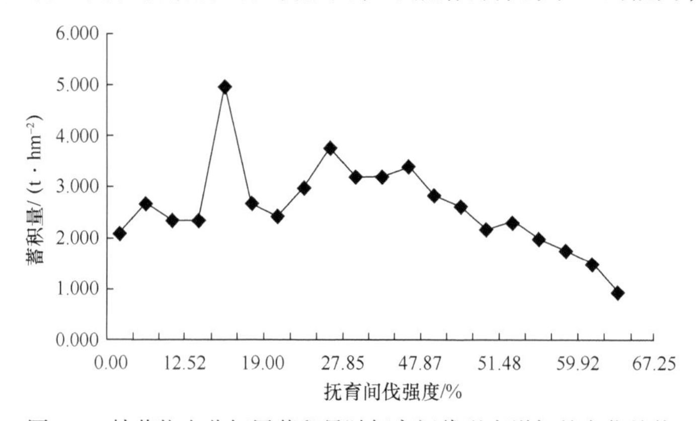

图 6-9　枯落物未分解层蓄积量随抚育间伐强度增加的变化趋势

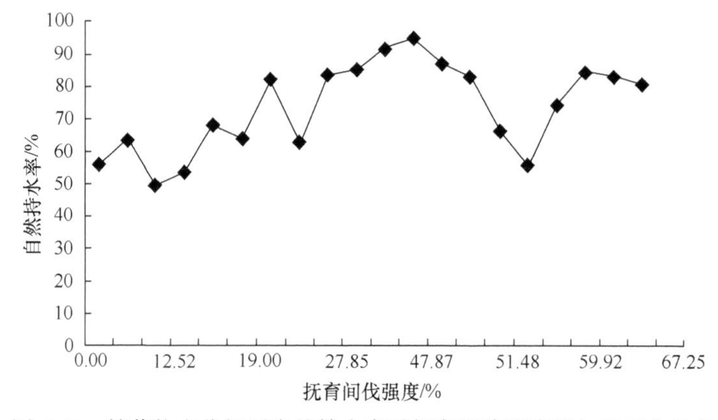

图 6-10　枯落物未分解层自然持水率随抚育间伐强度增加的变化趋势

越有利于森林生态系统的正向发展。抚育间伐强度为 40.10%时，枯落物有效拦蓄量最大(51.162t · hm^{-2}),此时枯落物的保水蓄水能力最佳,抚育间伐强度为 59.92%时，枯落物有效拦蓄量最小（7.246t · hm^{-2}），见表 6-4。

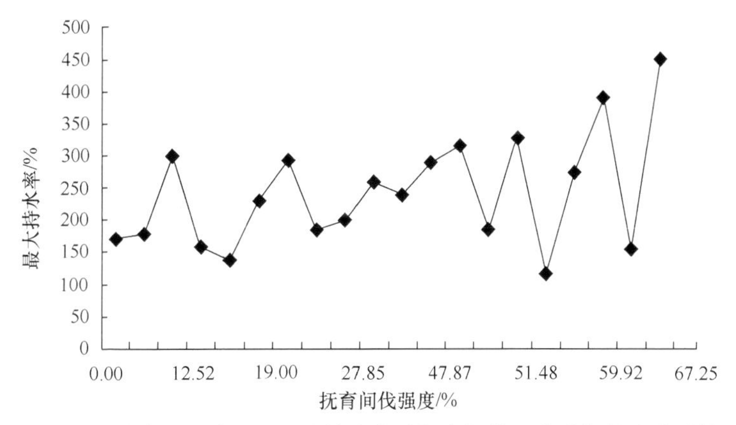

图 6-11　枯落物未分解层最大持水率随抚育间伐强度增加的变化趋势

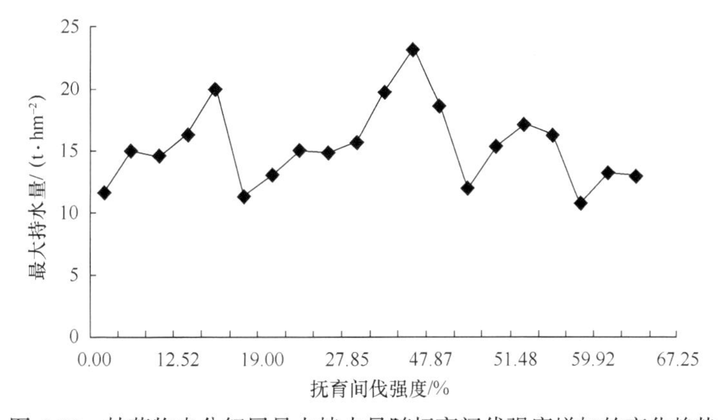

图 6-12　枯落物未分解层最大持水量随抚育间伐强度增加的变化趋势

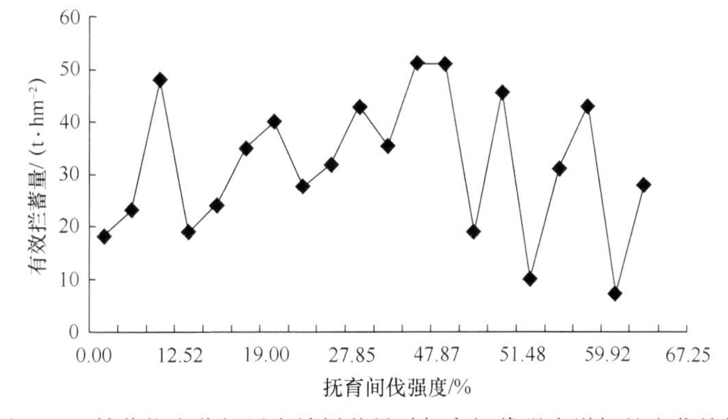

图 6-13　枯落物未分解层有效拦蓄量随抚育间伐强度增加的变化趋势

表 6-4　未分解层枯落物的情况

抚育间伐强度/%	蓄积量/($t \cdot hm^{-2}$)	自然持水率/%	最大持水率/%	最大持水量/($t \cdot hm^{-2}$)	有效拦蓄量/($t \cdot hm^{-2}$)
0.00	2.071	56.010	168.883	11.670	18.133
3.42	2.660	63.397	176.991	14.968	23.154
6.23	2.346	49.602	298.887	14.567	47.969
12.52	2.339	53.509	159.056	16.303	19.107
13.74	4.951	67.782	137.175	19.947	24.169
16.75	2.667	63.987	230.069	11.310	35.086
19.00	2.412	81.791	291.850	13.045	40.105
20.86	2.976	62.690	183.571	14.945	27.783
25.48	3.749	83.715	198.761	14.833	31.951
27.85	3.180	85.212	258.491	15.622	42.767
34.38	3.194	91.455	237.867	19.732	35.362
40.01	3.395	94.862	288.903	23.203	51.162
47.87	2.823	86.909	315.360	18.593	51.134
49.63	2.604	83.020	184.126	11.918	19.137
50.61	2.154	66.160	326.024	15.370	45.444
51.48	2.307	55.795	117.577	17.075	10.182
53.09	1.970	74.103	272.990	16.207	31.119
56.51	1.740	84.300	389.308	10.733	42.905
59.92	1.497	82.967	154.560	13.195	7.246
67.25	0.926	80.661	448.837	12.942	27.854

6.2.3　枯落物半分解层分析

枯落物半分解层为已经开始分解，部分已接近腐殖质状态，可以直接为植物、微生物提供养分。相同抚育间伐强度下，半分解层枯落物蓄积量低于未分解层枯落物。抚育间伐强度为 12.52%～47.84%时，有利于枯落物半分解层蓄积量升高。抚育间伐强度为 20.86%时，枯落物半分解层蓄积量最大（$2.176t \cdot hm^{-2}$），抚育间伐强度为 67.25%时，枯落物半分解层蓄积量最小（$1.709t \cdot hm^{-2}$），见图 6-14。过大和过小的抚育间伐强度均不利于枯落物的蓄积。枯落物半分解层蓄积量随抚育间伐强度的升高，总体呈现先增大后减小的趋势。抚育后，枯落物半分解层自然持水率均高于对照样地，见图 6-15，普遍较未分解层高。当抚育间伐强度为 49.63%时，枯落物自然持水率最高（129.63%），对照样地半分解层自然持水率最低（64.740%）。抚育有利于半分解层枯落物最大持水率升高，试验样地均高于对照样地，见图 6-16，抚育间伐强度为 59.92%时，最大持水率最大（389.937%），对照样地最大持水率最低（181.762%）。抚育有利于枯落物最大持水量的提高，对照样地最大持水量最低（$5.000t \cdot hm^{-2}$），抚育间伐强度为 6.23%时，最大持水量最高（$23.960t \cdot hm^{-2}$），见图 6-17。20 块抚育样地，有效拦蓄量为 18.183～

57.740t · hm^{-2}，各抚育样地均高于对照样地，见图 6-18 和表 6-5。

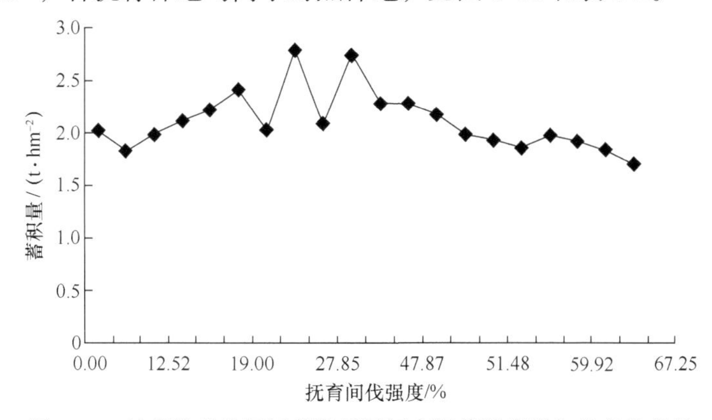

图 6-14 枯落物半分解层蓄积量随抚育间伐强度增加的变化趋势

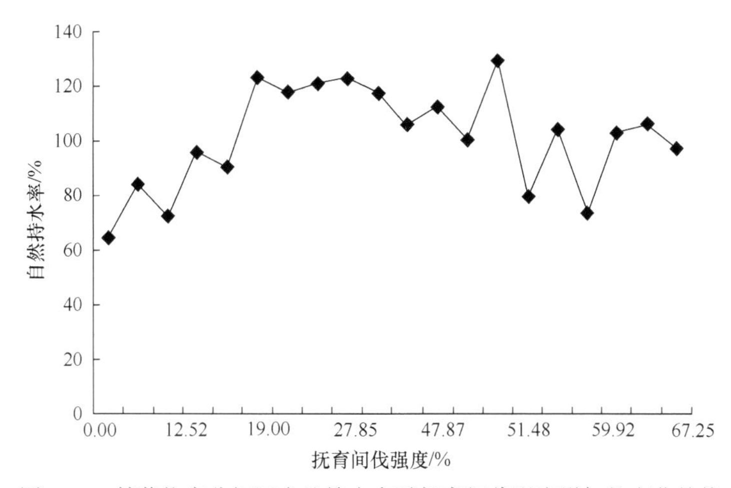

图 6-15 枯落物半分解层自然持水率随抚育间伐强度增加的变化趋势

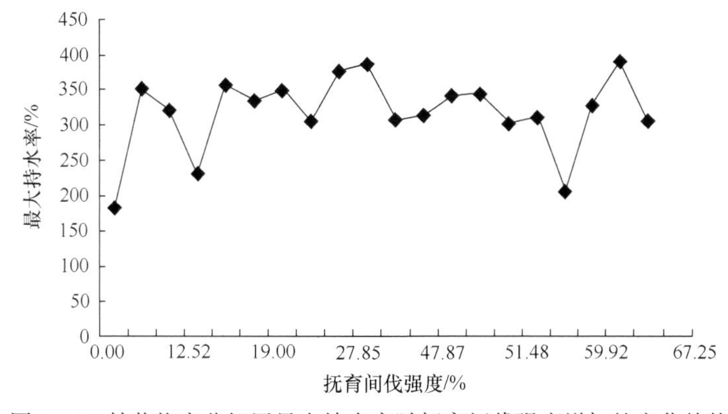

图 6-16 枯落物半分解层最大持水率随抚育间伐强度增加的变化趋势

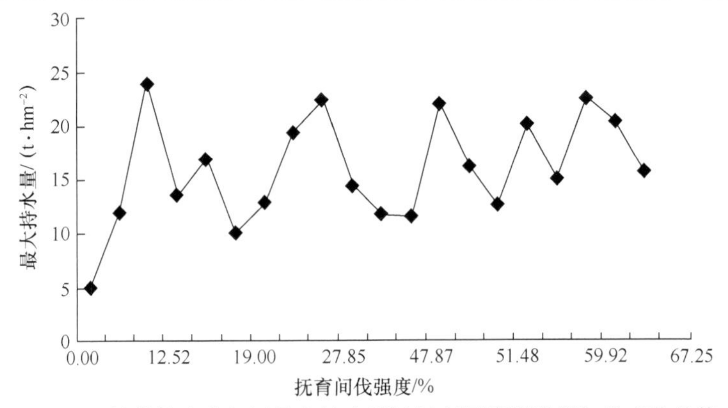

图 6-17　枯落物半分解层最大持水量随抚育间伐强度增加的变化趋势

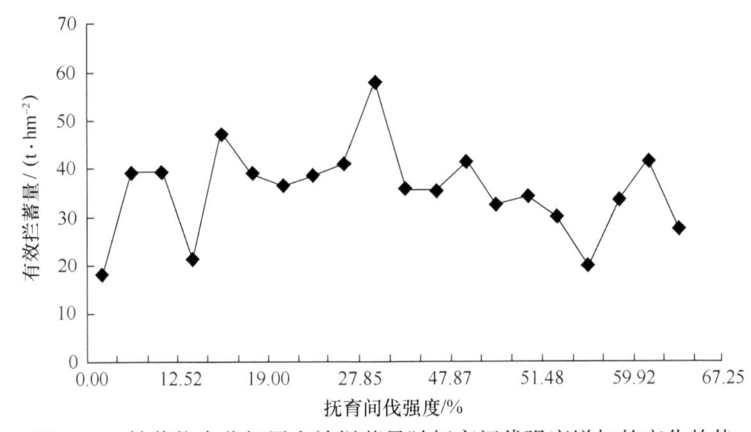

图 6-18　枯落物半分解层有效拦蓄量随抚育间伐强度增加的变化趋势

表 6-5　半分解层枯落物的情况

抚育间伐强度/%	蓄积量/($t·hm^{-2}$)	自然持水率/%	最大持水率/%	最大持水量/($t·hm^{-2}$)	有效拦蓄量/($t·hm^{-2}$)
0.00	2.026	64.740	181.762	5.000	18.183
3.42	1.831	84.397	351.383	12.002	39.239
6.23	1.986	72.477	320.238	23.960	39.657
12.52	2.122	95.862	231.752	13.590	21.459
13.74	2.225	90.608	356.426	16.982	47.240
16.75	2.420	123.140	335.065	10.205	39.129
19.00	2.034	117.969	348.706	12.907	36.301
20.86	2.792	120.947	304.898	19.432	38.590
25.48	2.091	122.949	375.419	22.388	41.010
27.85	2.747	117.500	385.550	14.455	57.740
34.38	2.288	105.869	307.471	11.792	35.579
40.01	2.287	112.613	312.815	11.620	35.056
47.87	2.176	100.521	341.431	21.940	41.278

续表

抚育间伐强度/%	蓄积量/(t·hm^{-2})	自然持水率/%	最大持水率/%	最大持水量/(t·hm^{-2})	有效拦蓄量/(t·hm^{-2})
49.63	1.981	129.630	344.482	16.200	32.320
50.61	1.927	79.832	302.326	12.592	34.140
51.48	1.857	104.138	311.196	20.105	29.787
53.09	1.976	73.913	206.091	15.078	20.008
56.51	1.922	102.632	325.816	22.467	33.507
59.92	1.838	106.235	389.937	20.365	41.405
67.25	1.709	97.414	304.457	15.683	27.582

6.2.4　枯落物总量分析

将半分解层枯落物的吸持水情况及未分解层枯落物的吸持水情况汇总，综合比较各样地枯落物的吸持水特性。枯落物作为一个独立结构对水分进行净化，需要半分解层及未分解层的共同作用。随着抚育间伐强度的升高，枯落物蓄积量及自然持水率呈现先上升后下降的趋势。枯落物最大持水率、最大持水量及有效拦蓄量变化受抚育间伐强度的影响较小，呈现不规则变化。抚育后，枯落物自然持水率、最大持水率、最大持水量、有效拦蓄量均有所提高，抚育样地均高于对照样地。20 块样地中，枯落物总蓄积量在 2.635～7.176t·hm^{-2}，抚育间伐强度为 13.74%的样地枯落物的总蓄积量最高。枯落物总自然持水率在 120.750%～212.650%，抚育间伐强度为 49.63%时，总自然持水率最大。枯落物总最大持水率在 350.645%～753.294%，抚育间伐强度为 67.25%时，总最大持水率最高。枯落物总最大持水量在 16.670～40.533t·hm^{-2}，抚育间伐强度为 47.87%时，总最大持水量最大。枯落物总有效拦蓄量在 36.316～100.507t·hm^{-2}，抚育间伐强度为 27.85%时，枯落物总有效拦蓄量最高[2]。枯落物总拦蓄量代表该样地的蓄水保水能力，抚育间伐强度为 27.85%的，最有利于样地保水蓄水能力的提高、改善。根据表 6-6 的数据，绘制枯落物总蓄积量、总自然持水率、总最大持水率、总最大持水量、总有效拦蓄量随抚育间伐强度变化的趋势，见图 6-19～图 6-23。

表 6-6　枯落物总量

抚育间伐强度/%	总蓄积量/(t·hm^{-2})	总自然持水率/%	总最大持水率/%	总最大持水量/(t·hm^{-2})	总有效拦蓄量/(t·hm^{-2})
0.00	4.097	120.750	350.645	16.670	36.316
3.42	4.491	147.795	528.374	26.970	62.393
6.23	4.332	122.080	619.125	38.527	87.626
12.52	4.461	149.371	390.808	29.893	40.565
13.74	7.176	158.390	493.602	36.928	71.409
16.75	5.087	187.128	565.134	21.515	74.216
19.00	4.446	199.760	640.555	25.952	76.406

续表

抚育间伐强度/%	总蓄积量/（t·hm^{-2}）	总自然持水率/%	总最大持水率/%	总最大持水量/（t·hm^{-2}）	总有效拦蓄量/（t·hm^{-2}）
20.86	5.768	183.636	488.470	34.377	66.373
25.48	5.839	206.664	574.179	37.222	72.961
27.85	5.926	202.712	644.041	30.077	100.507
34.38	5.482	197.324	545.337	31.523	70.942
40.01	5.682	207.475	601.718	34.823	86.218
47.87	4.999	187.430	656.791	40.533	92.411
49.63	4.585	212.650	528.608	28.118	51.457
50.61	4.081	145.992	628.350	27.962	79.585
51.48	4.164	159.933	428.772	37.180	39.970
53.09	3.946	148.016	479.081	31.285	51.127
56.51	3.662	186.931	715.124	33.200	76.412
59.92	3.335	189.201	544.497	33.560	48.651
67.25	2.635	178.075	753.294	28.625	55.436

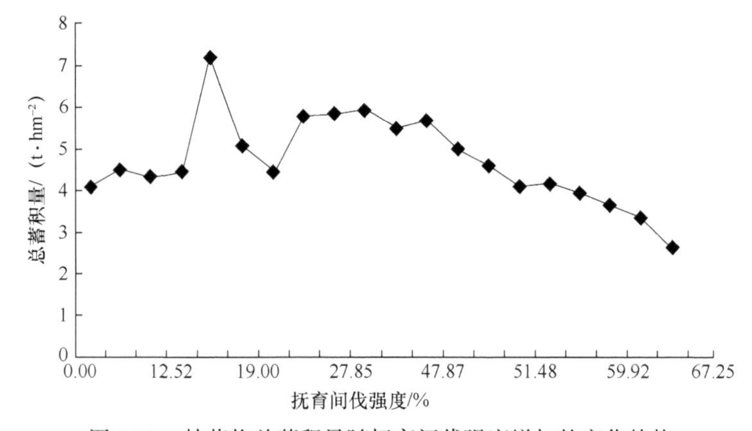

图 6-19　枯落物总蓄积量随抚育间伐强度增加的变化趋势

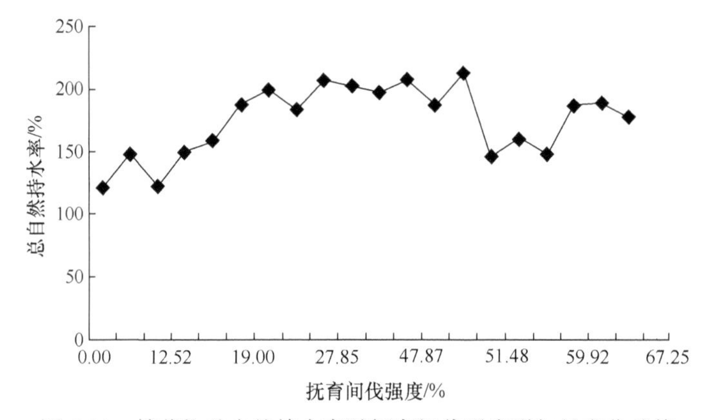

图 6-20　枯落物总自然持水率随抚育间伐强度增加的变化趋势

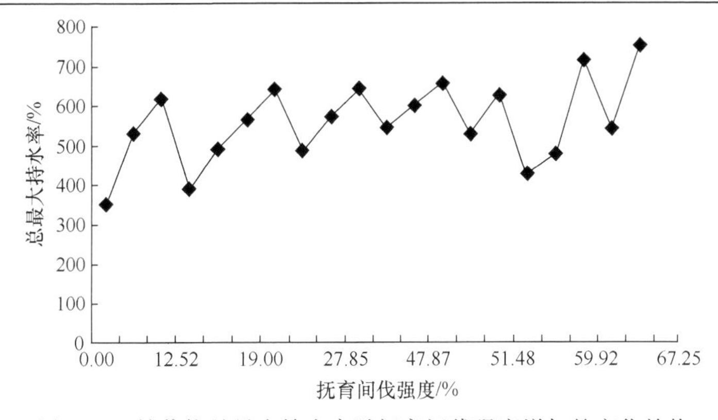

图 6-21　枯落物总最大持水率随抚育间伐强度增加的变化趋势

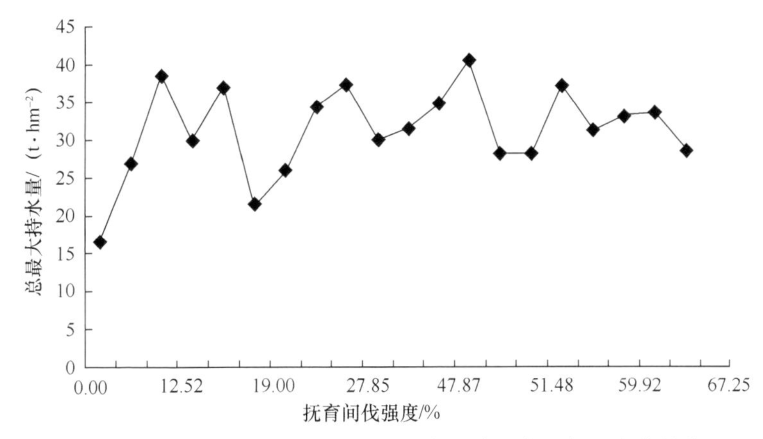

图 6-22　枯落物总最大持水量随抚育间伐强度增加的变化趋势

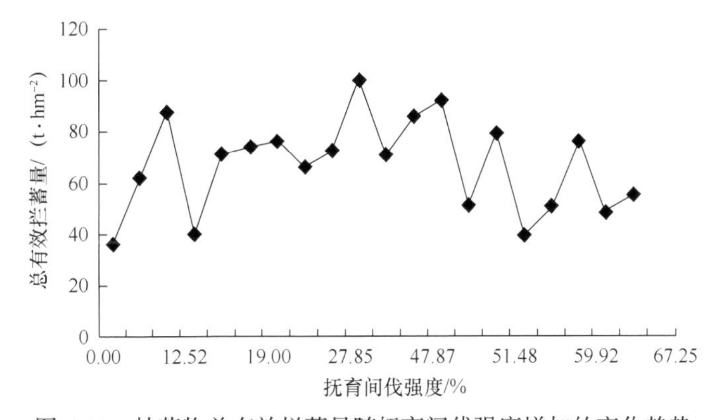

图 6-23　枯落物总有效拦蓄量随抚育间伐强度增加的变化趋势

6.3 不同强度的抚育间伐对土壤养分流失的影响

6.3.1 土壤化学性质测定

在 20 块样地内沿 S 形选取 5 个点取表层（0～10cm 处）土壤 1kg 带回实验室，进行自然风干，土壤完全风干后研磨过筛，进行化学实验，分析土壤养分，所测量指标有土壤 pH、有机质、全效养分（全氮、全磷、全钾）和速效养分（水解氮、有效磷、速效钾）。土壤化学性质的测定方法见 5.1.1 节。

6.3.2 未冲刷地表土壤养分情况

土壤养分对植物的生长、生态系统的循环、森林的可持续性经营有重要影响。对林分进行抚育后，森林微气候改变，阳光、雨露等输入改变，壤中流等水分、物质发生变化，枯落物分解、微生物活动等均有不同程度的促进，使土壤养分发生变化。抚育后，各样地 pH 差值较小，均低于对照样地，土壤显酸性。抚育后，地表径流冲刷前，抚育间伐强度为 49.63%的样地 pH 最低（5.060），对照样地 pH 最高（6.280），见图 6-24。抚育后，土壤有机质含量在 11.282～47.505g · kg^{-1}，抚育后，多数样地的有机质含量升高，见图 6-25。土壤全氮含量最小值出现在抚育间伐强度为 47.87%时（4.093g · kg^{-1}），最大值出现在抚育间伐强度为 34.38%时（14.961g · kg^{-1}）。抚育后土壤全氮含量出现不同程度的下降，由于全氮、水解氮相互转化，离子含量处于一种动态平衡中，幼苗生长初期，叶面进行光合作用需要大量的氮元素，水解氮增多，全氮减少。抚育后全磷变化幅度较小，抚育间伐强度为 3.42%的样地的全磷含量最高（1.443g · kg^{-1}），抚育间伐强度较低，原有生态系统受到干扰较小，全磷含量需要较少，累积较多。抚育间伐强度为 20.86%的样地的全磷含量最低（0.729g · kg^{-1}）。弱度抚育间伐后土壤中全钾含量有所

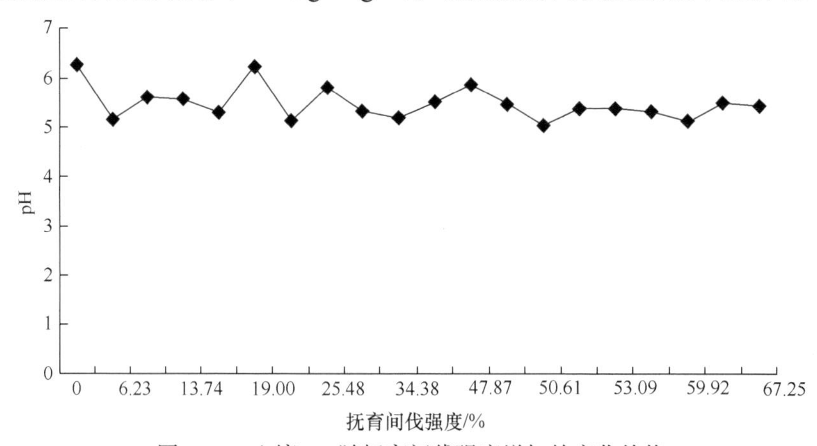

图 6-24　土壤 pH 随抚育间伐强度增加的变化趋势

下降。抚育间伐强度为 16.75%时，全钾含量最低（6.389g · kg^{-1}），抚育间伐强度为 50.61%时，全钾含量最高（26.750g · kg^{-1}）。抚育后，除抚育间伐强度为 16.75%、47.87%、59.92%的 3 块样地外，水解氮含量均高于对照样地，抚育有利于土壤水解氮含量的提高。抚育间伐强度为 47.87%时，水解氮含量最低（52.994mg · kg^{-1}），抚育间伐强度为 40.01%时，水解氮含量最高（128.309mg · kg^{-1}）。抚育后土壤有效磷含量呈下降趋势，除抚育间伐强度为 16.75%的样地外，均低于对照样地，新栽幼苗生长初期阶段需要大量磷元素，有效磷消耗较多。弱度抚育后土壤中速效钾含量升高，高强度抚育后土壤中速效钾含量降低。抚育间伐强度为 34.38%时，速效钾含量最低（30.025mg · kg^{-1}），抚育间伐强度为 25.48%时，速效钾含量最高（65.753mg · kg^{-1}），见表 6-7。

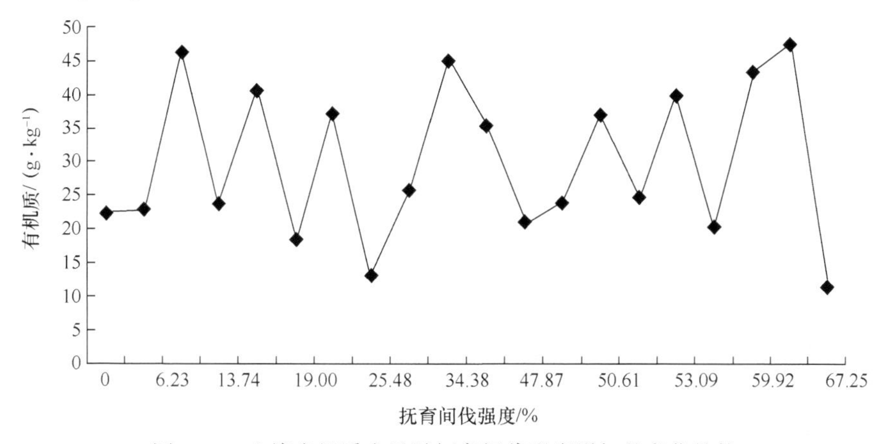

图 6-25　土壤有机质含量随抚育间伐强度增加的变化趋势

表 6-7　抚育间伐后土壤养分的情况

抚育间伐强度/%	pH	有机质/（g · kg^{-1}）	全氮/（g · kg^{-1}）	全磷/（g · kg^{-1}）	全钾/（g · kg^{-1}）	水解氮/（mg · kg^{-1}）	有效磷/（mg · kg^{-1}）	速效钾/（mg · kg^{-1}）
0	6.280	22.453	12.304	1.048	22.717	64.864	26.073	43.004
3.42	5.180	22.960	6.164	1.443	23.816	83.350	15.843	58.548
6.23	5.630	46.259	13.065	1.278	17.236	96.513	12.229	56.652
12.52	5.580	23.795	12.378	1.270	17.317	74.121	14.033	47.379
13.74	5.300	40.770	8.868	0.738	9.548	81.474	12.703	45.712
16.75	6.240	18.485	7.549	1.046	6.389	62.969	28.813	54.926
19.00	5.140	37.262	11.597	0.961	17.152	96.529	12.654	51.551
20.86	5.810	13.127	5.468	0.729	7.263	66.733	13.987	63.539
25.48	5.330	25.721	6.863	1.114	23.730	98.342	15.899	65.753
27.85	5.180	45.045	10.253	0.739	24.632	110.635	16.173	44.269
34.38	5.490	35.396	14.961	1.144	12.167	112.205	14.547	30.025
40.01	5.880	21.011	6.103	1.294	10.724	128.309	17.167	62.195
47.87	5.480	23.993	4.093	1.381	23.515	52.994	25.260	57.463

续表

抚育间伐强度/%	pH	有机质/（g·kg⁻¹）	全氮/（g·kg⁻¹）	全磷/（g·kg⁻¹）	全钾/（g·kg⁻¹）	水解氮/（mg·kg⁻¹）	有效磷/（mg·kg⁻¹）	速效钾/（mg·kg⁻¹）
49.63	5.060	37.080	7.519	1.059	9.905	84.647	21.472	49.198
50.61	5.380	24.835	10.274	0.897	26.750	81.468	10.285	39.482
51.48	5.390	39.988	6.808	0.983	13.604	66.698	19.877	34.335
53.09	5.330	20.516	8.219	1.070	18.849	74.111	11.709	33.659
56.51	5.130	43.412	4.814	0.917	22.376	72.258	10.370	42.509
59.92	5.490	47.505	4.804	0.993	26.070	61.163	17.213	31.215
67.25	5.420	11.282	10.274	1.036	20.350	89.035	16.970	31.308

根据表 6-7 的数据，绘制土壤全效养分（全氮、全磷、全钾）及速效养分（水解氮、有效磷、速效钾）随抚育间伐强度的变化趋势，见图 6-26 和图 6-27。全效养分间的变化趋势无明显相似性，受抚育间伐强度变化影响各异。水解氮、有效磷、速效钾间的变化趋势无相似性。

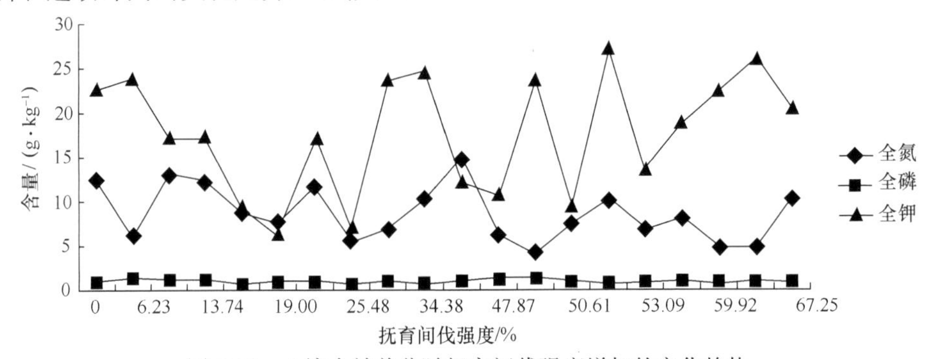

图 6-26　土壤全效养分随抚育间伐强度增加的变化趋势

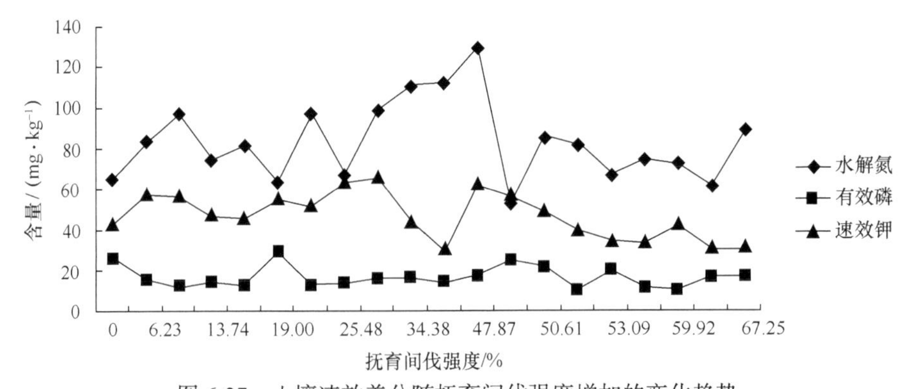

图 6-27　土壤速效养分随抚育间伐强度增加的变化趋势

6.3.3　各地土壤养分流失情况

由表 6-7 及表 6-8 定量计算出土壤养分流失情况，利用冲刷前土壤养分含量值减去冲刷后土壤养分含量值，求出各样地土壤养分的具体数值。

表 6-8　径流冲刷后土壤养分情况

抚育间伐强度/%	pH	有机质/(g·kg^{-1})	全氮/(g·kg^{-1})	全磷/(g·kg^{-1})	全钾/(g·kg^{-1})	水解氮/(mg·kg^{-1})	有效磷/(mg·kg^{-1})	速效钾/(mg·kg^{-1})
0	5.47	18.372	12.123	0.795	10.865	37.124	19.633	45.410
3.42	5.92	21.221	5.241	0.498	14.205	57.619	9.378	45.759
6.23	5.13	24.198	12.910	0.417	16.324	38.980	14.538	36.135
12.52	5.73	22.900	11.753	0.722	13.570	50.218	13.393	35.288
13.74	5.87	38.770	8.574	0.706	8.880	29.640	11.311	30.123
16.75	5.69	16.558	7.457	0.738	6.155	42.608	24.282	43.713
19.00	5.62	36.361	10.910	0.820	17.100	46.529	10.312	33.163
20.86	5.67	12.524	4.962	0.821	6.027	46.344	13.169	44.709
25.48	6.16	24.930	6.726	0.870	17.270	29.601	14.920	45.004
27.85	5.73	38.372	9.494	0.706	14.811	37.075	12.473	20.998
34.38	5.77	34.768	11.002	0.879	11.372	20.459	15.507	25.382
40.01	5.49	20.279	5.241	0.368	9.823	65.097	16.296	48.700
49.63	5.79	36.540	6.937	0.348	9.796	83.585	20.709	31.149
47.87	5.95	20.279	4.017	0.980	15.924	37.174	24.337	35.474
50.61	5.94	24.350	9.829	0.827	21.182	59.953	9.578	30.364
51.48	5.98	37.556	6.373	0.301	12.807	72.585	17.252	17.413
53.09	5.89	18.960	8.212	0.971	17.964	53.902	10.658	23.387
56.51	5.04	42.930	3.902	0.648	12.169	53.902	8.369	11.434
59.92	5.94	46.524	4.764	0.595	17.551	59.438	15.365	27.460
67.25	5.64	10.540	10.038	0.615	14.804	61.296	10.654	32.505

由表 6-9 可知，抚育间伐后，地表径流冲刷使土壤 pH 升高，见图 6-28。地表径流冲刷时，土壤含水率升高，酸性物质被稀释，pH 升高。但也有少数样地 pH 小幅度下降。总体上各样地 7 项土壤养分指标均有不同程度下降，地表径流带走部分养分，养分由土壤进入水分中。除抚育间伐强度为 6.23%和 27.85%的样地外，其他样地有机质流失含量均低于对照样地，见图 6-29，中度抚育间伐最有利于土壤养分中有机质的保持。地表径流冲刷对土壤中全氮含量、全磷含量影响较小。全氮冲刷流失含量在 0.007～3.958g·kg^{-1}。全磷冲刷流失含量在−0.093～0.945g·kg^{-1}。抚育对土壤养分中全钾含量的影响较为显著，差异明显，抚育后土壤中全钾流失量下降，抚育有利于保持土壤中的全钾含量。全钾流失量在 0.051～11.852g·kg^{-1}。地表径流带走的全钾含量较多。地表径流带走土壤养分中水解氮含量受抚育间伐强度影响较大，抚育间伐强度为 51.48%的样地地表径流冲刷后水解氮含量小幅度上升，其余样地下降，且幅度差异较大，为 1.062～91.746mg·kg^{-1} 不等。抚育间伐强度为 6.23%和 34.38%的样地土壤中有效磷含量在冲刷后略有上升，分别为 2.309mg·kg^{-1} 和 0.960mg·kg^{-1}。其他样地有效磷含量均有所下降，范围在

0.640～6.465mg · kg^{-1}。不同抚育间伐强度对有效磷流失含量影响差异明显。对照样地中，地表径流冲刷后土壤中速效钾含量上升。抚育间伐强度为 67.25%时，速效钾含量小幅上升。除抚育间伐强度为 67.25%的样地外，抚育后土壤中速效钾含量不同程度降低，降幅为 3.755～31.075mg · kg^{-1}。养分由土壤进入到水体中后，参与水中物质能量等的交换，促进生态系统的整体循环及物质能量等的流动。

表 6-9　土壤养分流失情况

抚育间伐强度/%	pH	有机质/(g · kg^{-1})	全氮/(g · kg^{-1})	全磷/(g · kg^{-1})	全钾/(g · kg^{-1})	水解氮/(mg · kg^{-1})	有效磷/(mg · kg^{-1})	速效钾/(mg · kg^{-1})
0	0.810	4.081	0.181	0.253	11.852	27.739	6.440	−2.406
3.42	−0.740	1.738	0.923	0.945	9.611	25.731	6.465	12.789
6.23	0.500	22.061	0.155	0.861	0.912	57.533	−2.309	20.517
12.52	−0.150	0.895	0.625	0.549	3.747	23.903	0.640	12.091
13.74	−0.570	2.000	0.294	0.033	0.668	51.834	1.392	15.589
16.75	0.550	1.926	0.092	0.308	0.234	20.361	4.531	11.213
19.00	−0.480	0.901	0.687	0.141	0.051	50.000	2.342	18.387
20.86	0.140	0.604	0.507	−0.093	1.236	20.389	0.818	18.829
25.48	−0.830	0.791	0.137	0.244	6.460	68.741	0.979	20.749
27.85	−0.550	6.673	0.759	0.033	9.821	73.560	3.700	23.271
34.38	−0.280	0.629	3.958	0.265	0.794	91.746	−0.960	4.643
40.01	0.390	0.732	0.862	0.925	0.901	63.212	0.871	13.495
49.63	−0.730	0.540	0.582	0.711	0.109	1.062	0.763	18.048
47.87	−0.470	3.714	0.076	0.401	7.591	15.821	0.922	21.988
50.61	−0.560	0.485	0.445	0.071	5.568	21.515	0.707	9.119
51.48	−0.590	2.433	0.436	0.681	0.798	−5.887	2.625	16.922
53.09	−0.560	1.556	0.007	0.099	0.885	20.210	1.051	10.273
56.51	0.090	0.481	0.912	0.268	10.207	18.356	2.001	31.075
59.92	−0.450	0.982	0.040	0.398	8.520	1.725	1.848	3.755
67.25	−0.220	0.742	0.236	0.420	5.547	27.739	6.316	−1.197

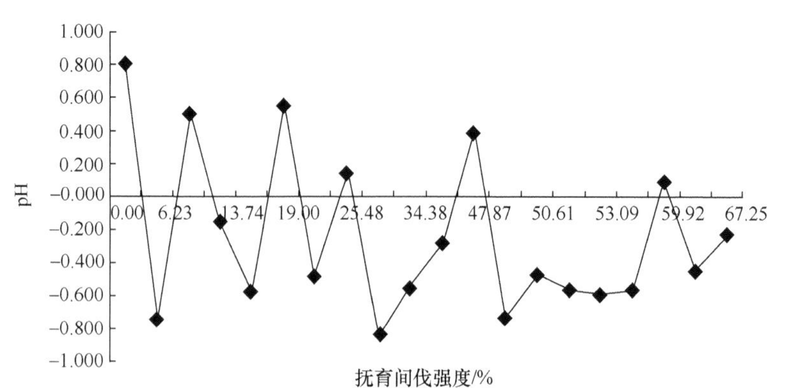

图 6-28　冲刷后土壤 pH 随抚育间伐强度增加的变化趋势

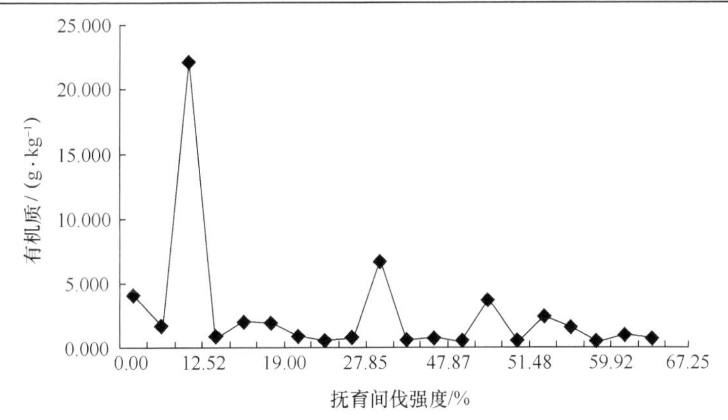

图 6-29　土壤有机质流失随抚育间伐强度增加的变化趋势

根据表 6-9 的数据，绘制全效养分流失量及速效养分流失量随抚育间伐强度增加的变化趋势，见图 6-30 和图 6-31。

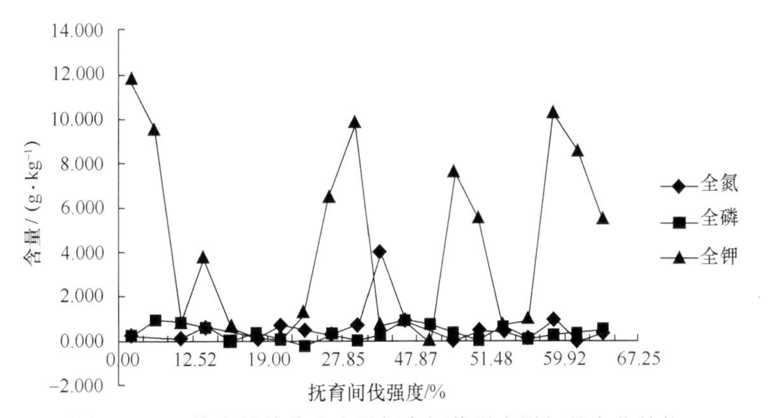

图 6-30　土壤全效养分流失随抚育间伐强度增加的变化趋势

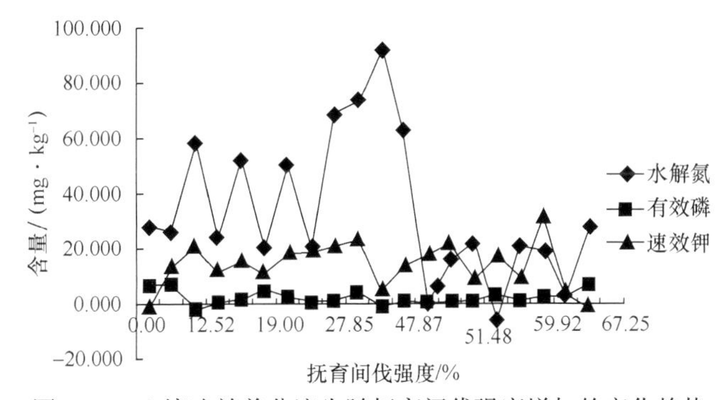

图 6-31　土壤速效养分流失随抚育间伐强度增加的变化趋势

6.4　水文过程中水质、枯落物、土壤养分流失的研究

6.4.1　水质、枯落物、土壤养分流失相关性的计算

为进一步分析森林生态系统水文、枯落物及土壤间的物质流动，将水质指标：温度、电导率、盐分、pH、氧化还原电位、浊度、总悬浮固体量[3]，枯落物指标：未分解层蓄积量、未分解层有效拦蓄量、半分解层蓄积量、半分解层有效拦蓄量，土壤指标：pH 变化值、有机质流失量、全氮流失量、全磷流失量、全钾流失量、水解氮流失量、有效磷流失量、速效钾流失量共 19 项指标进行相关性分析。具体数值见表 6-10。土壤 pH 变化值与地表径流 pH 并无明显联系。两者溶质不同，参与物质交换的主体也有所不同，土壤中主要为植物根系及部分微生物活动，水体中主要为浮游生物、青苔、水生植物等，两者相关性较小。有机质与其他 18 项指标无显著相关性。全氮与水解氮在 0.05 水平上显著相关，土壤中全氮输入为动植物残体分解、矿化等来源，水解氮在参与生物体生命活动时均以离子形式存在，与全氮含量处于一种动态平衡中，相互转化。土壤中全磷含量与地表径流电导率在 0.05 水平上显著相关。壤中流在流动过程中携带部分全磷物质流入地表径流，对电导率产生影响。土壤中全钾含量与有效磷在 0.05 水平上显著相关，幼苗在生长过程中需要各种元素的共同作用才能健康生长。土壤中水解氮与土壤中全氮含量及未分解层蓄积量在 0.05 水平上显著正相关，与水质中的浊度呈显著负相关。枯落物分解释放氮元素，未分解层蓄积量越高，所含氮元素越多。有效磷与全钾元素在 0.05 水平上显著正相关。速效钾与水体中总悬浮固体量在 0.05 水平上显著负相关，抚育间伐后，由于不良林分的移除，会使水体中钾离子的含量升高，但水体中总悬浮固体量下降。速效钾与半分解层有效拦蓄量在 0.05 水平上呈显著正相关。速效钾释放得越缓慢，枯落物的结构持水性越高，有效拦蓄量越高。水体温度与其他 18 项指标无明显相关性。水体电导率与土壤中全磷含量在 0.05 水平上显著负相关。水体电导率与 pH、盐分及未分解层蓄积量在 0.01 水平上的相关性极显著。未分解层土壤酶活性最高，分解产生的无机盐离子越多，水体电导率越好。电导率与半分解层蓄积量在 0.05 水平上显著正相关。盐分与电导率、水体 pH、未分解层蓄积量在 0.01 水平上显著正相关，盐分与半分解层蓄积量在 0.05 水平上呈正相关。未分解层枯落物土壤酶活性高于半分解层土壤酶活性[4]。水体 pH 与水体电导率、盐分在 0.01 水平上呈显著正相关，与总悬浮固体量在 0.05 水平上呈显著负相关。氧化还原电位与其他 18 项指标无显著相关性。浊度与土壤中水解氮及半分解层蓄积量在 0.05 水平上显著负相关，与总悬浮固体量在 0.01 水平上极显著正相关，与未分解层蓄积量在 0.01 水平上极显著负相关。总悬浮固体量与土壤速效钾含量、水体 pH、未分解层蓄积量在 0.05 水平上显著负相关。与水体浊度在 0.01 水平上呈极显著正相关。未分解层蓄积量与土壤中水解氮、半分解层蓄积量、半分解层有效拦蓄量呈正相关，与水体总悬浮固体量呈负相关，

表 6-10　水质情况、枯落物层吸水特性、土壤流失养分相关性

指标	土壤pH	有机质	全氮	全磷	全钾	水解氮	有效磷	速效钾	温度	电导率	盐分	水质pH	氧化还原电位	浊度	总悬浮固体量	未分解层		半分解层	
																蓄积量	有效拦蓄量	蓄积量	有效拦蓄量
土壤pH	1.000	0.353	−0.050	0.106	−0.003	0.065	0.080	−0.198	−0.123	−0.044	−0.039	−0.039	0.278	0.026	−0.008	−0.183	0.137	0.204	−0.298
有机质	0.353	1.000	−0.171	0.296	−0.043	0.245	−0.298	0.206	0.149	−0.092	−0.088	0.143	0.166	−0.029	−0.092	−0.021	0.222	0.000	0.182
全氮	−0.050	−0.171	1.000	0.009	−0.149	0.533*	−0.242	−0.103	0.152	0.222	0.220	0.130	−0.368	−0.335	−0.187	0.197	0.202	0.206	0.084
全磷	0.106	0.296	0.009	1.000	−0.068	−0.132	0.002	−0.012	−0.020	−0.446*	−0.437	−0.311	0.080	0.052	0.021	−0.137	0.063	−0.400	−0.107
全钾	−0.003	−0.043	−0.149	−0.068	1.000	−0.095	0.507*	−0.053	−0.020	−0.293	−0.303	−0.208	0.002	0.142	0.105	−0.311	−0.286	−0.235	−0.016
水解氮	0.065	0.245	0.533*	−0.132	−0.095	1.000	−0.256	0.066	−0.003	0.340	0.343	0.127	−0.194	−0.526*	−0.196	0.529*	0.427	0.387	0.370
有效磷	0.080	−0.298	−0.242	0.002	0.507*	−0.256	1.000	−0.383	−0.302	−0.116	−0.118	−0.175	0.004	0.291	0.398	−0.297	−0.337	−0.176	−0.129
速效钾	−0.198	0.206	−0.103	−0.012	−0.053	0.066	−0.383	1.000	0.059	0.174	0.159	0.286	−0.102	−0.375	−0.453*	0.331	0.367	0.279	0.456*
温度	−0.123	0.149	0.152	−0.020	−0.020	−0.003	−0.302	0.059	1.000	0.283	0.287	0.239	0.026	0.298	0.217	0.064	−0.081	0.072	0.312
电导率	−0.044	−0.092	0.222	−0.446*	−0.293	0.340	−0.116	0.174	0.283	1.000	0.999**	0.867**	−0.360	−0.398	−0.307	0.602**	−0.116	0.546*	0.344
盐分	−0.039	−0.088	0.220	−0.437	−0.303	0.343	−0.118	0.159	0.287	0.999**	1.000	0.866**	−0.370	−0.389	−0.295	0.611**	−0.124	0.538*	0.336
水质pH	−0.039	0.143	0.130	−0.311	−0.208	0.127	−0.175	0.286	0.239	0.867**	0.866**	1.000	−0.408	−0.401	−0.473*	0.435	−0.234	0.401	0.202
氧化还原电位	0.278	0.166	−0.368	0.080	0.002	−0.194	0.004	−0.102	0.026	−0.360	−0.370	−0.408	1.000	0.246	0.180	−0.335	0.084	−0.048	−0.117
浊度	0.026	−0.029	−0.335	0.052	0.142	−0.526*	0.291	−0.375	0.298	−0.398	−0.389	−0.401	0.246	1.000	0.895**	−0.712**	−0.302	−0.514*	−0.316
总悬浮固体量	−0.008	−0.092	−0.187	0.021	0.105	−0.196	0.398	−0.453*	0.217	−0.307	−0.295	−0.473*	0.180	0.895**	1.000	−0.525*	−0.188	−0.408	−0.202
未分解层蓄积量	−0.183	−0.021	0.197	−0.137	−0.311	0.529*	−0.297	0.331	0.064	0.602**	0.611**	0.435	−0.335	−0.712**	−0.525*	1.000	0.177	0.552*	0.534*

续表

指标	土壤pH	有机质	全氮	全磷	全钾	水解氮	有效磷	速效钾	温度	电导率	盐分	水质pH	氧化还原电位	浊度	总悬浮固体量	未分解层		半分解层	
																蓄积量	有效拦蓄量	蓄积量	有效拦蓄量
未分解层有效拦蓄量	0.137	0.222	0.202	0.063	−0.286	0.427	−0.337	0.367	−0.081	−0.116	−0.124	−0.234	0.084	−0.302	−0.188	0.177	1.000	0.299	0.317
半分解层蓄积量	0.204	0.000	0.206	−0.400	−0.235	0.387	−0.176	0.279	0.072	0.546*	0.538*	0.401	−0.048	−0.514*	−0.408	0.552*	0.299	1.000	0.491*
半分解层有效拦蓄量	−0.298	0.182	0.084	−0.107	−0.016	0.370	−0.129	0.456*	0.312	0.344	0.336	0.202	−0.117	−0.316	−0.202	0.534*	0.317	0.491*	1.000

* 表示在 0.05 水平上显著相关。

** 表示在 0.01 水平上显著相关。

与电导率、盐分呈极显著正相关，与水体浊度呈极显著负相关。未分解层有效拦蓄量与其他 18 项指标无显著关系。半分解层蓄积量与水体电导率、盐分、未分解层蓄积量、半分解层有效拦蓄量呈显著正相关，与水体浊度呈显著负相关。半分解层有效拦蓄量与土壤速效钾含量、未分解层蓄积量、半分解层蓄积量呈显著正相关。

6.4.2　水质、枯落物、土壤养分流失综合评价

利用灰色系统理论，从水质、枯落物、土壤养分流失 3 个方面对森林生态系统水体进行评价，所选指标共 19 项。降雨落至地面透过枯落物形成枯透水，流到地面，进入土壤形成壤中流，流进地表径流，径流汇入江河或水汽蒸发，形成生态系统中水分的循环。不同抚育强度对水分流动的各个环节，影响各不相同，本书从 3 个方面、19 项指标，全面对森林生态系统的水文效应进行综合评价。所选择的正向指标有温度、电导率、盐分、氧化还原电位、未分解层蓄积量、未分解层有效拦蓄量、半分解层蓄积量、半分解层有效拦蓄量，所选择的固定性指标有水体 pH、土壤 pH，所选择的负向指标有浊度、总悬浮固体量、有机质流失量、全氮流失含量、全磷流失含量、全钾流失含量、水解氮流失含量、有效磷流失含量、速效钾流失含量。未分解层和半分解层蓄积量越高，越可以减少降雨对地表的冲刷，减少土壤的流失，减少土壤中养分的流失。未分解层及半分解层有效拦蓄量越高，对洪水的抵抗能力越高，防风抗洪能力越强，应对自然灾害的能力越高。各全效养分及速效养分流失量越小，土壤累积量越高，土壤养分越高，越有利于林分的生长。利用以上 19 项指标构造灰色关联水文综合评价模型，具体如下。

（1）构造决策矩阵

矩阵横向为 19 项指标，从左到右为水体温度、电导率、盐分、pH、氧化还原电位、浊度、总悬浮固体量、未分解层蓄积量、未分解层有效拦蓄量、半分解层蓄积量、半分解层有效拦蓄量、土壤 pH 变化值、土壤有机质流失含量、土壤全氮流失含量、土壤全磷流失含量、土壤全钾流失含量、土壤水解氮流失含量、土壤有效磷流失含量、土壤速效钾流失含量。矩阵纵向为 20 个抚育间伐强度，实测值构成的决策矩阵 $\boldsymbol{X}$ 如下。

（2）初始化决策矩阵

由于水质、枯落物、水体流失三者之间的量纲不同，综合评价时具有不可公度性，对其进行初始化处理，选出最佳值，以各实测值除以最佳值得到决策矩阵，公式如式（6-1）。

（3）构造判断矩阵

由 19 项指标的最佳指标值构成理想矩阵，并初始化处理，判断矩阵 $\boldsymbol{X}_{i0}^{\mathrm{T}}$ 如下：

$$\boldsymbol{X}_{i0}^{\mathrm{T}}=(1\quad 1\quad 1\cdots 1)_{m\times 1}$$

利用母序列 X_{i0} 及式（6-2），求出各抚育间伐强度下水质指标和理想值的灰色关联度 r_{ij}，构成灰色关联评价矩阵 $\boldsymbol{R}$。

$$
X=\left(\begin{array}{ccccccccccccccccccc}
10.026 & 0.049 & 0.024 & 6.824 & 175.259 & 50.615 & 0.202 & 2.071 & 18.133 & 2.026 & 18.183 & 0.810 & 4.081 & 0.181 & 0.253 & 11.852 & 27.739 & 6.440 & -2.406 \\
10.708 & 0.050 & 0.024 & 6.748 & 203.373 & 36.484 & 0.146 & 2.660 & 23.154 & 1.831 & 39.239 & -0.740 & 1.738 & 0.923 & 0.945 & 9.611 & 25.731 & 6.465 & 12.789 \\
13.850 & 0.047 & 0.023 & 6.953 & 223.484 & 60.219 & 0.241 & 2.346 & 47.969 & 1.986 & 39.657 & 0.500 & 22.061 & 0.155 & 0.861 & 0.912 & 57.533 & -2.309 & 20.517 \\
9.660 & 0.049 & 0.024 & 6.752 & 140.047 & 43.093 & 0.172 & 2.339 & 19.107 & 2.122 & 21.459 & -0.150 & 0.895 & 0.625 & 0.549 & 3.747 & 23.903 & 0.640 & 12.091 \\
12.022 & 0.085 & 0.042 & 7.222 & 128.311 & 37.917 & 0.307 & 4.951 & 24.169 & 2.225 & 47.240 & -0.570 & 2.000 & 0.294 & 0.033 & 0.668 & 51.834 & 1.392 & 15.589 \\
9.133 & 0.090 & 0.043 & 7.363 & 162.665 & 49.349 & 0.198 & 2.667 & 35.086 & 2.420 & 39.129 & 0.550 & 1.926 & 0.092 & 0.308 & 0.234 & 20.361 & 4.531 & 11.213 \\
8.105 & 0.063 & 0.030 & 6.901 & 193.926 & 24.051 & 0.099 & 2.412 & 40.105 & 2.034 & 36.301 & -0.480 & 0.901 & 0.687 & 0.141 & 0.051 & 50.000 & 2.342 & 18.387 \\
15.363 & 0.088 & 0.042 & 7.386 & 266.093 & 56.111 & 0.225 & 2.976 & 27.783 & 2.792 & 38.590 & 0.140 & 0.604 & 0.507 & -0.093 & 1.236 & 20.389 & 0.818 & 18.829 \\
14.090 & 0.092 & 0.044 & 7.306 & 153.818 & 27.776 & 0.111 & 3.749 & 31.951 & 2.091 & 41.010 & -0.830 & 0.791 & 0.137 & 0.244 & 6.460 & 68.741 & 0.979 & 20.749 \\
10.413 & 0.057 & 0.027 & 6.780 & 145.695 & 23.349 & 0.093 & 3.180 & 42.767 & 2.747 & 57.740 & -0.550 & 6.673 & 0.759 & 0.033 & 9.821 & 73.560 & 3.700 & 23.271 \\
13.570 & 0.085 & 0.041 & 7.290 & 114.625 & 25.250 & 0.101 & 3.194 & 35.362 & 2.288 & 35.579 & -0.280 & 0.629 & 3.958 & 0.265 & 0.794 & 91.746 & -0.960 & 4.643 \\
8.776 & 0.026 & 0.013 & 5.524 & 234.115 & 21.239 & 0.085 & 3.395 & 51.162 & 2.287 & 35.056 & 0.390 & 0.732 & 0.862 & 0.925 & 0.901 & 63.212 & 0.871 & 13.495 \\
13.703 & 0.049 & 0.024 & 6.737 & 136.472 & 60.317 & 0.226 & 2.823 & 51.134 & 2.176 & 41.278 & -0.730 & 0.540 & 0.582 & 0.711 & 0.109 & 1.062 & 0.763 & 18.048 \\
9.868 & 0.050 & 0.024 & 6.829 & 185.690 & 59.834 & 0.239 & 2.604 & 19.137 & 1.981 & 32.320 & -0.470 & 3.714 & 0.076 & 0.401 & 7.591 & 15.821 & 0.922 & 21.988 \\
10.669 & 0.026 & 0.012 & 5.782 & 227.467 & 53.501 & 0.214 & 2.154 & 45.444 & 1.927 & 34.140 & -0.560 & 0.485 & 0.445 & 0.071 & 5.568 & 21.515 & 0.707 & 9.119 \\
12.053 & 0.050 & 0.024 & 6.933 & 154.239 & 69.928 & 0.280 & 2.307 & 10.182 & 1.857 & 29.787 & -0.590 & 2.433 & 0.436 & 0.681 & 0.798 & -5.887 & 2.625 & 16.922 \\
8.789 & 0.049 & 0.024 & 6.873 & 194.644 & 68.551 & 0.274 & 1.970 & 31.119 & 1.976 & 20.008 & -0.560 & 1.556 & 0.007 & 0.099 & 0.885 & 20.210 & 1.051 & 10.273 \\
12.023 & 0.044 & 0.021 & 6.588 & 155.610 & 70.433 & 0.282 & 1.740 & 42.905 & 1.922 & 33.507 & 0.090 & 0.481 & 0.912 & 0.268 & 10.207 & 18.356 & 2.001 & 31.075 \\
14.031 & 0.043 & 0.021 & 6.479 & 207.633 & 98.198 & 0.621 & 1.497 & 7.246 & 1.838 & 41.405 & -0.450 & 0.982 & 0.040 & 0.398 & 8.520 & 1.725 & 1.848 & 3.755 \\
12.750 & 0.032 & 0.016 & 5.652 & 206.588 & 163.089 & 2.352 & 0.926 & 27.854 & 1.709 & 27.582 & -0.220 & 0.742 & 0.236 & 0.420 & 5.547 & 27.739 & 6.316 & -1.197
\end{array}\right)
$$

$$
X'=\begin{pmatrix}
0.653 & 0.533 & 0.545 & 0.924 & 0.659 & 0.420 & 0.421 & 0.418 & 0.354 & 0.726 & 0.315 & -0.272 & 0.185 & 0.046 & 0.268 & 1.000 & 0.302 & 0.996 & -0.077 \\
0.697 & 0.543 & 0.545 & 0.914 & 0.764 & 0.582 & 0.582 & 0.537 & 0.453 & 0.656 & 0.680 & 0.297 & 0.079 & 0.233 & 1.000 & 0.811 & 0.280 & 1.000 & 0.412 \\
0.902 & 0.511 & 0.523 & 0.941 & 0.840 & 0.353 & 0.353 & 0.474 & 0.938 & 0.711 & 0.687 & -0.440 & 1.000 & 0.039 & 0.911 & 0.077 & 0.627 & -0.357 & 0.660 \\
0.629 & 0.533 & 0.545 & 0.914 & 0.526 & 0.493 & 0.494 & 0.472 & 0.373 & 0.760 & 0.372 & 0.467 & 0.041 & 0.158 & 0.581 & 0.316 & 0.261 & 0.099 & 0.389 \\
0.783 & 0.924 & 0.955 & 0.978 & 0.482 & 0.560 & 0.277 & 1.000 & 0.472 & 0.797 & 0.818 & 0.386 & 0.091 & 0.074 & 0.035 & 0.056 & 0.565 & 0.215 & 0.502 \\
0.594 & 0.978 & 0.977 & 0.997 & 0.611 & 0.430 & 0.429 & 0.539 & 0.686 & 0.867 & 0.678 & -0.400 & 0.087 & 0.023 & 0.326 & 0.020 & 0.222 & 0.701 & 0.361 \\
0.528 & 0.685 & 0.682 & 0.934 & 0.729 & 0.883 & 0.859 & 0.487 & 0.784 & 0.729 & 0.629 & 0.458 & 0.041 & 0.174 & 0.149 & 0.004 & 0.545 & 0.362 & 0.592 \\
1.000 & 0.957 & 0.955 & 1.000 & 1.000 & 0.379 & 0.378 & 0.601 & 0.543 & 1.000 & 0.668 & -1.571 & 0.027 & 0.128 & -0.098 & 0.104 & 0.222 & 0.127 & 0.606 \\
0.917 & 1.000 & 1.000 & 0.989 & 0.578 & 0.765 & 0.766 & 0.757 & 0.625 & 0.749 & 0.710 & 0.265 & 0.036 & 0.035 & 0.258 & 0.545 & 0.749 & 0.151 & 0.668 \\
0.678 & 0.620 & 0.614 & 0.918 & 0.548 & 0.910 & 0.914 & 0.642 & 0.836 & 0.984 & 1.000 & 0.400 & 0.302 & 0.192 & 0.035 & 0.829 & 0.802 & 0.572 & 0.749 \\
0.883 & 0.924 & 0.932 & 0.987 & 0.431 & 0.841 & 0.842 & 0.645 & 0.691 & 0.819 & 0.616 & 0.786 & 0.029 & 1.000 & 0.280 & 0.067 & 1.000 & -0.148 & 0.149 \\
0.571 & 0.283 & 0.295 & 0.748 & 0.880 & 1.000 & 1.000 & 0.686 & 1.000 & 0.819 & 0.607 & -0.564 & 0.033 & 0.218 & 0.979 & 0.076 & 0.689 & 0.135 & 0.434 \\
0.892 & 0.533 & 0.545 & 0.912 & 0.513 & 0.352 & 0.376 & 0.570 & 0.999 & 0.779 & 0.715 & 0.301 & 0.024 & 0.147 & 0.752 & 0.009 & 0.012 & 0.118 & 0.581 \\
0.642 & 0.543 & 0.545 & 0.925 & 0.698 & 0.355 & 0.356 & 0.526 & 0.374 & 0.710 & 0.560 & 0.468 & 0.168 & 0.019 & 0.424 & 0.640 & 0.172 & 0.143 & 0.708 \\
0.694 & 0.283 & 0.273 & 0.783 & 0.855 & 0.397 & 0.397 & 0.435 & 0.888 & 0.690 & 0.591 & 0.393 & 0.022 & 0.112 & 0.075 & 0.470 & 0.235 & 0.109 & 0.293 \\
0.785 & 0.543 & 0.545 & 0.939 & 0.580 & 0.304 & 0.304 & 0.466 & 0.199 & 0.665 & 0.516 & 0.373 & 0.110 & 0.110 & 0.721 & 0.067 & -0.064 & 0.406 & 0.545 \\
0.572 & 0.533 & 0.545 & 0.931 & 0.731 & 0.310 & 0.310 & 0.398 & 0.608 & 0.708 & 0.347 & 0.393 & 0.071 & 0.002 & 0.105 & 0.075 & 0.220 & 0.163 & 0.331 \\
0.783 & 0.478 & 0.477 & 0.892 & 0.585 & 0.302 & 0.301 & 0.351 & 0.839 & 0.688 & 0.580 & -2.444 & 0.022 & 0.230 & 0.284 & 0.861 & 0.200 & 0.310 & 1.000 \\
0.913 & 0.467 & 0.477 & 0.877 & 0.780 & 0.216 & 0.137 & 0.302 & 0.142 & 0.658 & 0.717 & 0.489 & 0.045 & 0.010 & 0.421 & 0.719 & 0.019 & 0.286 & 0.121 \\
0.830 & 0.348 & 0.364 & 0.765 & 0.776 & 0.130 & 0.036 & 0.187 & 0.544 & 0.612 & 0.478 & 1.000 & 0.034 & 0.060 & 0.444 & 0.468 & 0.302 & 0.977 & -0.039
\end{pmatrix}
$$

$$
\boldsymbol{R}=\begin{pmatrix}
0.575 & 0.608 & 0.827 & 0.558 & 0.683 & 0.537 & 0.498 & 1.000 & 0.850 & 0.593 & 0.801 & 0.523 & 0.813 & 0.568 & 0.606 & 0.685 & 0.523 & 0.684 & 0.844 & 0.734 \\
0.501 & 0.507 & 0.490 & 0.501 & 0.861 & 0.956 & 0.598 & 0.915 & 1.000 & 0.552 & 0.861 & 0.396 & 0.501 & 0.507 & 0.396 & 0.507 & 0.501 & 0.474 & 0.469 & 0.419 \\
0.508 & 0.508 & 0.496 & 0.508 & 0.912 & 0.954 & 0.596 & 0.912 & 1.000 & 0.549 & 0.873 & 0.400 & 0.508 & 0.508 & 0.392 & 0.508 & 0.508 & 0.473 & 0.473 & 0.425 \\
0.861 & 0.845 & 0.889 & 0.845 & 0.955 & 0.993 & 0.877 & 1.000 & 0.977 & 0.851 & 0.973 & 0.651 & 0.842 & 0.862 & 0.684 & 0.884 & 0.871 & 0.813 & 0.793 & 0.667 \\
0.579 & 0.666 & 0.746 & 0.498 & 0.476 & 0.547 & 0.634 & 1.000 & 0.527 & 0.509 & 0.452 & 0.796 & 0.491 & 0.608 & 0.764 & 0.528 & 0.636 & 0.531 & 0.681 & 0.677 \\
0.447 & 0.529 & 0.420 & 0.481 & 0.516 & 0.452 & 0.801 & 0.430 & 0.666 & 0.839 & 0.747 & 1.000 & 0.420 & 0.421 & 0.438 & 0.403 & 0.405 & 0.402 & 0.375 & 0.351 \\
0.448 & 0.529 & 0.420 & 0.481 & 0.394 & 0.451 & 0.769 & 0.430 & 0.667 & 0.845 & 0.748 & 1.000 & 0.429 & 0.422 & 0.438 & 0.403 & 0.405 & 0.402 & 0.352 & 0.328 \\
0.447 & 0.504 & 0.472 & 0.471 & 1.000 & 0.504 & 0.478 & 0.541 & 0.659 & 0.568 & 0.570 & 0.599 & 0.522 & 0.498 & 0.454 & 0.468 & 0.438 & 0.420 & 0.402 & 0.366 \\
0.421 & 0.462 & 0.883 & 0.428 & 0.471 & 0.599 & 0.685 & 0.507 & 0.556 & 0.741 & 0.603 & 1.000 & 0.999 & 0.429 & 0.808 & 0.370 & 0.545 & 0.744 & 0.354 & 0.508 \\
0.631 & 0.577 & 0.619 & 0.662 & 0.698 & 0.779 & 0.634 & 1.000 & 0.652 & 0.967 & 0.722 & 0.722 & 0.680 & 0.618 & 0.602 & 0.584 & 0.616 & 0.601 & 0.579 & 0.548 \\
0.407 & 0.594 & 0.600 & 0.428 & 0.721 & 0.593 & 0.558 & 0.586 & 0.618 & 1.000 & 0.550 & 0.544 & 0.622 & 0.516 & 0.535 & 0.492 & 0.418 & 0.528 & 0.624 & 0.473 \\
0.270 & 0.401 & 0.246 & 0.468 & 0.433 & 0.251 & 0.464 & 0.154 & 0.390 & 0.439 & 0.687 & 0.231 & 0.402 & 0.469 & 0.436 & 0.428 & 0.436 & 0.120 & 0.479 & 1.000 \\
0.366 & 0.338 & 1.000 & 0.329 & 0.341 & 0.340 & 0.329 & 0.326 & 0.327 & 0.402 & 0.326 & 0.327 & 0.325 & 0.361 & 0.324 & 0.345 & 0.336 & 0.324 & 0.329 & 0.327 \\
0.330 & 0.380 & 0.328 & 0.358 & 0.337 & 0.325 & 0.362 & 0.350 & 0.327 & 0.367 & 1.000 & 0.375 & 0.355 & 0.324 & 0.346 & 0.345 & 0.320 & 0.379 & 0.322 & 0.333 \\
0.391 & 1.000 & 0.841 & 0.528 & 0.327 & 0.411 & 0.356 & 0.299 & 0.388 & 0.327 & 0.395 & 0.957 & 0.655 & 0.449 & 0.337 & 0.627 & 0.344 & 0.396 & 0.448 & 0.458 \\
1.000 & 0.713 & 0.337 & 0.407 & 0.332 & 0.324 & 0.320 & 0.344 & 0.508 & 0.733 & 0.335 & 0.337 & 0.322 & 0.566 & 0.470 & 0.335 & 0.337 & 0.772 & 0.625 & 0.469 \\
0.402 & 0.395 & 0.557 & 0.388 & 0.519 & 0.376 & 0.508 & 0.376 & 0.652 & 0.703 & 1.000 & 0.602 & 0.322 & 0.362 & 0.380 & 0.306 & 0.376 & 0.370 & 0.324 & 0.402 \\
0.992 & 1.000 & 0.257 & 0.343 & 0.374 & 0.611 & 0.424 & 0.350 & 0.356 & 0.523 & 0.290 & 0.352 & 0.347 & 0.354 & 0.345 & 0.441 & 0.359 & 0.405 & 0.397 & 0.953 \\
0.304 & 0.444 & 0.580 & 0.435 & 0.485 & 0.423 & 0.535 & 0.544 & 0.586 & 0.652 & 0.356 & 0.454 & 0.528 & 0.616 & 0.399 & 0.508 & 0.412 & 1.000 & 0.348 & 0.311
\end{pmatrix}
$$

（4）求解水文过程中各指标的权重

采用变异系数法求水质。抚育间伐强度对森林生态系统各层面的影响不同，19 项指标间的相关性各不相同，各指标对抚育间伐强度的响应不一致。由于变异系数法可以在均值的基础上反映数据的离散程度，此外，变异系数与灰色关联度评价法的衔接性也较好，可有效区别各指标对综合评价的贡献程度，故选用变异系数求权重。由式（6-3）及式（6-4）求得各指标的权重值，见表 6-11。

表 6-11　水质、枯落物、土壤流失养分指标的权重值

指标	权重	指标	权重
温度	0.013	半分解层有效拦蓄量	0.019
电导率	0.026	土壤 pH 变化值	0.146
盐分	0.026	土壤有机质流失含量	0.127
水体 pH	0.006	土壤全氮流失含量	0.101
氧化还原电位	0.016	土壤全磷流失含量	0.059
浊度	0.042	土壤全钾流失含量	0.068
总悬浮固体量	0.108	土壤水解氮流失含量	0.056
未分解层蓄积量	0.024	土壤有效磷流失含量	0.082
未分解层有效拦蓄量	0.030	土壤速效钾流失含量	0.043
半分解层蓄积量	0.010	—	—

（5）计算各样地灰色关联度值

将灰色关联判断矩阵 $\boldsymbol{R}$ 和权重矩阵 $\boldsymbol{W}$ 代入式（6-5），得到各样地灰色关联评价值，见表 6-12。灰色关联评价值与抚育间伐强度的关系见图 6-32。

表 6-12　不同抚育间伐强度下各样地灰色关联评价值

抚育间伐强度/%	灰色关联评价值	抚育间伐强度/%	灰色关联评价值
0.00	0.479	34.38	0.613
3.42	0.541	40.10	0.529
6.23	0.516	47.87	0.439
12.52	0.430	49.63	0.439
13.74	0.453	50.61	0.419
16.75	0.435	51.48	0.422
19.00	0.492	53.09	0.399
20.86	0.409	56.51	0.424
25.48	0.507	59.92	0.421
27.85	0.571	67.25	0.528

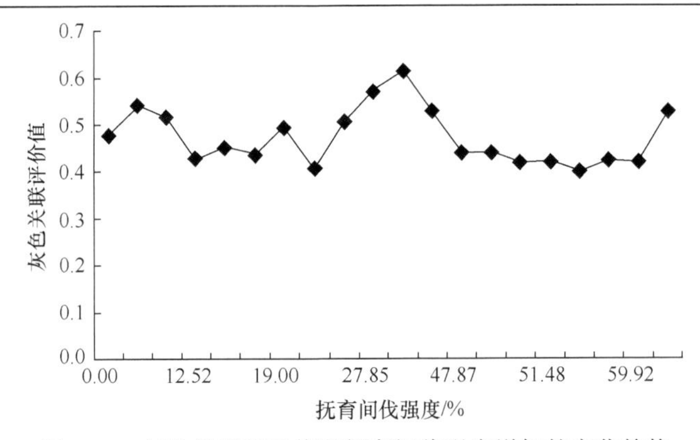

图 6-32 灰色关联评价值随抚育间伐强度增加的变化趋势

由变异系数法得，各指标权重值由大到小为土壤 pH（0.146）＞有机质流失含量（0.127）＞总悬浮固体量（0.108）＞土壤全氮流失含量（0.101）＞土壤有效磷流失含量（0.082）＞土壤全钾流失含量（0.068）＞土壤全磷流失含量（0.059）＞土壤水解氮流失含量（0.056）＞土壤速效钾流失含量（0.043）＞浊度（0.042）＞未分解层有效拦蓄量（0.030）＞盐分（0.026）＝电导率（0.026）＞未分解层蓄积量（0.024）＞半分解层有效拦蓄量（0.019）＞氧化还原电位（0.016）＞温度（0.013）＞半分解层蓄积量（0.010）＞水体 pH（0.006）。土壤 pH 变化贡献率较高，由于土壤 pH 不仅与植物的生长及微生物活动息息相关，还与壤中流有密切关系，对整个水文过程的影响较大，权重最高。其次为土壤有机质流失含量，土壤有机质输入多为枯落物的分解，进而为植物及微生物提供营养，并伴随壤中流进入地表径流，当分解不彻底时，进入水中形成颗粒，使水体浊度、总悬浮固体量发生改变，其权重值排在第二位。总悬浮固体量可以很好地反映出土壤流失情况，是评价防风固土的重要指标，应重点考察。再次为土壤全效养分的流失含量，是评价地表冲刷影响的重要指标。20 块样地评价值从大到小为 34.38%（0.613）＞27.85%（0.571）＞3.42%（0.541）＞40.10%（0.529）＞67.25%（0.528）＞6.23%（0.516）＞25.48%（0.507）＞19.00%（0.492）＞0.00%（0.479）＞13.74%（0.453）＞47.87%（0.439）＝49.63%（0.439）＞16.75%（0.435）＞12.52%（0.430）＞56.51%（0.424）＞51.48%（0.422）＞59.92%（0.421）＞50.61%（0.419）＞20.86%（0.409）＞53.09%（0.399）。由图 6-32 可知，随着抚育间伐强度的升高，灰色关联评价值总体呈现上升趋势，抚育间伐强度为 34.38%时，评价值到达最大值（0.613），超过最大值后，评价值逐渐减小。弱度抚育间伐样地高于对照样地，抚育间伐有利于大兴安岭用材林的恢复。中弱度抚育间伐强度有利于森林生态系统的可持续经营。抚育间伐强度为 40.10%时，地表径流水质最佳。枯落物总有效拦蓄量在抚育间伐强度为 27.85%时，达到最大值。综合以上结论得：中弱度抚育间伐强度最有利于森林生态系统中水文过程中各层次净化水质、防风固土、水土保持功能的实现。

参 考 文 献

[1] 刘思峰. 灰色系统理论的产生与发展 [J]. 南京航空航天大学学报，2004，36（4）：267-272.
[2] 陈百灵，朱玉杰，董希斌，等. 抚育强度对大兴安岭落叶松林枯落物持水能力及水质的影响 [J]. 东北林业大学学报，2015，43（8）：46-49.
[3] 陈百灵，董希斌，崔莉，等. 大兴安岭低质林生态改造后枯落物水文效应变化 [J]. 东北林业大学学报，2015，43（6）：72-77.
[4] 牛小云，孙晓梅，陈东升，等. 日本落叶松人工林枯落物土壤酶活性 [J]. 林业科学，2015，51（4）：16-25.

第7章　森林经营技术对大兴安岭用材林生长的影响

7.1　不同强度的抚育间伐对林木生长的影响

树高、胸径是森林调查中较重要的因子之一，它是评定立地质量和林木生长状况，划分林层的重要依据，常用来计算立木材积、立地指数、森林生长和收获、演替和生物量等相关的重要变量，是林业调查的必测项目[1,2]。然而，抚育间伐强度不同对树高和胸径的生长量影响往往不同，有些树种，抚育间伐强度不同对胸径的影响较大，对树高的影响不显著；而有些树种，抚育间伐强度不同对胸径和树高的影响均较显著[3]。通过不同强度抚育间伐经营，以保留的落叶松林木为研究对象，并对其树高、胸径、单株材积以及单位蓄积量进行了研究，以期为大兴安岭用材林的精细化经营提供技术。

7.1.1　研究方法

选用 20 块样地，在抚育后种植落叶松、西伯利亚红松和樟子松幼苗；并于 2008 年和 2014 年应用激光测距仪（型号：TruPulse200）和胸径围尺对 20 块样地的树高和胸径进行测量。根据以下公式计算单株材积和林分蓄积量。

标准木单株材积利用林木材积表求得，材积计算公式为[4,5]

$$V_i = a \times D_i^b \times H_i^c \quad (i=1,\ 2,\cdots,n) \tag{7-1}$$

式中，V_i——标准木单株材积；

a、b、c——材积参数值；

n——各密度林分现有保存株数；

D——胸径；

H——树高。

林分蓄积量计算公式为

$$V_s = \sum_{j=1}^{k} V_j Z_j \tag{7-2}$$

式中，V_s——林分总蓄积量；

V_j——j 径阶单株蓄积量；

Z_j——j 径阶的计数株数。

单株林木平均材积的计算公式为

$$\bar{V}=\frac{V_s}{n} \tag{7-3}$$

式中，$\bar{V}$——单株林木平均材积。

7.1.2　结果与分析

1．抚育间伐强度对林木高生长量的影响

抚育间伐强度对林分树高生长的影响因林分组成和结构不同而有差异。对于纯林，从大量研究结果来看，多数认为抚育间伐强度对林分平均树高的影响不显著，树高生长主要取决于立地条件[6]。从观测资料来看（表 7-1），不同强度抚育间伐下兴安落叶松树高年平均生长量变化范围为 0.205～0.361m，且在抚育间伐强度为 20.86%～40.01%时，其年平均生长量略高于其他抚育间伐强度，原因是中等抚育间伐后，样地内土壤理化性质[7, 8]、枯落物水文效应[9]、物种多样性[10-12]、树冠光学特性等得到了良好的改善，在一定程度上促进了林木生长，但由于本次实验林分为中龄林，在短期内其纵向生长量变化不大，因而抚育间伐强度对树高生长量的影响并不明显。在白桦较多的 1、7、10、19 号样地内，树高年平均生长量也略大于白桦树较少的 3、6、8、9、11、12、13、14、15、17、20 号样地，可能是白桦树对落叶松产生了良好的林间竞争效应。

表 7-1　不同强度抚育间伐落叶松林树高、胸径生长量

样地编号	抚育间伐强度/%	伐后平均量		调查期末平均量		年平均生长量	
		胸径/cm	树高/m	胸径/cm	树高/m	胸径/cm	树高/m
1	0.00	8.338	9.150	9.124	10.632	0.131	0.247
2	34.38	7.063	9.688	9.775	11.716	0.452	0.338
3	6.23	7.188	9.063	8.994	10.587	0.301	0.254
4	40.01	8.213	9.500	11.165	11.192	0.492	0.282
5	20.86	7.663	10.250	10.165	11.966	0.417	0.286
6	16.75	6.963	10.325	9.213	11.837	0.375	0.252
7	12.52	7.600	10.063	9.370	11.287	0.295	0.234
8	49.63	7.613	10.475	10.955	11.753	0.557	0.213
9	13.74	6.913	7.738	9.085	9.136	0.362	0.233
10	47.87	7.850	9.525	11.054	10.881	0.534	0.226
11	56.51	7.513	10.175	11.839	11.489	0.721	0.219
12	3.42	6.825	7.813	8.583	9.043	0.293	0.205
13	53.09	6.950	9.438	10.904	10.590	0.659	0.192
14	59.92	7.063	9.350	11.599	10.778	0.756	0.238
15	50.61	7.213	10.550	10.579	11.924	0.561	0.229
16	25.48	6.188	7.775	8.534	9.737	0.391	0.327
17	67.25	7.525	10.413	12.331	12.009	0.801	0.266
18	27.85	6.775	9.263	9.373	11.429	0.433	0.361
19	51.48	6.413	9.575	9.821	11.567	0.568	0.332
20	19.00	6.000	7.813	8.304	9.373	0.384	0.260

2. 抚育间伐强度对林木胸径生长量的影响

根据观测资料的分析（表 7-1）可以明显看出，不同抚育间伐强度下，落叶松胸径年平均生长量变化范围为 0.293～0.801cm，均大于对照样地 0.131cm，且不同间伐样地表现出显著的差异性。随着抚育间伐强度的增加，胸径年平均生长量整体上呈现出增加的趋势，但在白桦较多的 1、7、10、19 号样地内，这种增加趋势不明显，原因可能是白桦增加了林分密度，减小了落叶松的横向空间。正如童方平等[13]通过对幼龄林和中龄林火炬松树生长的研究结果，间伐对林木直径有极显著影响，并且，间伐强度越大，林木直径增加量越大。徐有明等[14]也指出湿地松 10 年生人工林间伐显著地促进了林木胸径、单株材积的生长，有利于培育大径材，且胸径生长、经济出材率和蓄积增长率亦呈现随间伐强度加大而增加的趋势。这是因为抚育间伐改变了林木生长的地上、地下环境条件，对林木木材质量、产量等增长具有一定的影响。

3. 抚育间伐强度对林木蓄积生长量的影响

蓄积生长量受林木平均树高、直径生长量和单位面积株数 3 个因素的综合影响。林分平均高度受抚育间伐强度的影响较小，直径生长量却随抚育间伐强度的加大而明显提高，从而提高了单株材积生长量，见表 7-2，随着抚育间伐强度加大，落叶松单株材积生长量不断增加，但由于单位面积上的林木株数减少了，而单位面积蓄积量不随抚育间伐强度的任意提高而提高。

表 7-2　不同强度抚育间伐落叶松林单株材积及林分蓄积生长量

样地编号	抚育间伐强度/%	单株材积					单位面积蓄积量/（$m^3 \cdot hm^{-2}$）			
		伐后/m^3	调查期末/m^3	调查期间生长量/m^3	年平均生长量/m^3	增长率/%	间伐后保留	调查期末	调查期生长量	年平均生长量
1	0.00	0.064 3	0.079 9	0.015 6	0.002 6	24.26	88.925	128.051	39.126	6.521
2	34.38	0.051 4	0.082 0	0.030 6	0.005 1	59.53	86.175	141.561	55.386	9.231
3	6.23	0.038 6	0.056 0	0.017 4	0.002 9	45.08	78.225	122.109	43.884	7.314
4	40.01	0.061 6	0.095 8	0.034 2	0.005 7	55.52	87.825	143.793	55.968	9.328
5	20.86	0.076 4	0.099 8	0.023 4	0.003 9	30.63	61.125	115.965	54.840	9.140
6	16.75	0.046 4	0.068 6	0.022 2	0.003 7	47.84	92.850	142.800	49.950	8.325
7	12.52	0.079 2	0.097 8	0.018 6	0.003 1	23.48	93.100	141.832	48.732	8.122
8	49.63	0.075 1	0.112 3	0.037 2	0.006 2	49.53	69.500	121.298	51.798	8.633
9	13.74	0.032 0	0.052 4	0.020 4	0.003 4	63.75	55.275	104.943	49.668	8.278
10	47.87	0.055 0	0.090 4	0.035 4	0.005 9	64.36	44.025	96.639	52.614	8.769
11	56.51	0.048 9	0.105 9	0.057 0	0.009 5	116.50	89.325	139.227	49.902	8.317
12	3.42	0.040 4	0.057 2	0.016 8	0.002 8	41.58	80.850	122.574	41.724	6.954

续表

样地编号	抚育间伐强度/%	单株材积					单位平均蓄积量/($m^3 \cdot hm^{-2}$)			
		伐后/m^3	调查期末/m^3	调查期间生长量/m^3	年平均生长量/m^3	增长率/%	间伐后保留	调查期末	调查期生长量	年平均生长量
13	53.09	0.062 7	0.113 1	0.050 4	0.008 4	80.38	76.825	126.799	49.974	8.329
14	59.92	0.089 3	0.155 3	0.066 0	0.011 0	73.91	62.500	113.386	50.886	8.481
15	50.61	0.055 8	0.096 0	0.040 2	0.006 7	72.04	61.375	112.159	50.784	8.464
16	25.48	0.072 9	0.098 1	0.025 2	0.004 2	34.57	76.550	131.294	54.744	9.124
17	67.25	0.069 3	0.159 3	0.090 0	0.015 0	129.80	58.875	108.399	49.524	8.254
18	27.85	0.037 8	0.064 8	0.027 0	0.004 5	71.43	80.325	135.747	55.422	9.237
19	51.48	0.050 9	0.093 5	0.042 6	0.007 1	83.69	50.875	102.127	51.252	8.542
20	19.00	0.055 6	0.079 0	0.023 4	0.003 9	42.09	90.300	143.514	53.214	8.869

在抚育间伐强度为20.86%～40.01%时，落叶松林单位面积的年平均蓄积生长量明显优于其他抚育间伐强度，原因是：抚育间伐强度过大，不能充分利用营养空间；抚育间伐强度过小，林地条件未能得到合理有效的改善，反而会影响蓄积量和生长量；中等间伐强度内，林地土壤水分含量、总孔隙度和毛管孔隙度等随间伐强度的增大而提高，抚育间伐对维护土壤肥力也有较大作用，适度间伐提高了微生物数量和活性[15]。李国雷等[16]也指出，及时对郁闭林分进行适宜强度的间伐能提高林地土壤酶活性，以及加速枯落物分解等，使土壤肥力得到了改善和提高，因而能够促进林木材积生长量的提高。

7.1.3 综合分析

通过本次研究得出，不同抚育间伐强度对大兴安岭地区兴安落叶松用材林的生长有着不同影响，同王启美[17]、吕保聚[18]分别对日本落叶松和刺槐人工林林木进行不同抚育间伐后的结果一样，抚育间伐能明显提高林木胸径，但对树高生长几乎无影响；在本研究中，样地中保留的白桦促进了林木高生长，而随着抚育间伐强度的增加，落叶松林的胸径生长量不断升高，研究结果与董鹏等[19]的研究结论一致，而与姚克平[20]和施向东[21]得出的研究结果相似，即高间伐高强度抚育能显著提高林木的胸径，其差异可能来自树种的不同。

关于抚育间伐对单株直径和蓄积生长的影响有着较为一致的结论，傅校平[22]、董希斌等[23, 24]均在研究中指出，抚育间伐可以显著提高林分平均单株生长量，且随着抚育间伐强度的增加，直径生长量加大，也相应地提高了单株断面积和材积生长量，这与本研究结果完全吻合。在抚育间伐强度为20.86%～40.01%时，林木蓄积生长量表现最优，这与田汉勤[25]、李长江[26]研究抚育间伐对林分蓄积的影响时，指出的中度抚育间伐有利于林分蓄积的生长结论相似，原因是，中度抚育间伐改善林中环境，林中光照、水分、土壤养分等获得最大程度的改善，从而促进林木生长。

7.2　不同强度的抚育间伐对苗木生长的影响

林地内苗木作为林分的新生力量，在抚育间伐后的林分更新、结构调整等方面起着重大作用。除此之外，研究林地内苗木的生长状况可以很好地反映林地光照、土壤肥力、枯落物蓄积量等环境指标的好坏[27, 28]。在林业研究中，树木连年生长率是指某调查因子连年生长量与该调查因子原有总生长量的百分比，测定生长率的目的在于估计树木将来的生长量，检查以往的经营效果以及比较生长能力的强弱和快慢等，它是生长量测定的一个重要测树因子[29]。本研究针对大兴安岭地区兴安落叶松用材林进行不同强度的抚育间伐后种植西伯利亚红松、樟子松和落叶松苗木，以 3 种苗木的生长特性为研究对象，对 3 种苗木的存活率、地径生长率和高生长率进行了比较研究，确定最佳的抚育间伐强度，为用材林精细化经营提供技术方法。

7.2.1　研究方法

对栽植西伯利亚红松、落叶松、樟子松的苗木的树高、生长量、地径及成活率或保存率等指标进行调查。在 2013 年 6 月和 2014 年 6 月连续两年通过实地调查采集数据，主要利用卷尺和游标卡尺对样地内的造林苗木的树高和地径进行测量，其成活率计算公式为

$$C_i = B_i / A_i + B_i \quad (i = 1, 2, 3, \cdots, n) \tag{7-4}$$

式中，C_i——第 i 种苗木成活率；

B_i——第 i 种苗木的存活数量；

A_i——第 i 种苗木的死亡数量。

在一般的林业调查中，往往只知道定期生长量，而不知道连年生长量，本研究中探讨其一年内生长量与抚育间伐强度的关系，故而采用复利法比普氏法和单利法更能精确表达出苗木的生长规律。复利法计算如下。

设从第 i 年到第 $i+n$ 年内，每年的连年生长率是相等的，则有

$$V_{i+n} = V_i \times (1 + P/100)^n \tag{7-5}$$

从而推出：

$$P = \left(\sqrt[n]{V_{i+n}/V_i} - 1\right) \times 100 \tag{7-6}$$

式中，P——生长率；

V——树高或地径测量值。

本研究中 $n=1$，利用式（7-6）计算地径生长率和高生长率。

7.2.2　结果与分析

1．相同抚育间伐强度对不同苗木生长的影响

由表 7-3 可知，本次研究抚育间伐强度范围为 0～67.25%，研究苗木树种为西伯利亚红松、樟子松、兴安落叶松，苗木平均成活率依次为 65.60%、71.50%、75.10%，成活率范围依次为 25%～95%、35%～92%、40%～95%；地径平均生长率依次为 7.73%、11.13%、10.59%，变化范围依次为 2.05%～14.65%、3.45%～19.58%、2.54%～18.93%；苗高平均生长率依次为 7.74%、14.54%、16.12%，变化范围依次为 2.36%～14.89%、3.25%～23.22%、4.62%～24.95%，各不同苗木之间的成活率、生长率表现均为差异显著。各苗木成活率均高于对照样地（抚育间伐强度为 67.25%的西伯利亚红松苗木除外），地径生长率均优于对照样地，而高生长率也高于对照样地（抚育间伐强度为 3.42%的西伯利亚红松苗木和抚育间伐强度为 6.23%的落叶松苗木除外），这表明抚育间伐在一定程度上改善了苗木生存环境，促进了苗木的保存和生长。3 种苗木整体上表现为高生长率优于地径生长率，表明抚育间伐第 5a 内苗木纵向生长速率比径向生长速率快。

表 7-3　苗木生长状况

样地编号	抚育间伐强度/%	西伯利亚红松			樟子松			落叶松		
		成活率/%	生长率/%		成活率/%	生长率/%		成活率/%	生长率/%	
			地径	高		地径	高		地径	高
1	0.00	50	2.05	3.05	35	3.45	3.25	40	2.54	6.05
2	34.38	88	13.52	14.89	79	19.58	23.22	87	18.93	24.95
3	6.23	58	3.39	4.62	35	4.35	5.64	55	4.31	4.62
4	40.01	87	10.53	10.76	72	17.52	22.41	86	15.83	21.83
5	20.86	93	11.32	9.05	84	16.38	18.26	90	15.63	19.05
6	16.75	85	6.58	4.86	65	9.82	10.86	75	8.86	14.86
7	12.52	75	3.27	6.11	45	3.67	7.11	52	3.11	9.11
8	49.63	64	7.89	9.84	78	10.65	14.84	75	10.54	19.84
9	13.74	95	4.52	8.33	78	5.63	10.23	85	5.33	11.33
10	47.87	71	8.23	9.45	85	11.98	15.64	84	11.62	19.63
11	56.51	41	7.59	6.63	75	11.12	16.54	79	10.56	14.63
12	3.42	65	2.89	2.36	35	4.32	3.26	50	3.36	7.36
13	53.09	38	6.98	5.97	92	12.36	15.98	81	11.28	17.97
14	59.92	25	8.63	6.67	86	9.02	16.78	79	8.79	16.67
15	50.61	32	6.54	8.69	91	11.98	17.35	87	12.58	18.69
16	25.48	95	14.65	12.68	79	18.42	21.36	95	17.84	22.72
17	67.25	26	6.98	4.85	88	9.14	13.68	58	9.05	13.85
18	27.85	90	12.54	10.45	88	18.96	21.96	90	17.69	23.54
19	51.48	45	7.62	8.85	86	12.96	16.82	82	13.17	16.85
20	19.00	89	8.95	6.75	54	11.23	15.63	72	10.75	16.75

为便于寻找抚育间伐强度对苗木生长状况影响的规律，将样地按照抚育间伐强度分为低、中、高三类，其中低抚育间伐强度为0～19.00%，中等强度为20.86%～40.01%，高强度为47.87%～67.25%。

（1）低强度抚育间伐对不同苗木生长的影响

由表7-3可知，在抚育间伐强度为0～19.00%时，3种苗木的成活率均表现为显著差异，西伯利亚红松平均成活率最高（73.86%），高于落叶松（61.29%）和樟子松（49.57%）。表明在低强度抚育间伐作用下，西伯利亚红松苗木比落叶松和樟子松更容易存活。这是因为西伯利亚红松喜好温和湿润的气候条件，低强度抚育间伐后，林地光照通风等仅有一定的改善，但落叶松和樟子松属于强阳性植物，更适宜在高强度光照下生存。3种苗木的地径生长率和高生长率均表现为显著差异性，其中，落叶松高平均生长率最高（10.30%），大于樟子松（7.99%）和西伯利亚红松（5.15%）；樟子松地径平均生长率最大（6.10%），大于落叶松（5.47%）和西伯利亚红松（4.52%），说明低强度抚育间伐时，樟子松径向生长速率最快，而落叶松纵向生长速率最快，其可能是由其树种特性决定的。

（2）中等强度抚育间伐对不同苗木生长的影响

在抚育间伐强度为20.86%～40.01%时，落叶松和西伯利亚红松两种苗木的成活率没有明显差异，且均与樟子松苗木成活率呈现显著差异性；西伯利亚红松平均成活率（90.60%）和落叶松平均成活率（89.60%）均远远高于樟子松平均成活率（80.4%），表明中强度抚育间伐，林内条件更适宜落叶松和西伯利亚红松生存。落叶松和樟子松两种苗木的高生长率表现为差异不显著，但均与西伯利亚红松高生长率差异显著，其中落叶松（22.42%）和樟子松（21.44%）均高于西伯利亚红松（11.57%）；3种苗木的地径生长率均表现为差异显著，且其地径生长率排序为：樟子松18.17%＞落叶松17.18%＞西伯利亚红松12.51%，说明中等强度抚育间伐下，林地落叶松和樟子松苗木纵向生长更好，樟子松径向生长更优。

（3）高强度抚育间伐对不同苗木生长的影响

在抚育间伐强度为47.87%～67.25%时，落叶松和樟子松苗木的成活率表现没有明显差异，而与西伯利亚红松苗木成活率表现为差异显著性，樟子松苗木平均成活率（85.13%），略高于落叶松苗木（78.13%），远高于西伯利亚红松苗木（42.75%），表明樟子松和落叶松苗木更能适应高强度抚育间伐下的林内环境，这是由于强光环境不利于西伯利亚红松生存；3种苗木高生长率均呈现显著差异性，且表现为落叶松（17.27%）＞樟子松（15.95%）＞西伯利亚红松（7.62%）；樟子松和落叶松苗木地径生长率没有明显差异性，均与西伯利亚红松有显著差异性，其地径平均生长率表现为樟子松（11.15%）和落叶松（10.95%）大于红松（7.56%），说明高强度抚育间伐下，林地环境发生极大改变，更加利于落叶松纵向生长和樟子松径向生长。

2．不同强度抚育间伐对相同苗木生长状况的分析

（1）不同强度抚育间伐对西伯利亚红松苗木生长的影响

由表 7-3 可知，西伯利亚红松苗木成活率随抚育间伐强度的增加表现为先增加后减少，且在抚育间伐强度为 13.74%～40.01 时，表现最优，苗木成活率均值达到 90.25%，远远高于对照样地成活率 50%和其他抚育强度样地。西伯利亚红松是生长在温带湿润气候条件下的典型树种，适合在中等强度光照的条件下生长，中低强度的抚育间伐后，林内土壤的理化性质等得到极大的改善，肥力较高，适宜的光照等也促进了苗木的扎根生存。西伯利亚红松苗木高生长率和地径生长率均随着抚育间伐强度升高先增加后减少，且在抚育间伐强度为 20.86%～40.01%时表现最好，其高生长率均值为 11.57%，地径生长率均值为 12.51%，地径生长率略高于高生长率，表明中等抚育间伐强度最适合林地中西伯利亚红松苗木生长，且其径向生长速率大于纵向生长速率。

（2）不同强度抚育间伐对樟子松苗木生长的影响

根据观测资料分析（表 7-3）可知，樟子松苗木成活率随抚育间伐强度的变化而表现不同，在 0～19.00%的低强度抚育间伐样地内，随着抚育间伐强度的增加，苗木成活率逐渐增加；而在 20.86%～67.25%的中、高强度抚育间伐样地内，樟子松苗木成活率表现最优，均值为 82.46%，且随抚育间伐强度的增加表现为无明显规律性，这表明充足的光照是樟子松苗木生存的必要条件，中、高强度抚育间伐样地内的微环境满足了樟子松苗木对光照的需求，但持续增加的光照强度并不能增加樟子松苗木成活率，其可能原因是除光照条件外，樟子松苗木的生存还与土壤养分含量、土壤含水率等其他环境因素有关。其苗木地径生长率和高生长率随着抚育间伐强度的增加呈现先增加后减少的变化，且在抚育间伐强度为 20.86%～40.01%时达到最好，均值分别为 18.17%和 21.44%，高于高强度抚育间伐均值（11.15%和 15.95%），而远高于低强度抚育间伐均值（6.10%和 7.99%）。这是因为在较高强度的抚育间伐下，林地阳光充分，能够很好地提供温度和植物所需的阳光；同时，较高的温度能够使含酸性枯落物快速分解从而使土壤呈现酸性，而樟子松嗜阳光，喜酸性土壤，因此在较高强度抚育间伐下樟子松幼苗能有很好的生存环境。随着林分间隙的增大，樟子松幼苗的成活率升高后又有一定程度的降低，原因是大面积的林分间隙，使土壤含水率大大减少，在很大程度上影响樟子松幼苗的生长率。

（3）不同强度抚育间伐对落叶松苗木生长的影响

根据表 7-3 分析可知，落叶松苗木的成活率、地径生长率、高生长率随着抚育间伐强度增加表现为先增加后逐渐减少，在抚育间伐强度为 20.86%～40.01%的样地内，落叶松苗木成活率、地径生长率、高生长率最优，依次为 89.60%、17.18%、22.42%，大于高强度抚育间伐样地值（78.13%、10.95%和 17.27%），远高于低强

度抚育间伐样地值（61.29%、5.47%和 10.30%），表明中等强度抚育间伐后，林内环境更适于落叶松苗木的生存和生长，因为落叶松也是喜光的强阳性树种，树种特性与樟子松相似，中等强度抚育间伐后林地微环境得到改善。

7.2.3 综合分析

对大兴安岭地区兴安落叶松用材林进行不同强度的抚育间伐，并在伐后种植西伯利亚红松、樟子松和落叶松苗木，对 3 种苗木的存活率、地径生长率和高生长率进行研究，结果表明：抚育间伐后，各样地苗木成活率、地径生长率、高生长率均高于对照样地（抚育间伐强度为 67.25%的西伯利亚红松苗木以及抚育间伐强度为 3.42%和 6.23%的落叶松苗木除外），3 种苗木整体上表现为纵向生长速率比径向生长速率快；正如孙宝良[30]的研究结果，抚育间伐强度对不同苗木有着不同的影响，在本研究中，低强度抚育间伐作用下，西伯利亚红松苗木比落叶松和樟子松更容易存活，樟子松地径生长率最大，落叶松纵向生长速率最快；中强度抚育间伐时，林内条件更适宜落叶松和西伯利亚红松生存，落叶松苗木纵向生长较好，而樟子松纵向和径向生长均较好；高强度抚育间伐时，樟子松和落叶松苗木比西伯利亚红松更适应林内环境，存活率更高，且落叶松纵向生长和樟子松径向生长表现最优。不同强度抚育间伐对相同苗木也有着不同的影响，孙宝良[30]指出，人工更新苗木生长随着抚育间伐强度的增加有递增趋势，与本章研究结果基本相同，在抚育间伐强度为 20.86%～40.01%时，西伯利亚红松和落叶松苗木的成活率、地径生长率、高生长率，以及樟子松苗木的地径生长率、高生长率达到最优，与段劼等[31]对人工林下植物生长的研究结果类似，原因是中度抚育间伐后，林分郁闭度减小，苗木获得充足的光照，以及土壤肥力等得到了改善[7, 32]，从而促进了苗木生长；而樟子松苗木的成活率在低强度抚育时，随着抚育间伐强度的增加逐渐增加，而在中高强度抚育间伐时随抚育间伐强度变化没有明显的规律。

7.3 不同强度的抚育间伐对林木冠层结构的影响

7.3.1 研究方法

整理 20 块样地的基本数据，见表 7-4。

表 7-4 样地的基本数据

样地编号	海拔/m	伐前			抚育间伐强度/%	平均胸径/cm
		树种比例	蓄积量/（$m^3 \cdot hm^{-2}$）	林分密度/（$trees \cdot hm^{-2}$）		
1	594	3L∶6B∶1Z	105.56	2 175	0.00	11
2	590	8L∶2B	131.32	2 825	34.38	9.71

续表

样地编号	海拔/m	伐前			抚育间伐强度/%	平均胸径/cm
		树种比例	蓄积量/（$m^3 \cdot hm^{-2}$）	林分密度/（$trees \cdot hm^{-2}$）		
3	590	9L∶1B	83.43	2 850	6.23	9.49
4	587	8L∶2B	146.39	2 850	40.01	10.2
5	580	7L∶2B∶1Y	77.25	1 400	20.86	9.86
6	571	10L	111.53	2 175	16.75	8.71
7	569	7L∶3B	106.43	1 925	12.52	11.9
8	562	9L∶1B	137.98	1 350	49.63	11.29
9	560	9L∶1B	64.08	2 550	13.74	9.56
10	555	9L∶1B	84.45	1 150	47.87	10.63
11	555	8L∶2B	205.37	2 875	56.51	9
12	555	8L∶1B∶1Y	83.70	2 600	3.42	9.2
13	554	9L∶1B	163.73	2 000	53.09	9.65
14	550	7L∶3B	155.93	1 825	59.92	9.89
15	548	7L∶3B	124.29	2 025	50.61	9.4
16	548	7L∶2B∶1Y	102.72	2 200	25.48	9.31
17	544	8L∶2B	179.74	2 150	67.25	10.28
18	543	8L∶1B∶1Y	111.32	2 900	27.85	9.55
19	537	8L∶2B	104.85	2 075	51.48	9.31
20	538	8L∶1B∶1Y	111.48	2 175	19.00	8.94

实验仪器：WinScanopy 冠层分析仪，主要组成部分包括 WinScanopy 分析软件、XLScanopy 数据处理软件、高分辨率专业数码相机及 180° 鱼眼镜头等，WinScanopy 通过由数码相机和鱼眼镜头拍摄的半球图像实现分析。选择兴安落叶松进行实地拍摄，使用鱼眼镜头拍摄所要研究的植被冠层，获得半球状的图像，再利用 WinScanopy 软件对图像进行处理，获得有关植被冠层的相关数据后对太阳光直射透过的系数进行计算。

数据采集：于 2013 年 6 月下旬在各样地中分别随机选取 8 棵兴安落叶松，用 GPS 分别测得每棵树木所在地点的经纬度和海拔高度，找准正北方向后，将数据采集装置 Mini-O-Mount 7MP 调平，并测量仪器镜头离地距离，从 3 或 4 个不同方向进行观测，采集图像。

数据处理：使用冠层分析仪 WinScanopy 处理采集到的图像后得到初步的实验数据，再用 XLScanopy 对数据进行校正等预处理，测量林隙分数、叶面积指数、光辐射通量等指标，然后对所有数据进行分析。最后导入 Excel 和 SPSS 19.0 对数据进行计算处理，不同强度抚育间伐后兴安落叶松用材林的冠层参数值见表 7-5。

表 7-5　兴安落叶松用材林冠层结构参数值

样地编号	林隙分数/%	开度/%	叶面积指数	叶倾角	定点因子			冠上辐射通量/（mol·m^{-2}·d^{-1}）			冠下辐射通量/（mol·m^{-2}·d^{-1}）		
					直接	间接	总体	直射	散射	总体	直射	散射	总体
1	6.358±1.211	7.031±0.852	5.111±1.278	16.72°±1.392°	0.064±0.012	0.127±0.008	0.127±0.094	19.3±2.03	2.89±1.01	22.19±2.39	1.019±0.021	0.366±0.013	1.614±0.024
2	4.517±1.021	5.487±1.325	6.798±2.038	17.04°±1.290°	0.045±0.003	0.085±0.032	0.090±0.001	19.29±2.93	2.89±1.35	22.18±0.92	0.724±0.023	0.245±0.005	1.129±0.057
3	5.921±1.061	6.858±2.012	5.536±2.352	14.76°±1.323°	0.059±0.006	0.045±0.021	0.118±0.062	19.29±2.12	2.89±1.08	22.18±0.42	0.949±0.031	0.132±0.003	1.476±0.325
4	5.717±0.952	6.657±1.008	5.684±2.102	14.76°±1.241°	0.057±0.004	0.068±0.042	0.114±0.008	19.27±1.89	2.89±1.12	22.17±0.38	0.916±0.043	0.171±0.042	1.429±0.538
5	2.915±0.683	3.799±0.879	7.348±1.567	14.76°±1.403°	0.029±0.011	0.041±0.004	0.058±0.027	19.26±1.67	2.89±0.37	22.15±2.01	0.467±0.011	0.119±0.002	0.729±0.029
6	4.556±1.142	5.579±0.825	6.809±1.237	14.76°±1.124°	0.046±0.016	0.056±0.019	0.091±0.042	19.25±1.96	2.89±0.47	22.13±0.93	0.73±0.04	0.162±0.044	1.115±0.498
7	5.908±2.232	6.802±2.316	5.442±1.802	14.76°±0.942°	0.059±0.026	0.082±0.026	0.118±0.079	19.24±1.72	2.89±0.42	22.13±0.32	0.947±0.124	0.238±0.022	1.453±0.034
8	6.197±2.213	7.141±1.019	5.277±2.027	17.35°±0.873°	0.062±0.012	0.213±0.089	0.124±0.035	19.23±1.83	2.88±0.37	22.11±0.38	0.993±0.152	0.614±0.019	1.549±0.891
9	4.714±1.025	5.887±1.278	6.56±2.821	14.96°±0.739°	0.047±0.021	0.094±0.003	0.094±0.048	19.23±1.01	2.88±0.98	22.11±1.29	0.756±0.037	0.271±0.021	1.224±0.039
10	6.135±1.046	7.024±2.07	5.336±2.381	14.76°±0.272°	0.062±0.013	0.092±0.015	0.123±0.029	19.21±0.49	2.88±0.25	22.10±0.48	0.983±0.496	0.207±0.052	1.534±0.415
11	6.763±1.548	7.697±2.891	4.777±2.012	14.76°±0.274°	0.068±0.021	0.082±0.042	0.135±0.006	19.21±0.98	2.88±0.28	22.10±2.35	1.084±0.583	0.18±0.061	1.691±0.392
12	5.616±1.329	6.512±2.001	5.799±2.05	14.76°±0.527°	0.056±0.025	0.139±0.027	0.112±0.079	19.21±0.24	2.88±1.31	22.09±2.51	0.9±0.008	0.4±0.006	1.432±0.498
13	6.359±2.564	7.282±1.928	5.135±1.721	15.46°±1.285°	0.064±0.041	0.103±0.018	0.127±0.035	19.21±0.84	2.88±1.12	22.09±0.39	1.019±0.273	0.295±0.101	1.590±0.019

续表

样地编号	林隙分数/%	开度/%	叶面积指数	叶倾角	定点因子			冠上辐射通量/（$mol \cdot m^{-2} \cdot d^{-1}$）			冠下辐射通量/（$mol \cdot m^{-2} \cdot d^{-1}$）		
					直接	间接	总体	直射	散射	总体	直射	散射	总体
14	5.995±3.662	7.912±1.006	5.398±1.002	14.76°±0.004°	0.06±0.003	0.088±0.005	0.12±0.028	19.2±0.39	2.88±1.04	22.08±0.46	0.961±0.006	0.225±0.005	1.499±0.041
15	6.289±3.022	6.169±1.872	5.205±1.827	14.76°±0.826°	0.063±0.018	0.095±0.006	0.126±0.037	19.2±0.48	2.88±1.35	22.08±0.91	1.008±0.014	0.274±0.028	1.572±0.054
16	3.814±1.213	4.616±1.374	7.051±1.026	15.26°±1.427°	0.038±0.021	0.111±0.062	0.076±0.003	19.2±1.29	2.88±0.46	22.08±1.21	0.612±0.032	0.321±0.072	0.954±0.037
17	7.137±1.051	8.255±1.273	4.422±2.052	14.87°±1.272°	0.072±0.034	0.122±0.034	0.143±0.052	19.19±1.34	2.88±0.03	22.06±1.37	1.144±0.073	0.353±0.038	1.784±0.912
18	4.601±1.116	5.616±0.285	6.672±2.826	14.76°±0.961°	0.041±0.001	0.113±0.028	0.077±0.048	19.18±2.73	2.88±0.27	22.06±1.24	0.737±0.121	0.326±0.027	1.150±0.034
19	6.749±1.149	7.618±0.821	4.765±2.091	14.76°±0.873°	0.068±0.051	0.087±0.019	0.135±0.004	19.17±2.91	2.88±0.31	22.05±2.51	1.081±0.281	0.251±0.051	1.687±0.087
20	3.953±1.128	4.398±0.937	6.855±2.362	14.76°±0.425°	0.031±0.001	0.061±0.001	0.069±0.012	19.17±2.24	2.88±0.93	22.05±2.17	0.630±0.020	0.178±0.034	0.988±0.006

7.3.2 结果与分析

1. 冠层结构相关参数

林隙分数（gap fraction）：图像中像素等级作为开放天空（不包括植被阻隔的）所占图像（在两个空间间隔）中天空网格区域的指数。

开度（openness）：林隙分数经过补偿计算剔除了植被阻隔的影响得出的实际冠层林隙分数，开度和林隙分数都是体现冠层透光率的指标。

叶面积指数（leaf area index）：绿叶的总面积占单位水平种植面积的比值。

总定点因子（total site factor）：定量表示单位时间内透过冠层并与光照入射辐射有关的数据。也可定义为透过冠层接收到的日平均辐射占冠层上方入射光辐射的比例，也即透光率[33]。

叶倾角（leaf angle）：叶片法线与垂直方向的夹角，平均叶倾角越大，叶子越倾向直立，它能够影响太阳光照射叶片的角度和方位[20, 21, 34]。叶倾角与间接定点因子、冠下散射辐射有着显著相关性（$P<0.05$），而与叶面积指数、林隙分数、开度、直接定点因子、总定点因子以及冠下直射辐射通量、冠下总辐射通量等相关性均不显著，这表明，兴安落叶松冠层叶倾角的变化极大程度上影响着林分内散射光透光率，而对林分疏密、光合总作用面积以及冠层对太阳光的截获量影响不大。

光量子通量密度（PPFD）：指光合有效辐射中的光通量密度。它表示单位时间单位面积上在400～700nm波长范围内入射的光量子数。

2. 冠层结构指标分析

从表7-5分析得出，林隙分数变化范围为2.915%～7.137%，平均值为5.511%；开度变化范围为3.799%～8.255%，平均值为6.417%；叶面积指数变化范围为4.422～7.348，平均值为5.799；叶倾角范围为14.76°～17.35°，平均值为15.18°；总定点因子变化范围为0.058～0.143，平均值为0.109；冠上总辐射通量的变化范围为22.05～22.19mol · m^{-2} · d^{-1}，平均值为22.11mol · m^{-2} · d^{-1}，冠下总辐射通量的变化范围为0.729～1.784mol · m^{-2} · d^{-1}，平均值为1.380mol · m^{-2} · d^{-1}；冠层的光截获通量为20.73mol · m^{-2} · d^{-1}。

3. 冠层结构分析

（1）抚育间伐后落叶松用材林冠层参数之间的相关性分析

在本研究中，试验区兴安落叶松用材林冠层的林隙分数与开度相关系数达到0.954，呈现显著正相关（$P<0.01$），这说明对于试验样地兴安落叶松用材林冠层来说，植被阻隔对林隙分数影响很小。林隙分数和开度与直接定点因子、总定点

因子、冠下直射辐射通量及冠下总辐射通量都呈显著正相关（$P<0.01$），而与叶面积指数呈显著负相关（$P<0.01$），叶面积指数与直接定点因子、总定点因子、冠下直射辐射通量及冠下总辐射通量均呈现显著负相关（$P<0.01$），见表 7-6。这是由于随着林隙分数和开度增加，林分变得疏松，单位土地面积上可光合作用的绿叶面积减少，叶面积指数随之减少，使得林地透光率增加，到达地面的太阳辐射通量增加，冠下直射辐射通量和冠下总辐射通量随之增加，而由于总太阳辐射通量不变，冠层对太阳光的截获量减少，因而直接定点因子和总定点因子也随之减少。

由表 7-6 可知，兴安落叶松用材林冠层的冠下总辐射通量与冠下直射辐射通量显著正相关（$P<0.01$），而与冠下散射辐射通量的相关系数为 0.312，相关关系不显著，这说明直射辐射在总辐射通量中起到决定性作用，在进行测量的这一时刻内，林内地表光辐射来源主要是太阳光直射；直接定点因子与总定点因子显著正相关（$P<0.01$），且它们均与冠下直射辐射通量及总辐射通量呈显著正相关（$P<0.01$），间接定点因子与冠下散射辐射之间的线性相关系数达到 0.986，相关性极显著（$P<0.01$），这说明定点因子这一经过量化和简单化处理的参数很大程度上能够代表复杂的辐射通量。冠上直射、散射、总体辐射通量两两之间有着显著相关性（$P<0.01$），但与其他冠层结构参数没有明显相关关系。

叶倾角是叶片法线与垂直方向的夹角，平均叶倾角越大，叶子越倾向直立，它能够影响太阳光照射叶片的角度和方位[17-19]。叶倾角与间接定点因子、冠下散射辐射有着显著相关性（$P<0.05$），而与叶面积指数、林隙分数、开度、直接定点因子、总定点因子及冠下直射辐射通量、总辐射通量等的相关性均不显著，这表明，兴安落叶松冠层叶倾角的变化极大程度上影响着林分内散射光透光率，而对林分疏密、光合总作用面积及冠层对太阳光的截获量影响不大。

（2）落叶松用材林冠层林隙分数与其他参数的相关性研究

在大兴安岭用材林中，运用冠层分析仪测得林隙分数和开度。兴安落叶松用材林林隙分数变化范围为 2.915%～7.137%，平均值为 5.511%；开度变化范围为 3.799%～8.255%，平均值为 6.417%（见表 7-5）；结果表明，测定结果没有受到样地抚育间伐强度不同的影响，试验结果说明林隙分数和开度的相关性极强，且两组值的差异不显著，开度随着林隙分数的增加呈明显上升趋势，说明不同强度抚育间伐下林隙分数与开度的关系都呈显著正相关，林隙分数和开度相关性越显著，枝叶阻隔对林隙分数的影响程度越小。由图 7-1 可知林隙分数和开度的相关性极强，且两者相差不大，因此，对兴安落叶松用材林冠层来说，运用 WinScanopy 得到的林隙分数基本不受枝叶阻隔的影响。而从图 7-2～图 7-4 可以看出林隙分数与总定点因子、冠下总辐射通量正相关，与叶面积指数负相关。即林隙分数越大，相应的总定点因子、冠下总辐射通量越大，叶面积指数越小（具体相关系数见表 7-6）。

表 7-6 兴安落叶松冠层结构参数之间的相关性

参数	林隙分数	开度	叶面积指数	叶倾角	直接定点因子	间接定点因子	总定点因子	冠上直射辐射通量	冠上散射辐射通量	冠上总辐射通量	冠下直射辐射通量	冠下散射辐射通量	冠下总辐射通量
林隙分数	1												
开度	0.954**	1											
叶面积指数	−0.985**	−0.933**	1										
叶倾角	0.056	0.044	−0.023	1									
直接定点因子	0.987**	0.953**	−0.972**	0.078	1								
间接定点因子	0.361	0.345	−0.336	0.599*	0.353	1							
总定点因子	0.989**	0.948**	−0.978**	0.078	0.997**	0.343	1						
冠上直射辐射通量	−0.121	−0.101	0.150	0.443	−0.043	−0.187	−0.051	1					
冠上散射辐射通量	−0.253	−0.240	0.262	0.172	−0.196	−0.458	−0.202	0.866**	1				
冠上总辐射通量	−0.121	−0.106	0.146	0.407	−0.046	−0.226	−0.053	0.994**	0.873**	1			
冠下直射辐射通量	0.989**	0.954**	−0.985**	0.056	0.988**	0.361	0.989**	−0.120	−0.253	−0.121	1		
冠下散射辐射通量	0.296	0.272	−0.271	0.617*	0.287	0.986**	0.278	−0.164	−0.409	−0.214	0.296	1	
冠下总辐射通量	0.999**	0.953**	−0.983**	0.064	0.986**	0.377	0.988**	−0.119	−0.270	−0.120	0.989**	0.312	1

* 表示在 0.05 水平上显著相关。

** 表示在 0.01 水平上显著相关。

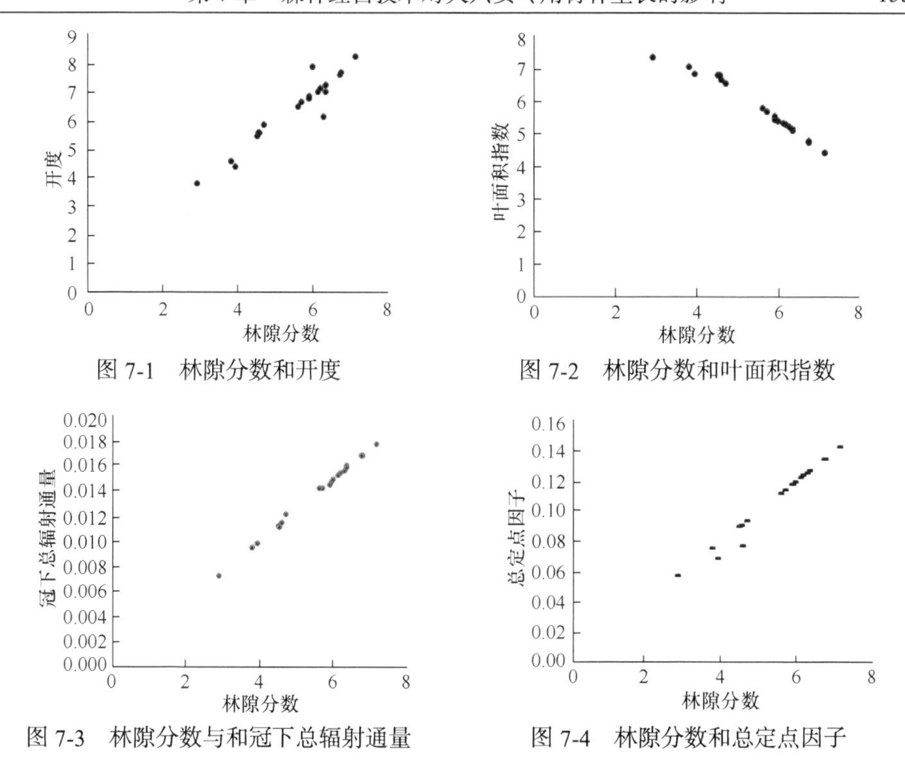

图 7-1　林隙分数和开度

图 7-2　林隙分数和叶面积指数

图 7-3　林隙分数与和冠下总辐射通量

图 7-4　林隙分数和总定点因子

（3）落叶松用材林冠层叶面积指数与其他参数的相关性研究

叶面积指数不仅可以对植物进行生物量估算，还可以地球生态系统能量交换特性进行定量分析，叶面积指数与树冠的光合作用、蒸腾作用及生产力等方面密切相关，叶面积指数决定了陆地表面植被的生产力，同时对地表和大气之间的相互作用也有一定的影响。尽管它的定义非常简单，但是要准确地测量出叶面积指数比较困难[35，36]。叶面积指数是植被生态系统的一个重要结构参数。植物叶片影响着林木冠层内的许多生物化学过程，在生态过程、大气生态系统的交互作用及全球变化等研究中都需要用到叶面积指数这一参数[6，37-39]。以前的研究者测量叶面积指数采用直接测量法或者间接测量法等[7，9]。冠层分析仪能够得出 4 种方法测量所得叶面积指数的值,高登涛等[10]对实测的叶面积指数结果与 WinScanopy 的分析结果进行相关性检验，发现实测结果与 LAI（2000）-log 方法的相关性最好，本实验中采用的叶面积指数取分析结果中 LAI（2000）-log 的值。

植物的光合作用面积与叶面积指数相关,通常用叶面积指数来表示光合面积，总定点因子表明透光率的大小，可以用来表示阳光透过冠层到达冠下的能力，也能够表示植被冠层获得光的能力的强弱,冠层结构决定太阳辐射在冠层内的分布，由太阳辐射和冠层结构可以计算出辐射在冠层内部的分布[34，35，49]，冠层内的有效光和辐射分布对冠层光合作用有着重要的影响，同时温度、湿度、风速和土壤养分等因子对光合作用也有很大的影响，这些影响也与冠层结构相关[14]。

调查结果显示，大兴安岭地区兴安落叶松用材林叶面积指数变化范围为4.422～7.348，平均值为5.799；图7-5可证明叶面积指数和冠下总辐射通量为显著负相关关系。随着叶面积指数增大，单位面积的叶片覆盖率增加，植被对阳光的获截能力提升，透过树冠到达冠层下方的辐射量减少，从而导致冠下总光合通量密度减小。叶面积指数与林隙分数、开度、总定点因子、冠下总辐射通量具有良好的相关性（图7-2、图7-5、图7-6），叶面积指数越大，林隙分数、开度、总定点因子、冠下总辐射通量越小。

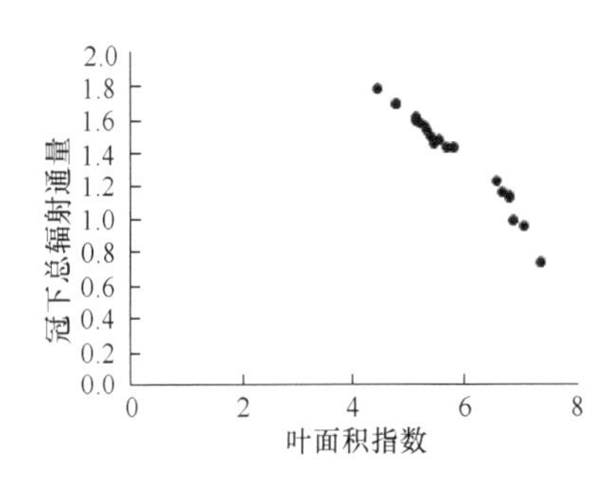

图7-5　叶面积指数与冠下总辐射通量

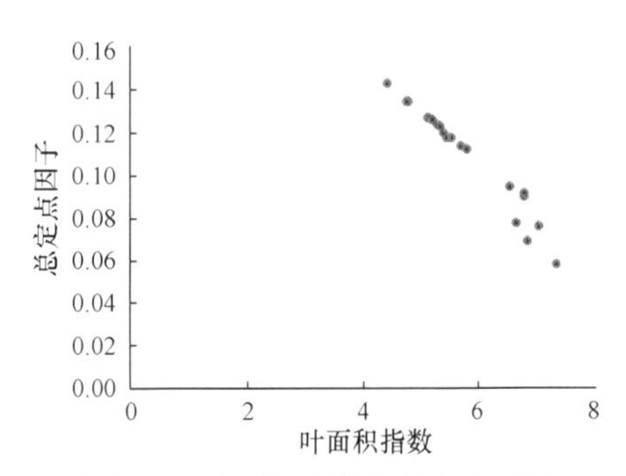

图7-6　叶面积指数与总定点因子

（4）兴安落叶松用材林冠层光合有效辐射平均密度

生长季冠层光合有效辐射是评价冠层光截获能力最重要的指标，总辐射为直接辐射和间接辐射之和（叶片反射辐射等其他因素影响很小，仪器设计中忽略）。冠层上方的总的光合有效辐射平均密度与冠层下方的总光合有效辐射平均密度之差即冠层的光截获密度，据此推算出调查冠层的平均光截获密度为20.73（$mol \cdot m^{-2} \cdot d^{-1}$）（冠上总辐射平均密度22.11减去冠下总辐射平均密度1.38），但仪器并未直接给出冠层的光截获密度。由于冠层上方的总辐射水平是基本相同的，因此，透过冠层到达底部的光合有效辐射平均密度就能反映冠层的光截获能力，其值大小与冠层光截获能力成反比，即到达底部的光合有效辐射平均密度值越小，表明冠层的光截获能力越强。由图7-7可以看出冠下总辐射与总定点因子的相关性极显著，与叶面积指数负相关。即总定点因子越小，冠层光截获能力越强，叶面积指数越大，冠层光截获能力越强。另外，冠下直接辐射和冠下总辐射的相关性明显比冠下间接辐射的相关性要强（图7-8和图7-9），冠层下方的直接辐射平均密度为1.114（$mol \cdot m^{-2} \cdot d^{-1}$），而间接辐射即散射辐射平均密度为0.266（$mol \cdot m^{-2} \cdot d^{-1}$），也说明了直接辐射是光量子通量密度最主要的辐射方式。

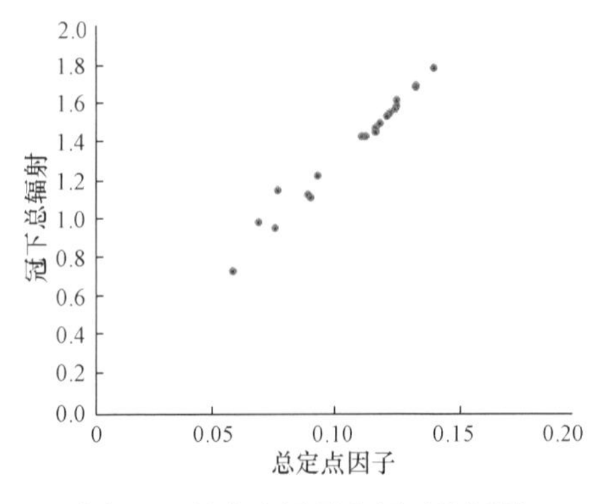

图7-7　总定点因子和冠下总辐射

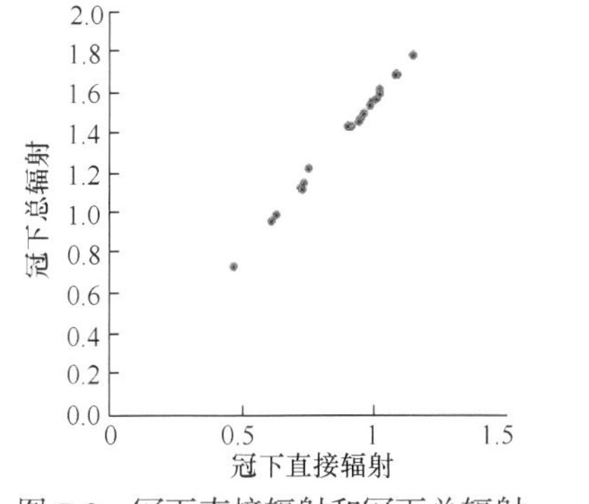

图 7-8　冠下直接辐射和冠下总辐射

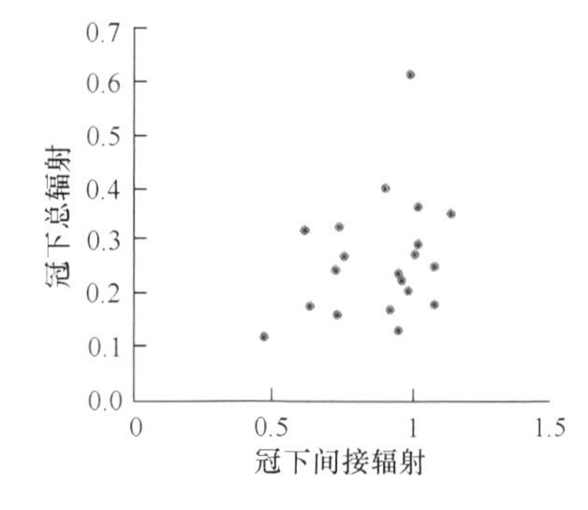

图 7-9　冠下间接辐射和冠下总辐射

4．抚育间伐对兴安落叶松用材林冠层参数的影响

（1）叶面积指数的变化分析

见图 7-10，随着抚育间伐强度的增加，该研究区域兴安落叶松用材林冠层叶面积指数整体趋势是先增大后减少；当抚育间伐强度在 0～12.52%时，随着抚育间伐强度增加，叶面积指数出现小幅波动，且略大于对照样地，这表明较低强度的抚育间伐对林分结构的改良效果不明显；当抚育间伐强度为 12.52%～16.75%时，叶面积指数随着抚育间伐强度迅速增加，而抚育间伐强度在 19.00%～27.85%时，叶面积指数保持最大，且在抚育间伐强度为 20.86%时，叶面积指数达到最大值 7.137，其原因是，在一定强度的抚育间伐下，林分变得疏密均匀，结构更为合理，林冠郁闭度减小，透过上层林冠达到中下层的光合辐射量增加，促进了林冠中下层叶片的生长，最终导致叶面积指数增加。抚育间伐强度在 27.85%～40.01%内时，叶面积指数随着抚育间伐强度增加迅速下降，并逐渐低于对照样地，且在抚育间伐强度为 47.87%之后叶面积指数的下降趋势减小，这是由于抚育间伐强度的持续增大，使得林分稀疏，中下层林冠所受光合照射达到饱和，更多的光辐射照射到林地中，促进了灌木层植物的生长，一方面，减少了林木冠层叶片生长所需要的养料，另一方面，林地裸露使得林内温度升高，水分丧失较快等降低了蒸

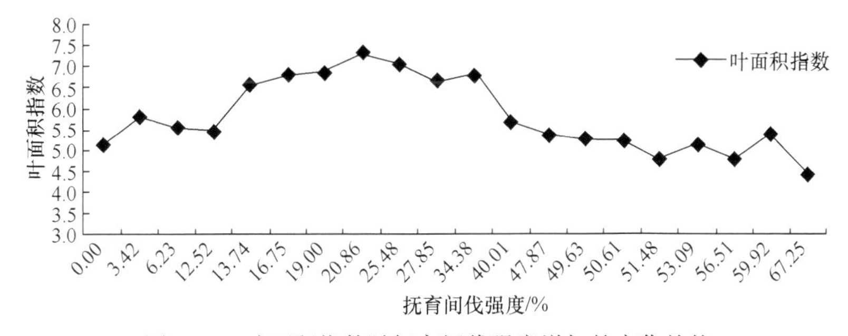

图 7-10　叶面积指数随抚育间伐强度增加的变化趋势

腾拉力，林冠光合作用受到影响，抑制了叶片生长，因而叶面积指数减小。

（2）林隙分数和开度的变化分析

由图 7-11 可知，随着抚育间伐强度的增加，兴安落叶松用材林冠层林隙分数和开度先减少后增大，抚育间伐强度在 0～12.52%时，林隙分数和开度略小于对照样地，且随抚育间伐强度增加变化不明显，这是由于弱度抚育间伐未能有效改良林分结构，林冠中下层光照条件没有明显改善；当抚育间伐强度在 13.74%～16.75% 时，林隙分数和开度迅速减少，并在抚育间伐强度为 19.00%～27.85%时，达到最小，之后又随着抚育间伐强度增加迅速增加，这是由于适度抚育间伐改良了林内环境，促进林木叶片生长，从而增加了林分密度，林分间隙也随之减少，但随着抚育间伐强度增加，林木在抚育间伐后的生长量远远小于被抚育掉的生物量，林分间隙也逐渐增加，因而林隙分数和开度也逐渐增加；在抚育间伐强度达到 40.01%之后，增加趋势缓慢，这是因为抚育间伐强度达到一定程度后，林分密度极为疏松，在 180° 鱼眼镜头的拍摄范围内，天空部分占总图像的比例很小，比例变化显得很不明显。

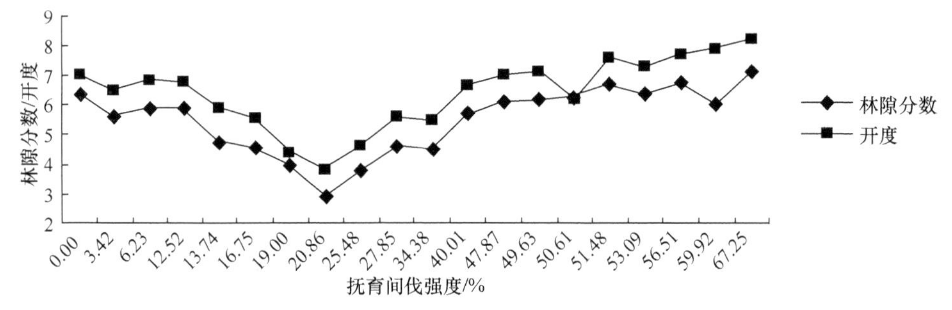

图 7-11 林隙分数和开度随抚育间伐强度增加的变化趋势

（3）定点因子的变化分析

由图 7-12 可知，随着抚育间伐强度的增加，该研究区域兴安落叶松用材林冠层直接定点因子和总定点因子先减少后增加，其原因是，抚育间伐改变了林冠郁闭度，透过林冠达到地表的光照辐射增加，在冠上辐射通量相同的情况下，总定点因子随着林冠透光率变化而变化。抚育间伐强度在 0～12.52%时，各样地直接定点因子、总定点因子略小于对照样地，之后随着抚育间伐强度增大迅速减少；在抚育间伐强度为 19.00%～25.48%内，样地直接定点因子、总定点因子达到最小，之后又随着抚育间伐强度迅速增加，且在抚育间伐强度达到 40.01%之后，增加缓慢，抚育间伐强度小于 50.61%时，各样地直接定点因子、总定点因子都小于对照样地，这表明，中、低强度抚育间伐有利于林分中透光率的改善。

（4）冠下辐射通量的变化分析

冠下辐射通量是太阳光穿过冠层的部分，它能够表征冠层对太阳光的截获量。由图 7-13 可知，随着抚育间伐强度增加，该研究区域兴安落叶松用材林冠层冠下直射辐射通量、总辐射通量先减少后增加；抚育间伐强度低于 12.52%时，冠下直射辐射通量、总辐射通量略低于对照样地，较低强度抚育间伐未能有效改善林分结构，林冠疏密不均匀，因而导致林冠透光率增加，冠下辐射随之增加；抚育间伐强度在 19.00%～27.85%内，样地内用材林冠层冠下直射辐射通量和总辐射通量达到波谷，这表明，在相同强度的太阳光辐射照射的条件下，中度抚育间伐更有利于林冠截获太阳光；当抚育间伐强度大于 40.01%时，过度的人工干扰使得林冠郁闭度急剧降低，因而冠下辐射也随之增加。

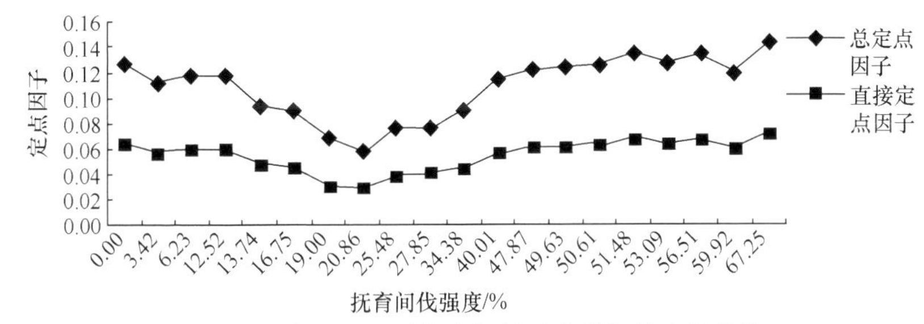

图 7-12　定点因子随抚育间伐强度增加的变化趋势

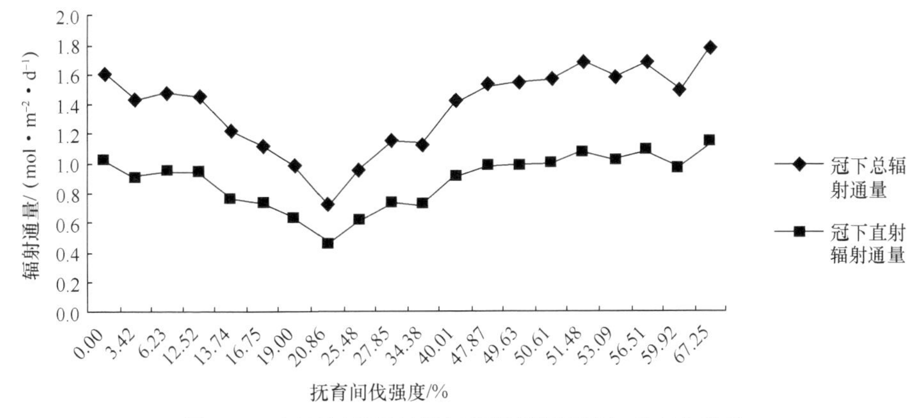

图 7-13　冠下辐射通量随抚育间伐强度增加的变化趋势

7.3.3　综合分析

使用冠层分析仪对不同强度抚育间伐后兴安落叶松天然用材林冠层结构各参数指标进行了研究，结果表明，在 8 月中旬，各参数指标均值分别为：林隙分数 5.511%、叶倾角 15.18°、开度 6.417%、叶面积指数 5.799、总定点因子 0.109、冠下总辐射通量 1.380mol · m^{-2} · d^{-1}；冠层对太阳光的截获通量均值为 20.73mol · m^{-2} · d^{-1}。在抚育间伐强度为 19.00%～25.48%的样地内，用材林冠层林隙分数、开度、冠下总辐射通量均为最小，而其叶面积指数和冠层对光截获通量最大。

林隙分数和开度是冠层透光率的指标，可以用来表征光、水等环境因子通过林冠进入林内的再分布状况[15]，因此，在营林中，合理、精确地确定林分内的郁闭状况对于森林生态研究有着重要影响。2013 年，崔莉等[16]通过对大兴安岭白桦林、山杨林、蒙古栎林 3 种林型的冠层参数进行研究，以及高登涛等[48]通过对苹果树冠层光学特性的研究，一致得出：其冠层林隙分数和开度显著正相关，从而说明植被阻隔对林隙影响很小。这与本研究结果相同（$P<0.01$），表明抚育间伐对冠层林隙分数和开度间的相关性没有影响；而随着抚育间伐强度的增加，林隙分数和开度先减少后增大。

叶面积指数是用来表示冠层呼吸、光合和蒸腾等作用总面积的指数，它与生态系统蒸散量、冠层光截获能力、总初级生产力等生态学重要参数指标有直接的关系[35, 36, 40]。在本研究中，叶面积指数与林隙分数、开度、总定点因子、冠下总辐射通量显著负相关（$P<0.01$），这一结果在崔莉等[16]2013 年对大兴安岭不同林型的冠层参数的分析比较中得以体现，这表明叶面积指数与其他结构参数之间的相关性不受抚育干扰的影响；但叶面积指数随着抚育间伐强度增加表现为先增大后减少。

冠下总辐射通量能够直观地反映冠层对太阳光的截获能力，在辐射总量一定时，冠下总辐射通量越小，则冠层的光截获量越多[10]。本研究得知，林隙分数、开度、总定点因子、冠下直射辐射通量与冠下总辐射通量显著正相关（$P<0.01$），叶面积指数与冠下总辐射通量显著负相关（$P<0.01$）。这表明兴安落叶松天然用材林冠层的林隙分数、开度、总定点因子、冠下直射辐射通量、叶面积指数对其冠层截获光的能力影响较大，而对于不同的抚育间伐强度，冠下直射辐射通量、总辐射通量变化不同，总体上表现为，随着抚育强度的增加先减小后增大，这表明，冠层的光截获能力随着抚育间伐强度增加表现为先增大后减小。直接定点因子与总定点因子显著正相关（$P<0.01$），且它们均与其他冠层结构参数呈显著正相关关系（$P<0.01$），这是由于随着林隙分数和开度减小，林分变得疏松，单位土地面积上可光合作用的绿叶面积减少，林地透光率增加，冠层对太阳光的截获量减少，到达地面的太阳辐射通量增加，而总太阳辐射通量不变，因而定点因子也随之减少，表明定点因子在很大程度上能够表示冠层接受的光强辐射量，而这与抚育间伐强度有着密切联系，随着抚育间伐强度增加，直接定点因子和总定点因子先减小后增大。

叶倾角对太阳光照射叶片的角度和方位有很大影响[19]，在本研究中，叶倾角与冠下散射辐射通量和间接定点因子都有着显著正相关关系（$P<0.05$），而与其他结构参数无显著相关性，因此也对兴安落叶松天然用材林冠层的光截获能力无明显影响。这一研究结果与高登涛等[54]对苹果树冠层光学特性的研究中结果类似。且叶倾角基本保持稳定，不受抚育间伐强度大小的影响，其原因可能是受到研究对象是针叶树种的影响或者针叶树种叶片在观测时期处于完全舒展状态[42, 43]，兴安落叶松生长完全，叶倾角变化不明显等。

7.4 不同强度的抚育间伐对苗木光合作用的影响

森林生态系统物质循环和能量流动是由林木光合作用推动的，这一生理过程的好坏直接决定了森林生产力的大小[44]。空气中二氧化碳浓度、土壤含水量和肥力、光照辐射强弱和时间、温度的高低等都是光合作用的重要影响因子[45]。在林分结构中，林分密度是调控这一系列因子的直观外界因素[46]，而采伐能够快速有效地改变林分密度，使林分稀疏，影响林内的光照、温度等微气候[47]，最终，林下苗木的光合作用受到影响。用材林是木制产品的主要来源，更是林业生产、木材加工等行业发展的必备条件[48]。兴安落叶松作为我国北方森林的优势树种，分布广泛，占全国林地总面积的 30%，其在用材林中更是有着重要的商业价值和生态意义[49]。因此，研究抚育间伐对兴安落叶松用材林林下苗木光合作用的影响，有利于森林保护和林业可持续发展战略的实施。本节在对大兴安岭兴安落叶松天然用材林进行不同强度的抚育间伐作业后，对其林下人工种植的落叶松幼苗进行光合作用测定，探讨不同强度的抚育间伐对大兴安岭用材林幼苗光合特性的影响，以期为大兴安岭大面积用材林可持续生产经营提供可靠的理论依据。

7.4.1　研究方法

按照梯度设置原则，选择其中间伐强度相差较大的 7 个样地（3、4、5、6、11、17、18 号样地）进行试验，将每个样地划分为 4 个边长为 5m 的方形样块，在每个样块内选择 1 或 2 棵幼苗于 2014 年 6 月中旬进行测定，在 1 号对照样地中选择树龄相同的天然更新幼苗作为对照。

光合日变化测定：在 2014 年 6 月中旬，选择晴朗的天气，从 7:00 到 19:00 时，使用 LCpro＋便携式光合作用测定仪对样地内幼苗进行监测，每隔 2 小时测定一次。每个样地选 4～6 株幼苗，每次每棵幼苗测定 4 组数据，对其取平均值。所测得的光合参数包括净光合速率、蒸腾速率、环境二氧化碳浓度、叶片表面光强、叶片温度、胞间二氧化碳浓度、气孔导度等。

光、温度响应：在 2014 年 6 月中旬，选择天气较好的上午 9:00～11:00，对 LCpro＋便携式光合作用测定仪进行设定后，在每个样地选择 4 棵幼苗进行测量，每个梯度测量 2 组数据，最后取平均值。当设定光照辐射梯度变化时，温度、环境二氧化碳无设置，当设定温度梯度变化时，光强和环境二氧化碳无设置，处于自然环境中，光强梯度：300、500、700、900、1 100、1 300、1 500，单位 $\mu mol \cdot m^{-2} \cdot s^{-1}$；温度梯度：5℃、10℃、15℃、20℃、25℃、30℃、35℃、40℃。

最后将数据导入 Excel 进行均值处理，并使用 SPSS19.0 对光强-净光合速率进行一元二次回归模拟。

7.4.2　结果与分析

1．不同强度的抚育间伐对兴安落叶松幼苗光合参数的影响

由表 7-7 可知，不同强度的抚育间伐后，各样地兴安落叶松幼苗的光合参数不

表 7-7　各抚育样地光合参数

样地编号	抚育间伐强度/%	蒸腾速率/(mmol·m^{-2}·s^{-1})	净光合速率/(μmol·m^{-2}·s^{-1})	环境二氧化碳浓度/(μmol·mol^{-1})	叶片表面光强/(μmol·m^{-2}·s^{-1})	叶片温度/℃	胞间二氧化碳浓度/(μmol·mol^{-1})	气孔导度/(mmol·m^{-2}·s^{-1})
1	0.00	0.521±0.023	1.558±0.591	375.3±25.6	389±42	18.95±3.25	378±40	0.011±0.001
3	6.23	0.635±0.078	1.673±0.880	385.5±29.6	425±37	21.65±3.84	332±35	0.015±0.001
4	40.01	1.470±0.230	1.911±1.131	402±63	998±82	36.30±5.40	365±29	0.029±0.003
5	20.86	1.735±0.542	2.112±1.122	544±43	789±98	27.60±3.50	355±28	0.032±0.009
6	16.75	1.050±0.280	1.825±0.513	406±20	523±65	25.65±4.23	289.5±24.7	0.023±0.005
11	56.51	0.975±0.035	1.611±0.945	531±29	1423±214	42.65±4.83	299±31	0.021±0.008
17	67.25	0.870±0.090	1.564±0.821	387±45	1340.5±150	48.20±3.40	261.5±27.2	0.017±0.007
18	27.85	2.110±0.540	2.315±1.078	419.5±39.8	987±92	28.20±2.08	430±45	0.042±0.008

注：表中数字除抚育间伐强度外均为“评价值±标准差”。

同，净光合速率、叶片表面光强均高于对照样地，落叶松幼苗光照条件明显得到改善[50]，说明对兴安落叶松进行抚育间伐有助于其冠层光合作用的进行，原因是人工抚育间伐减少了林内活立木，降低了森林郁闭度，林分疏密变得均匀，透过林冠到达林地中的太阳辐射增加[51]，既增加了进行光合作用所必需的光强辐射，又使得温度升高以促进光合酶促反应的进行[52]。随着抚育间伐强度的增加，净光合速率、气孔导度、蒸腾速率先增大后减小，叶片表面光强和叶片温度也先逐渐增加后保持稳定，且均大于对照组；抚育间伐增加了样地环境中的二氧化碳浓度[53]，表现为中等强度抚育间伐高于低、高强度抚育间伐；而胞间二氧化碳浓度随抚育间伐强度增加表现为先减小后增大再减小的趋势，因为在低抚育间伐强度的样地内，受上层林木冠层枝叶阻挡影响，叶片受到的光强辐射较弱，叶肉细胞的光合活性受到抑制[54]，用于光合作用的胞间二氧化碳减少，而导致胞间二氧化碳浓度较高，随着抚育间伐强度增加，光强辐射升高，胞间二氧化碳消耗逐渐增多，当抚育间伐达到一定强度后，光强不再是叶肉细胞活性的主要限制因素，叶片气孔导度随着温度升高逐渐变大[55]，胞间二氧化碳浓度也随之增加，抚育间伐强度过大时，叶片气孔逐渐关闭，胞间二氧化碳浓度又随之变小；当抚育间伐强度在 20.86%～40.01%时，净光合速率、蒸腾速率、气孔导度、环境二氧化碳浓度及胞间二氧化碳浓度明显高于其他抚育间伐强度和对照组，说明中等强度抚育间伐更能促进光合作用的进行。原因是，低强度抚育间伐由于森林郁闭度较高而不能提供充足的光强辐射和合适的温度，而高强度抚育间伐又由于郁闭度太低造成林内温度升高过快，一方面使得水分迅速丧失，运输光合作用所需物质的蒸腾作用受到影响[56]，另一方面，温度升高也加速了叶片细胞的有氧呼吸，以使胞间二氧化碳含量增加，使得所测净光合速率值减小。

2．不同强度的抚育间伐对兴安落叶松光合日变化的影响

在对照样地及 7 个典型抚育间伐强度下样地内兴安落叶松幼苗进行光合日变化监测，其变化趋势见图 7-14，可知，各抚育间伐强度下样地内兴安落叶松光合速率的日变化呈单峰曲线，均为早晚低，中午高[57]；各抚育间伐样地落叶松的光合速率在 13:00 附近达到峰值，而对照样地光合速率的峰值在 15:00 时达到，且各抚育间伐样地的光合速率峰值均大于对照样地，说明抚育间伐促使样地内兴安落叶松的光合作用增强，因为抚育间伐后，林地透光率增加，林下落叶松幼苗接受光照增强；在 7:00～9:00 及 17:00～19:00 之间，各样地内兴安落叶松的光合速率差异不明显，说明在这个时段内光合有效辐射是光合作用的主要限制因素；在 7:00 和 19:00 时，对照样地及中、低强度抚育间伐样地内落叶松的光合速率较大，在高强度抚育间伐样地内落叶松的光合速率最小，表明中、低强度抚育间伐样地落叶松幼苗对弱光的利用能力较强，高强度抚育间伐降低

了针叶对弱光的吸收[8]；在整个监测时段内，抚育间伐强度为20.86%～40.01%的样地内，落叶松的光合速率明显高于其他样地，说明抚育间伐增强了落叶松幼苗对强光的利用率和光合潜力，且中度抚育间伐对落叶松的光合作用更为有利，更加利于光合产物的积累和落叶松的生长，因为弱光环境限制了幼苗形态指标的增长，其表现为量子效率较高，光补偿点和最大光合速率较低，适当遮阴的林窗环境既保证了落叶松对光强最大程度的利用需求，又在一定程度上限制了呼吸消耗，比旷地更有利于幼苗的生长。

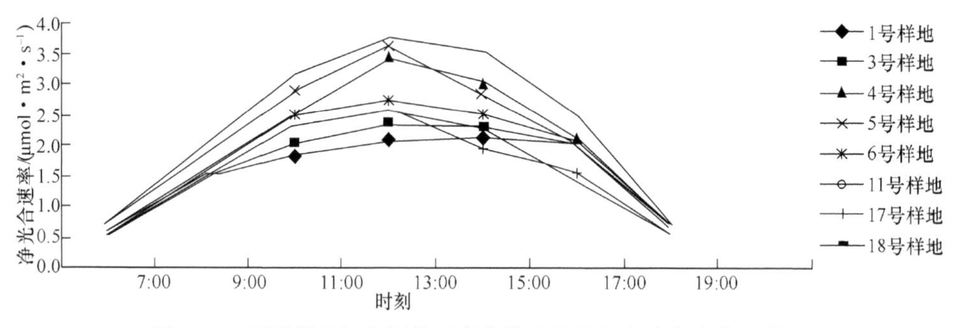

图 7-14　不同强度抚育间伐下兴安落叶松苗木净光合速率日进程

3．不同强度抚育间伐下兴安落叶松净光合速率对光强的响应

由表 7-8 可知，各样地兴安落叶松林的净光合速率随着光照强度的增加而不断上升[58]，在光强达到 900μmol · m^{-2} · s^{-1} 之后趋于稳定。这是由于在光强低于900μmol · m^{-2} · s^{-1} 时，落叶松光合作用的主要限制因素是光照强度，净光合速率对光照强度变化表现敏感，而当光照强度大于 900μmol · m^{-2} · s^{-1} 之后，落叶松光合作用主要受其他因素影响。当光照强度为 300～500μmol · m^{-2} · s^{-1} 时，对照样地及中、低强度抚育间伐样地落叶松的光合速率略大于高强度抚育间伐样地，这是由于高强度抚育间伐降低了落叶松对弱光的吸收和利用。当光照强度为 700～900μmol · m^{-2} · s^{-1} 时，中、高强度抚育间伐样地落叶松光合速率大于低强度抚育间伐及对照样地，其原因是中、高强度抚育间伐样地内温度高于低强度抚育间伐及对照样地，其光合作用酶活性增加，当大气温度较高时，叶温比气温高出 2～10℃，气孔下腔蒸气压的增加大于空气蒸气压的增加，使叶内外蒸气压差增大，蒸腾速率增大，保证了光合原料的运输。当光照强度为 1 100～1 500μmol · m^{-2} · s^{-1} 时，对照样地及中、低强度抚育间伐样地落叶松的光合速率大于高强度抚育间伐样地，这是由于较高的光照强度使得叶片局部升温，产生水分胁迫，抑制气孔张开，减小了蒸腾速率，以及在高温影响下其呼吸消耗较多，不利于产物积累[8]。综上可知，在整个光照强度范围内，中等强度抚育间伐样地落叶松幼苗的光合特性优于对照样地和低、高强度抚育间伐样地。

表 7-8　不同强度抚育间伐下光照强度对兴安落叶松净光合速率的影响

样地编号	抚育间伐强度/%	光照强度/（μmol·m^{-2}·s^{-1}）						
		300	500	700	900	1 100	1 300	1 500
1	0	0.76	1.47	1.85	3.05	3.28	3.62	3.93
3	6.23	0.73	1.42	2.03	3.06	3.27	3.56	3.82
4	40.01	0.57	1.23	1.95	3.15	3.25	3.45	3.58
5	20.86	0.65	1.35	2.34	3.04	3.25	3.59	3.67
6	16.75	0.68	1.39	2.21	3.08	3.26	3.54	3.69
11	56.51	0.46	1.14	2.62	3.21	3.23	3.37	3.47
17	67.25	0.41	1.09	2.71	3.27	3.25	3.38	3.49
18	27.85	0.75	1.46	2.45	3.12	3.35	3.65	3.63

对对照样地及 7 个典型抚育间伐强度样地落叶松幼苗的净光合速率和辐射光强进行回归分析，分析两者之间的关系，经拟合发现，二者适用一元二次多项式模型：

$$y = ax^2 + bx + c \tag{7-7}$$

式中，y——净光合速率值；

x——光照强度值；

a，b，c——参数。

其回归模型各参数值见表 7-9。

表 7-9　净光合速率与光照强度统计回归模型参数

样地编号	参数估计值			决定系数 R^2	显著性水平 P
	a	b	c		
1	-1.232×10^{-6}	0.005	−0.684	0.978	0.000
3	-1.604×10^{-6}	0.006	−0.864	0.986	0.000
4	-2.217×10^{-6}	0.007	−1.361	0.974	0.001
5	-2.182×10^{-6}	0.007	−1.185	0.992	0.000
6	-2.048×10^{-6}	0.006	−1.092	0.991	0.000
11	-3.196×10^{-6}	0.008	−1.844	0.951	0.001
17	-3.411×10^{-6}	0.009	−2.011	0.959	0.002
18	-2.375×10^{-6}	0.007	−1.151	0.993	0.000

由表 7-9 可知，各样地落叶松幼苗净光合速率和光照强度的决定系数变化为 0.951～0.993，以及显著性水平较高，说明一元二次方程能够较好地模拟兴安落叶松幼苗净光合速率和光照强度的关系，表明光照强度显著影响净光合速率。

4．不同强度抚育间伐下兴安落叶松净光合速率对温度的响应

由表 7-10 可知，在对照样地及 7 个典型抚育间伐强度样地内，随着温度的不断升高，其落叶松幼苗的净光合速率先增加后减少，呈现单峰曲线变化[59]。在温

度较低时，中、高强度抚育间伐样地内净光合速率略高于对照样地及低强度抚育间伐样地，原因是中、高强度抚育间伐样地光强辐射高于对照样地和低强度抚育间伐样地，而此时温度是影响光合作用的最主要因子，所以各样地差异不明显；随着温度升高，各样地净光合速率迅速增加，温度的升高促进了光合酶促反应，进而提高了叶肉细胞的光合活性；在温度升至 30℃后，净光合速率随着温度升高逐渐下降[60, 61]，因为达到光合最适温度以后，温度不再是光合速率的主要限制因素，高温使得叶片气孔关闭，胞间二氧化碳浓度降低，叶室环境二氧化碳浓度升高，加之，高温促进叶片细胞的呼吸作用，增加了氧气吸收和二氧化碳排放。在温度较高时，对照样地及中、低强度抚育间伐样地内落叶松的净光合速率高于高强度抚育间伐样地。在对照样地及低强度抚育间伐样地内，落叶松幼苗的光合最适温度在 25℃左右，而中、高强度抚育间伐样地的光合最适温度为 30℃左右，这说明在光照强度较弱、环境中二氧化碳浓度较低时，落叶松光合最适温度就越低。综上可知，中等强度抚育间伐样地内落叶松幼苗的光合特性在整个温度变化范围内光合能力更强。

表 7-10　不同强度抚育间伐下温度对兴安落叶松净光合速率的影响

样地编号	抚育间伐强度/%	温度/℃							
		5	10	15	20	25	30	35	40
1	0	0.68	1.67	2.87	3.21	3.85	3.48	3.45	3.06
3	6.23	0.77	1.58	2.89	3.34	3.87	3.51	3.42	3.04
4	40.01	0.91	1.84	2.93	3.45	3.57	3.65	3.18	2.81
5	20.86	0.83	1.82	2.97	3.61	3.59	3.89	3.29	2.92
6	16.75	0.79	1.83	2.92	3.49	3.87	3.56	3.31	2.95
11	56.51	0.94	1.91	2.79	3.23	3.46	3.61	3.09	2.71
17	67.25	0.97	1.87	2.87	3.27	3.47	3.59	3.01	2.69
18	27.85	0.85	1.85	2.95	3.62	3.66	3.81	3.24	2.82

7.4.3　综合分析

本研究对兴安落叶松用材林进行不同强度的抚育间伐后，对其林下幼苗的光合参数特性、光合日变化、光合速率随光照强度和温度变化等进行探讨，结果得出，抚育间伐后，各样地的光照条件明显得到改善，光合特性均优于对照样地，由于抚育间伐疏散了林分密度，太阳光更容易透过冠层照射到幼苗，进而促使温度升高。同时，抚育间伐后，土壤的化学性质也受到了很大影响[62]，全量和速效形态的氮、磷、钾及有机质含量都有所升高等[63]，土壤的呼吸速率也发生了改变[64, 65]，水文效应也得到改善，进而促进了落叶松苗木光合作用的进行[66]。不同强度的抚育间伐后，兴安落叶松幼苗的光合参数表现不同，在抚育间伐强度为 20.86%～40.01%的样地内，落叶松幼苗各光合参数表现最优，更有利于林下苗木光合产物的积累和生长，这与李勇等人[67]对抚育间伐对油松光合作用的影响的研究结果一致，由于中强度抚育间伐既适当增加了林地光照强度、提高了林地温度，又保证了叶片水分的含量，极大地提高了叶肉细胞的光合活性和酶促反应速率；以及中强度抚育间伐后林地土壤理化性质改善效果最好[68]、土壤碳通量较小[65]等也是光合特性较好的原因。在抚育间伐强度较低时，样地光照强度较弱，叶片胞间二氧化碳浓度随光强增加逐渐下降，这与冀瑞萍[69]的研究结果类似，原因是在低强度抚育间伐样地内，光照强度较低，叶片气孔处于关闭状态，光照强度是限制光合的主要因素。

对 7 个典型抚育间伐强度样地内的落叶松幼苗进行日动态变化研究，结果表明，净光合速率日变化趋势基本一致，且均呈单峰曲线型，与皑妍[58]、宋彩玲等[70]对兴安落叶松光合特性的动态研究结果一致，说明抚育间伐强度对兴安落叶松光合日变化趋势没有影响。在早、晚两个时段，净光合速率表现为中等强度抚育间伐样地略优于对照样地及低、高强度抚育间伐样地，说明人工干扰后的兴安落叶松对弱光的吸收能力有所减低，而相对于低强度和高强度人工抚育间伐，中等强度抚育间伐具有较强的弱光利用率。在抚育间伐强度为 20.86%～40.01%的中等强度抚育间伐样地中，净光合速率日变化均值最优，表明中等强度抚育间伐增强了落叶松幼苗的光能利用率和光合能力，更利于光合作用产物的积累和林木生长。

对 7 个典型强度抚育间伐样地内的落叶松幼苗进行净光合速率对光强和温度的响应研究，研究得出，随着光照强度增加，净光合速率先迅速上升后保持稳定[71]，对其进行一元二次曲线模型拟合，各多项式拟合精度较高（$P<0.001$），表明抚育间伐并未影响落叶松幼苗净光合速率对光照强度的响应趋势。中等强度抚育间伐后，在整个光照强度范围内，样地落叶松幼苗的净光合速率表现更优[72]。随着温度升高，落叶松幼苗净光合速率先上升后降低，因为温度升高增加了叶肉细胞光合活性，加速了酶促反应及蒸腾速率等。而抚育间伐并未改变落叶松幼苗净光合速率对温度的响应变化。低强度抚育间伐样地内的落叶松幼苗的最适光合温度低于中、高强度抚育间伐样地，这表明，环境中二氧化碳浓度较低时，光照强度越弱，落叶松光合最适温度就越低。因而可知，中等强度抚育间伐样地内的落叶松幼苗的光合特性在对温度的适应能力更强。

参 考 文 献

[1] Sweda T, Umemura T. A theoretical height-diameter curve (I): Derivation and characteristics [J]. Jap For Soc, 1980 (62): 459-464.

[2] Huang S, Titus S J. Comparison of nonlinear height-diameter functions for major Alberta tree species [J]. Can J For Res, 1992（22）：1297-1304.

[3] 陈立莉. 树种树高曲线模型的研究［D］. 哈尔滨：东北林业大学，2013.

[4] 李晖，王福生，杨海军. 林业调查规划实用技术手册［M］. 长沙：湖南科学技术出版社，2008.

[5] 黄晓龙，莫海滨，谢贤忠. 杨树人工林林木蓄积量调查方法对比研究［J］. 湖南林业科技，2013，40（6）：41-44.

[6] 董希斌. 采伐强度对落叶松林生长量的影响［J］. 东北林业大学学报，2001，29（01）：44-47.

[7] 崔莉，朱玉杰，董希斌. 集对分析法在大兴安岭用材林土壤养分评价中的应用 [J]. 森林工程，2014 (01)：9-13.

[8] Schmidt M G, Maedonald S E, Rothwell R L. Impacts of harvesting and mechanicals preparation on soil chemical properties of mixed-wood boreal forest sites in Alberta[J]. Can J Soil Sci, 1996, 76: 531-540.

[9] 李超，董希斌，宋启亮. 大兴安岭白桦低质林皆伐改造后枯落物水文效应 [J]. 东北林业大学学报，2013，41 (10)：23-27.

[10] 高明，朱玉杰，董希斌，等. 采伐强度对大兴安岭用材林生物多样性的影响 [J]. 东北林业大学学报，2013，41 (08)：18-21.

[11] Niese J N, Strong T F. Economic and tree diversity trade-offs in managed northern hardwoods[J]. Canadian Journal of Forest Research, 1992, 22(11): 1807-1813.

[12] Kammesheidt L. Effects of selective logging on tree species diversity in a moist seasonal tropical forest in Venezuela[J]. Forstarchiv (Germany), 1996.

[13] 童方平，吴际友，龙应忠，等. 间伐对火炬松木材性质的影响 [J]. 中南林学院学报，2004，24 (02)：23-27.

[14] 徐有明，林汉，魏柏松，等. 间伐强度对湿地松人工林木材质量的影响效应 [J]. 东北林业大学学报，2002，30 (02)：38-42.

[15] 郭万军，王广海，张利民，等. 抚育间伐对林木生长及其稳定性的影响 [J]. 河北林果研究，2011，26 (03)：243-246.

[16] 李国雷，刘勇，甘敬，等. 飞播油松林地土壤酶活性对间伐强度的季节响应 [J]. 北京林业大学学报，2008 (02)：82-88.

[17] 王启美. 不同抚育间伐强度对日本落叶松生长量的影响研究 [J]. 现代农业科学，2008，15 (09)：33-34.

[18] 吕保聚. 刺槐人工林抚育间伐试验研究 [J]. 安徽农业科学，2009，37 (04)：1528-1529.

[19] 董鹏. 徐州市石灰岩山地侧柏人工林结构特征的研究 [D]. 南京：南京林业大学，2011.

[20] 姚克平. 马尾松人工林不同抚育间伐强度的生长效应研究 [J]. 湖北林业科技，2006 (03)：10-12.

[21] 施向东. 马尾松抚育间伐强度对其生长量影响试验 [J]. 湖北林业科技，2008 (01)：16-18.

[22] 傅校平. 杉木人工林不同间伐强度对林分生物量的影响 [J]. 福建林业科技，2000，27 (2)：41-43.

[23] 董希斌，李耀翔，姜立春. 间伐对兴安落叶松人工林林分结构的影响 [J]. 东北林业大学学报，2000，28 (1)：16-18.

[24] 董希斌，安景瑞，韩玉华. 采伐强度对森林天然更新的影响 [J]. 吉林林业科技，1997 (01)：23-25，15.

[25] 田汉勤. 陆地生物圈动态模式：生态系统模拟的发展趋势 [J]. 地理学报，2002，57 (4)：379-388.

[26] 李长江. 抚育间伐对胸径、树高、材积生长情况影响 [J]. 内蒙古林业调查设计，2012，35 (3)：42-44.

[27] 赖文胜，邹高顺，张纪卯. 不同密度对长序榆苗期生长的影响 [J]. 福建林业科技，2001，28 (2)：74-76，80.

[28] 李仲芳，王刚. 种内竞争对一年生植物高生长与生物量关系的影响 [J]. 兰州大学学报，2002，38 (2)：141-146.

[29] 周生祥. 树木生长率计算方法比较 [J]. 浙江林业科技，1986 (01)：46-47，53.

[30] 孙宝良. 不同抚育间伐强度对天然杨桦林人工更新苗木生长效应的影响 [J]. 林业勘察设计，2011 (03)：68-69.

[31] 段劼，马履一，贾黎明，等. 抚育间伐对侧柏人工林及林下植被生长的影响 [J]. 生态学报，2010，25 (6)：1431-1441.

[32] 高明，朱玉杰，董希斌，等. 抚育间伐对小兴安岭用材林土壤化学性质的影响 [J]. 东北林业大学学报，2013，41 (10)：14-18，39.

[33] Hao Q Y, Zhou Y P, Wang L H, et al. Qptimization models of stand structure and selective cutting cycle for large diameter trees of broad leaved forest in Changbai Mountain [J]. Journal of Forestry Research, 2006 (02): 135-140, 173.

[34] 高广磊，丁国栋，张佳音，等. 林分结构可视化模型的原理及应用与展望 [J]. 世界林业研究，2011，24 (03)：42-46.

[35] 林祖建. 桐棉松人工林生长及其间伐效果的研究 [J]. 安徽农学通报，2007，13 (21)：106-107.

[36] 陈东莉，郭晋平，杜宁宁，等. 间伐强度对华北落叶松人工林生长效应的研究 [J]. 山西林业科技，2010，39 (04)：9-11.

[37] 王春胜，赵志刚，曾冀，等．广西凭祥西南桦中幼林林木生长过程与造林密度的关系 [J]．林业科学研究，2013，26（02）：257-262.

[38] 韦雪花，王佳，冯仲科．北京市13个常见树种胸径估测研究 [J]．北京林业大学学报，2013，35（05）：56-63.

[39] 赵俊卉，亢新刚，张慧东，等．长白山主要针叶树种胸径和树高变异系数与竞争因子的关系 [J]．应用生态学报，2009，20（08）：1832-1837.

[40] Sánchez-González M, Cañellas I, Montero G. Generalized height-diameter and crown diameter prediction models for cork oak forests in Spain [J]. Sistemasy Recursos Forestales, 2007, 16(01): 76-88.

[41] 徐庆祥，卫星，王庆成，等．抚育间伐对兴安落叶松天然林生长和土壤理化性质的影响 [J]．森林工程，2013，29（3）：6-9.

[42] Misi R N. Generalized height-diameter models for *Populus tremula* L. stands [J]. African Journal of Biotechnology, 2010, 9(28): 4348-4355.

[43] 惠刚盈，胡艳波，赵中华．再论结构化森林经营 [J]．世界林业研究，2009，22（01）：14-19.

[44] 赵晓焱，王传宽，霍宏．兴安落叶松（*Larix gmelinii*）光合能力及相关因子的种源差异 [J]．生态学报，2008，28（8）：3798-3807.

[45] 陈维．探究环境因素对光合作用强度的影响 [J]．生物学通报，2008，43（2）：55-57.

[46] 陈彦芹，于泊，高明达，等．抚育采伐对林下天然更新及其环境的影响 [J]．河北林果研究，2012，27（3）：271-274.

[47] 李学友，张新玲，王立海．森林采伐作业对森林微环境的主要影响 [J]．森林工程，2010，26（4）：11-13.

[48] 张会儒，唐守正．森林生态采伐理论 [J]．林业科学，2008，44（10）：127-131.

[49] 齐光，王庆礼，王新闯，等．大兴安岭林区兴安落叶松人工林植被碳贮量 [J]．应用生态学报，2011（2）：273-279.

[50] 赵来顺，赵永泉，姜玉春．森林采伐方式对伐后迹地光照条件及更新质量的影响 [J]．森林工程，2000，16（03）：1-2＋8.

[51] 周玲．黄土高原辽东栎林光合特性及经营抚育效果研究 [D]．杨凌：西北农林科技大学，2012.

[52] 张兆斌．CO_2、温度升高对柿幼树光合作用及水分利用效率影响的研究 [D]．济南：山东农业大学，2009.

[53] 王春辉．浅析森林采伐和环境空气的相互影响 [J]．黑龙江科技信息，2004，1（09）：143.

[54] 王瑞，陈永忠，王湘南，等．经济林光合作用光抑制的研究进展 [J]．经济林研究，2007，25（02）：71-77.

[55] 张玉屏，朱德峰，林贤青，等．高温对水稻剑叶生长及气孔导度的影响 [J]．江西农业大学学报，2012，34（01）：1-4.

[56] 崔兴国．植物蒸腾作用与光合作用的关系 [J]．衡水师专学报，2002，4（03）：55-56.

[57] 徐飞，郭卫华，徐伟红，等．不同光环境对麻栎和刺槐幼苗生长和光合特征的影响 [J]．生态学报，2010，30（12）：3098-3107.

[58] 皑妍．天然幼龄兴安落叶松光合特征研究 [D]．呼和浩特：内蒙古农业大学，2004.

[59] Shi P L, Zhang X Z, Zhong Z M. Apparent quantum yield of photosynthesis of winter wheat and its response to temperature and intercellular CO_2 concentration under low atmospheric pressure on Tibetan Plateau[J]. Science in China(Series D: Earth Sciences), 2005 (S1): 182-188.

[60] Ren C Y, Yu G R, Wang Q F. Photosynthesis-transpiration coupling model at canopy scale in terrestrial ecosystem[J]. Science in China(Series D: Earth Sciences), 2005 (S1): 160-171.

[61] Lu G H, Wu Y F, Bai W B, et al. Influence of high temperature stress on net Photosynthesis, dry matter partitioning and rice grain yield at flowering and grain filling stages [J]. Journal of Integrative Agriculture, 2013 (04): 603-609.

[62] 焦如珍，杨承栋，屠星南，等．杉木人工林不同发育阶段林下植被、土壤微生物、酶活性及养分的变化 [J]．林业科学研究，1997，10（4）：34-40.

[63] 李国雷，刘勇，李俊清，等．油松飞播林土壤质量评判及其调控 [J]．南京林业大学学报（自然科学版），2008，32（3）：19-24.

[64] 郭辉，董希斌，姜帆．采伐强度对小兴安岭低质林分土壤碳通量的影响 [J]．林业科学，2010，46（2）：110-115.

[65] 曾翔亮，董希斌，宋启亮．诱导改造对大兴安岭白桦低质林土壤呼吸的影响 [J]．东北林业大学学报，2013，41（10）：19-22，49.

[66] 胡建伟，朱成秋. 抚育间伐对森林环境的影响 [J]. 东北林业大学学报，1999，27（3）：65-67.
[67] 李勇，韩海荣，康峰峰，等. 抚育间伐对油松人工林光合作用的影响 [J]. 东北林业大学学报，2014，42（2）：1-6.
[68] 高明，朱玉杰，董希斌，等. 抚育间伐对小兴安岭用材林土壤化学性质的影响 [J]. 东北林业大学学报，2013，41（10）：14-18，39.
[69] 冀瑞萍. 光强、温度、CO_2对光合作用的影响 [J]. 晋中师范高等专科学校学报，2000，17（4）：36-37.
[70] 宋彩玲，赵鹏武，苏日娜，等. 兴安落叶松光合特性的动态研究 [J]. 内蒙古农业大学学报（自然科学版），2008，29（4）：49-54.
[71] 郭建平，高素华. CO_2浓度和辐射强度变化对沙柳光合作用速率影响的模拟研究 [J]. 生态学报，2004，24（02）：181-185.
[72] 陈根云，陈娟，许大全. 关于净光合速率和胞间CO_2浓度关系的思考 [J]. 植物生理学通讯，2010，29（1）：64-66.

第8章　大兴安岭用材林不同强度抚育间伐经营效果评价

森林抚育间伐不仅仅是要获取木材，更重要的是调整森林结构和功能。森林抚育间伐经营具有完整的理论与技术体系，包括理论基础、经营原则、调查方法、林分状态分析和结构调整及经营效果评价[1]等。近年来，为满足森林可持续经营和森林生态安全的需要，以恢复近自然林、提高森林资源质量为目标，相继开展了用材林功能与用途[2]、用材林资产评估[3]、用材林的经营模式[4]、用材林抚育间伐模式[5, 6]、抚育间伐模式对用材林各项指标的影响及评价[7-10]研究。研究主要集中在森林优化[11, 12]、森林结构优化单元的确定[13-15]、森林抚育间伐经营指标的选取和量化[16, 17]、森林结构的分析[18]及森林优化模型[22, 23]等方面。然而，针对不同强度抚育间伐后抚育经营效果综合评价的研究较少。如何对不同强度抚育间伐后经营效果进行评价，目前研究选取的指标有生物多样性[19-21]、林分空间结构[13, 24]、冠层结构[25-27]、光合作用[9, 28]及林木生长[29, 30]。由于不同地区和林型用材林的生态环境、立地条件和植被类型存在差异，导致其森林经营效果也不相同，故筛选出最适宜本地特有类型的森林经营模式是十分重要的。本研究以大兴安岭地区落叶松用材林为研究对象，通过筛选出反映用材林森林经营效果的多个评价指标，运用主成分分析法对不同强度抚育间伐经营模式建立综合模型，进行定量综合评价，最终选出大兴安岭地区用材林定制地块的最佳森林经营技术。

8.1　样地设置与调查

在研究区按照抚育间伐强度的大小选取 10 块 60m×60m 的用材林样地，分别为：1 号样地 0.00%；3 号样地 6.23%；7 号样地 12.52%；5 号样地 20.86%；18 号样地 27.85%；2 号样地 34.38%；4 号样地 40.01%；15 号样地 50.61%；14 号样地 59.92%；17 号样地 67.25%。样地概况见表 8-1。通过调整林分密度、空间结构等指标，达到优化森林经营的目的。将每块抚育间伐样地平均分为 3 块，分别栽植欧洲赤松、樟子松和兴安落叶松进行林分更新。于 2015 年 6 月对每块样地进行调查和取样。

表 8-1　样地概况

样地编号	抚育间伐强度/%	伐前		伐后	
		蓄积量/（$m^3 \cdot hm^{-2}$）	林分密度/(trees · hm^{-2})	蓄积量/（$m^3 \cdot hm^{-2}$）	林分密度/(trees · hm^{-2})
1 号	0.00	105.56	2 175	105.56	2 175
3 号	6.23	83.43	2 850	78.23	2 175
7 号	12.52	104.43	1 925	91.36	1 675
5 号	20.86	77.25	1 400	61.14	1 125
18 号	27.85	111.32	2 900	80.32	2 375
2 号	34.38	131.32	2 825	86.17	2 050
4 号	40.01	146.39	2 825	87.82	1 950
15 号	50.61	124.26	2 025	61.37	1 400
14 号	59.92	155.93	1 825	62.50	1 150
17 号	67.25	179.74	2 150	58.86	1 200

（1）植被调查

对不同样地的乔木、灌木、草本植物进行调查，在 60m×60m 的用材林样地调查乔木的树种、株数，利用胸径尺和树高测量仪对样地保留木的胸径和树高进行每木测量，计算出保留木胸径和树高的连年生长率，利用全站仪测定乔木坐标；在 60m×60m 的用材林样地内随机设置 5 个 5m×5m 的灌木调查样方，调查灌木的种类和盖度；在灌木调查样方内按照 Z 形设置 5 个 1m×1m 的草本样方，调查草本植物的种类和盖度。

（2）冠层数据采集

在各样地中分别随机选取 5 个点，用 GPS 测量仪分别测得每棵树木所在地点的经纬度和海拔高度，找准正北方向后，将数据采集装置 Mini-O-Mount 7MP 调平，测量仪器镜头离地距离，从 3 或 4 个不同方向进行观测，用 WinScanopy 冠层分析仪采集图像。

（3）光合作用数据采集

在各样地中随机选取 20 棵树木，利用 LCpro＋便携式光合作用测定仪对选定的树木进行测定，晴朗的天气时，在 9:00～11:00、13:30～5:30 进行光合作用数据测定。

（4）林木生长调查

对不同样地的林木进行每木调查，利用数显游标卡尺和钢尺测量更新苗木的地径、树高及生长量，并计算欧洲赤松、樟子松和兴安落叶松的成活率和生长率，用胸径尺测量林分胸径。

8.2　评价指标及其因子

（1）物种多样性

参与评价因子为乔木层、灌木层和草本层物种丰富度指数（S）、Shannon-Wiener

多样性指数（H'）和 Pielou 均匀度指数（J）[31]。

（2）林分空间结构

参与评价因子为角尺度（uniform angle，简称 W）、大小比数（neighborhood comparison，简称 U）、混交度（mingling degree，简称 M）、竞争指数（competition index，简称 COI）、林层指数（stand layer index，简称 SLI）和开敞度（open degree，简称 OD），利用 Winkelmass 林分结构分析软件进行林分空间结构分析。

（3）冠层结构

参与评价因子为林隙分数、叶面积指数、叶倾角、总体定点因子、冠上总体辐射通量、冠下总体辐射通量，利用 WinScanopy 分析软件、XLScanopy 数据处理软件进行冠层结构分析。

（4）光合作用

参与评价因子为蒸腾速率、净光合速率、环境二氧化碳摩尔分数、叶片表面积有效辐射、叶片温度、胞间二氧化碳摩尔分数、气孔导度，利用 Excel 进行均值分析。

（5）林木生长

参与评价因子为成活率、生长率和林分总断面积，利用 Excel 进行均值分析。

8.3 评 价 方 法

采用 SPSS 19.0 对评价体系各项指标进行描述性统计分析，计算各项指标的平均值和标准差，并进行差异性检验；利用主成分分析法对不同强度的抚育间伐落叶松用材林样地的经营效果进行综合评价。

1）原始数据标准化，消除量级和量纲的影响：

$$X_{ij}^{*}=(X_{ij}-\overline{X}_j)/S_j \tag{8-1}$$

式中，X_{ij}^{*}——X_{ij} 的标准化数据；

X_{ij}——各抚育间伐样地的原始数据；

$\overline{X}_j$ 和 S_j——第 j 个指标的平均值和标准差。

2）选取主成分，利用 SPSS 19.0 软件对标准化后的数据进行分析，选取方差分析累计贡献率≥85%的前 m 个主成分，构建 m 个主成分和标准化变量之间的关系：

$$Y_k=b_{k1}X_1^{*}+b_{k2}X_2^{*}+\cdots+b_{kp}X_p^{*} \tag{8-2}$$

式中，Y_k——第 k 个主成分（$k=1，2，3，\cdots，m$）；

X_p^{*}——第 p 个指标变量；

b_{kp}——第 k 个主成分的因子荷载。

3）确定权重，用第 k 个主成分的贡献率与选取的 m 个主成分的总贡献率的比值来确定每个主成分的权重：

$$w_k=\lambda_k / \sum_{k=1}^{m}\lambda_k \tag{8-3}$$

式中，w_k——第 k 个主成分的权重；

λ_k——第 k 个主成分的方差贡献率。

4）利用式（8-2）选定的 m 个主成分和式（8-3）确定的权重构建综合评价函数：

$$F=\sum_{k=1}^{m}w_kY_k \tag{8-4}$$

式中，F——不同样地的综合评价得分，得分越高，说明该强度的抚育间伐经营效果越好[32，33]。

8.4 结果与分析

8.4.1 物种多样性

不同强度抚育间伐样地群落物种多样性指数存在一定的差异性（表 8-2）。5 号样地乔木层 Shannon-Wiener 多样性指数最高，18 号样地乔木层 Pielou 均匀度指数最高，3、7、2、15 和 14 号样地乔木层 Shannon-Wiener 多样性指数低于其他样地，方差分析结果表明各样地物种丰富度指数差异性不显著（$P \geqslant 0.05$）；5 和 14 号样地灌木层物种丰富度指数较高，7 和 5 号样地灌木层 Shannon-Wiener 多样性指数较高，7、5、2 和 4 号样地灌木层 Pielou 均匀度指数较高，方差分析表明灌木层物种多样性指数较高的样地与其余样地差异显著（$P<0.05$）；1、5 和 4 号样地草本层物种丰富度指数都较高，5 号样地草本 Shannon-Wiener 多样性指数和 Pielou 均匀度指数较高。总体来看，7、5 和 4 号样地群落物种多样性指数高于其他样地。

表 8-2 物种多样性

指标		1 号	3 号	7 号	5 号	18 号	2 号	4 号	15 号	14 号	17 号
乔木层	S	3.00±1.00a	2.00±1.00a	2.00±1.00a	3.00±1.00a	2.00±1.00a	3.00±1.00a	2.00±1.00a	3.00±1.00a	2.00±1.00a	3.00±1.00a
	H'	0.52±0.05bc	0.25±0.04a	0.48±0.05b	0.68±0.10d	0.61±0.09cd	0.42±0.12b	0.59±0.16d	0.47±0.09b	0.12±0.10a	0.60±0.08cd
	J	0.75±0.06c	0.36±0.04a	0.69±0.08c	0.62±0.05b	0.88±0.11d	0.38±0.02a	0.85±0.09d	0.43±0.02ab	0.18±0.01a	0.87±0.08d
灌木层	S	5.00±1.00bc	4.00±1.00ab	5.00±1.00bc	6.00±1.00cd	3.00±1.00a	4.00±1.00ab	5.00±1.00bc	3.00±1.00a	7.00±1.00d	3.00±1.00a
	H'	0.97±0.08bc	0.79±0.07d	1.15±0.09b	1.16±0.08b	0.67±0.06d	1.03±0.09c	1.15±0.15d	0.22±0.02a	0.90±0.07c	0.05±0.01a
	J	0.61±0.04bc	0.57±0.03b	0.71±0.04d	0.65±0.06c	0.61±0.05bc	0.74±0.08d	0.71±0.06d	0.20±0.01a	0.46±0.02a	0.05±0.01a

续表

指标		1 号	3 号	7 号	5 号	18 号	2 号	4 号	15 号	14 号	17 号
草本层	S	9.00±2.00d	3.00±1.00a	6.00±1.00bc	9.00±2.00d	8.00±2.00cd	5.00±1.00b	11.0±2.00d	6.00±1.00bc	6.00±1.00bc	6.00±1.00bc
	H'	1.57±0.15b	0.77±0.08b	1.24±0.09b	1.71±0.12cd	1.65±0.10bc	0.72±0.02a	1.78±0.20d	1.24±0.09a	1.59±0.12b	1.31±0.08a
	J	0.72±0.06b	0.70±0.05bc	0.69±0.03bc	0.78±0.05cd	0.79±0.06cd	0.45±0.02a	0.74±0.04bc	0.69±0.05bc	0.89±0.08d	0.73±0.07bc

注：同行不同字母表示差异显著（$P<0.05$），相同字母表示差异不显著。下同。

8.4.2　林分空间结构

各样地林分空间结构参数值（表 8-3）表明：2 和 15 号样地的角尺度小于 0.475，属于均匀分布状态，3、5、4 和 14 号样地的角尺度大于 0.517，属于团状分布，均不是理想的林分水平分布格局，其他样地的角尺度为 0.475～0.517，属于随机分布；18 号样地的大小比数最小，说明 18 号样地的优势度最高，各个样地的大小比数都接近于中庸状态，说明各个林分的胸径差异不明显；7 和 5 号样地混交度较高，混交程度高于其他样地，各个样地的混交度均小于 0.25，混交程度极低，林分稳定性较差，需要引进其他树种增加林分内混交程度；3、7 和 15 号样地的竞争指数较高，说明这 3 块样地的竞争压力较大；各样地林层指数随着抚育间伐强度的增加，呈现先增加后降低的趋势，这是因为随着抚育间伐强度的增加，林分的树高出现了分化的趋势；各样地的开敞度随抚育间伐强度的增加而增加，说明各样地的总体郁闭度降低。通过林分空间结构各个指标比较，可以得出 7、5 和 15 号样地的林分空间结构较好。

表 8-3　林分空间结构

指标	1 号	3 号	7 号	5 号	18 号	2 号	4 号	15 号	14 号	17 号
角尺度	0.51	0.52	0.50	0.59	0.49	0.45	0.59	0.40	0.52	0.49
大小比数	0.52	0.49	0.49	0.46	0.44	0.55	0.57	0.57	0.60	0.53
混交度	0.14	0.16	0.20	0.19	0.12	0.14	0.06	0.10	0.09	0.07
竞争指数	0.19	0.31	0.30	0.25	0.27	0.26	0.27	0.30	0.20	0.27
林层指数	0.42	0.36	0.51	0.28	0.19	0.30	0.24	0.13	0.17	0.16
开敞度	0.25	0.31	0.42	0.41	0.42	0.76	0.85	0.95	1.01	1.31

8.4.3　冠层结构

从表 8-4 中可以看出，各样地的林隙分数、叶面积指数、总定点因子和冠上辐射通量经方差分析均无显著性差异（$P\geqslant0.05$），5 号样地的林隙分数最小，17 号样地的林隙分数最大，18 号样地的叶面积指数最大，5 和 18 号样地的总定点因子较小；1 和 2 号样地的平均叶倾角为 17.56° 和 17.90°，明显高于其他样地；冠下辐射通量经方差分析存在显著性差异（$P<0.05$）。综合比较冠层结构的各个指标，5、18 和 2 号样地的冠层结构优于其他样地。

表 8-4 冠层结构

指标	1 号	3 号	7 号	5 号	18 号	2 号	4 号	15 号	14 号	17 号
林隙分数/%	6.66±1.27a	6.22±1.11a	6.20±2.34a	4.72±1.17a	6.00±1.00a	4.74±1.07a	6.00±1.00a	6.60±3.17a	6.29±3.85a	7.49±1.10a
叶面积指数/%	5.37±1.34a	5.81±2.47a	5.71±1.89a	7.01±2.97a	7.72±1.65a	7.14±2.14a	5.97±2.21a	5.47±1.97a	5.67±1.05a	4.82±2.15a
平均叶倾角	17.56°±1.46° b	15.50°±1.39° b	15.50°±0.99° b	15.50°±1.01° a	15.50°±1.47° b	17.90°±1.35° b	15.50°±1.30° a	15.50°±0.87° a	15.50°±0.79° a	15.61°±1.33° a
总定点因子	0.133±0.099a	0.124±0.065a	0.124±0.083a	0.081±0.050a	0.061±0.028a	0.095±0.001a	0.120±0.008a	0.133±0.039a	0.126±0.029a	0.150±0.055a
冠上辐射通量/（$mol \cdot m^{-2}d^{-1}$）	23.41±2.51a	23.29±0.44a	23.24±0.34a	23.26±2.11a	23.16±1.30a	23.29±0.97a	23.28±0.04a	23.18±0.96a	23.18±0.48a	23.10±1.44a
冠下辐射通量/（$mol \cdot m^{-2}d^{-1}$）	1.21±0.04b	1.55±0.34bc	1.53±0.03bc	1.69±0.03c	0.77±0.03a	1.19±0.06b	1.50±0.56bc	1.65±0.06c	1.57±0.04bc	1.83±0.96c

8.4.4 光合作用

由表 8-5 可知，各样地林分蒸腾速率经方差分析差异性显著（$P<0.05$），5 号样地林分蒸腾速率最高，1 号样地林分蒸腾速率最低；7、5 和 18 号样地净光合速率较高，除 17 号样地外，其余样地林分净光合速率均大于 1 号样地；各样地林分环境二氧化碳摩尔分数和胞间二氧化碳摩尔分数经方差分析差异性显著（$P<0.05$），7 号样地林分环境二氧化碳摩尔分数明显高于其他样地，5 号样地胞间二氧化碳摩尔分数最高；随着抚育间伐强度的增加，叶片温度先逐渐增加后保持稳定，各样地叶片温度均大于 1 号样地，经方差分析各样地叶片温度差异性显著（$P<0.05$）；随着抚育间伐强度的增加，气孔导度呈现先增加后减少的趋势，经方差分析各样地气孔导度差异性显著（$P<0.05$），5 号样地气孔导度高于其他样地，有利于光合作用。综合比较光合作用的各个指标，7、5 和 18 号样地的光合作用更好。

8.4.5 林木生长

由表 8-6 可知，1、3、7 和 2 号样地的更新苗木欧洲赤松的成活率较高，随着抚育间伐强度的增加，欧洲赤松的生长率呈现先增大后减小的趋势，5 号样地欧洲赤松的生长率最高；各样地林分更新樟子松的成活率和生长率先增大后减小再增大，综合比较，3 和 7 号样地樟子松的成活率和生长率明显优于其他样地，14 和 17 号样地樟子松的成活率和生长率均低于 1 号样地；7、5 和 4 号样地兴安落叶松更新苗木的生长状况优于其他样地，7 和 5 号样地林分总断面积优于其他样地。综合分析林分更新的各个指标，3、7、5 和 4 号样地的林分生长状况优于其他样地。

表 8-5　光合作用

指标	1 号	3 号	7 号	5 号	18 号	2 号	4 号	15 号	14 号	17 号
蒸腾速率/（$mmol \cdot m^{-2} \cdot s^{-1}$）	0.55±0.02a	0.67±0.08a	1.82±0.06cd	2.22±0.57d	1.54±0.24bc	1.10±0.29ab	1.05±0.02ab	0.95±0.02ab	1.02±0.04ab	0.91±0.09ab
净光合速率/（$\mu mol \cdot m^{-2} \cdot s^{-1}$）	1.64±0.62a	1.76±0.92a	2.22±0.54a	2.43±1.13a	2.01±1.19a	1.92±0.54a	1.79±0.43a	1.74±0.46a	1.66±0.99a	1.64±0.86a
环境二氧化碳摩尔分数/（$\mu mol \cdot mol^{-1}$）	394.07±26.88a	404.78±31.08a	571.20±45.15b	440.48±41.79a	422.10±66.15a	426.30±21.00a	422.10±17.85a	535.50±31.50b	557.55±30.45b	406.35±47.25b
光合有效辐射/（$\mu mol \cdot m^{-2} s \cdot {}^{-1}$）	408.45±44.10a	446.25±38.85a	828.45±45.15a	1036.32±96.60a	1047.90±33.60a	828.45±102.90a	840.00±78.75a	1260.91±210.00a	1492.05±224.70a	1407.56±157.50a
叶片温度/℃	19.90±3.41a	22.73±4.03ab	28.98±3.68b	29.61±2.18b	38.12±5.67c	28.98±3.68b	27.83±3.05b	39.91±5.17c	44.78±5.07c	50.61±3.57d
胞间二氧化碳摩尔分数/（$\mu mol \cdot mol^{-1}$）	396.90±42.00d	348.60±36.75abc	372.75±29.40bc	451.50±47.25d	383.25±30.45c	303.91±25.94a	292.53±21.74a	295.58±30.45a	313.95±32.55ab	274.58±28.56a
气孔导度/（$mmol \cdot m^{-2} \cdot s^{-1}$）	0.012±0.001a	0.016±0.001a	0.034±0.009c	0.044±0.008d	0.030±0.003bc	0.024±0.005abc	0.021±0.005abc	0.020±0.005abc	0.022±0.008abc	0.018±0.007ab

表 8-6 林木生长

指标		1号	3号	7号	5号	18号	2号	4号	15号	14号	17号
欧洲赤松	成活率/%	83.98	79.33	78.19	73.06	69.16	78.38	69.45	70.78	64.41	62.42
	生长率/%	20.71	20.90	21.28	21.47	20.14	19.95	20.62	20.14	19.86	18.72
樟子松	成活率/%	65.27	69.54	69.45	60.52	66.98	69.64	68.12	65.17	63.08	58.81
	生长率/%	20.90	23.66	21.28	20.05	20.05	19.67	21.95	21.47	19.95	20.14
兴安落叶松	成活率/%	71.35	73.72	78.28	76.94	73.34	67.74	77.05	72.11	75.62	66.50
	生长率/%	21.47	22.61	22.71	21.58	21.47	21.57	22.71	22.99	22.23	21.95
林分总断面积/cm^2		75.55	88.37	93.27	104.72	89.54	70.40	86.71	66.44	91.22	63.73

8.4.6 评价结果

应用主成分分析法对各样地的用材林不同强度抚育间伐经营效果进行综合评价。利用式（8-1）先对各个评价指标进行标准化处理。使用 SPSS 19.0 数据分析软件对标准化后的数据进行主成分分析，得到方差分析结果，由表 8-7 可知前 6 个主成分的方差累计贡献率达到了 90.03%，大于 85%，因此选取前 6 个主成分能充分表达各样地抚育间伐的效果。通过分析得到选定的 6 个主成分的因子载荷，见表 8-8。

表 8-7 总方差分析

主成分	特征值	贡献率/%	累计贡献率/%
1	−10.31	29.45	29.45
2	6.32	18.06	47.52
3	5.72	16.34	63.86
4	3.67	10.50	74.36
5	3.23	9.22	83.58
6	2.26	6.45	90.03

表 8-8 因子载荷

指标		主成分					
		1	2	3	4	5	6
乔木层	*S*	−0.210	−0.350	0.454	−0.460	−0.404	−0.114
	H'	0.233	−0.252	0.801	0.290	0.007	−0.011
	J	0.143	−0.278	0.678	0.310	0.336	0.185
灌木层	*S*	0.373	0.719	−0.133	−0.405	0.216	−0.175
	H'	0.807	0.254	−0.179	−0.141	0.198	−0.420
	J	0.830	0.028	−0.188	−0.022	0.135	−0.442
草本层	*S*	0.267	0.256	0.597	−0.042	0.506	−0.161
	H'	0.120	0.587	0.575	−0.030	0.437	0.149
	J	−0.044	0.695	0.215	0.022	0.364	0.527

续表

指标		主成分					
		1	2	3	4	5	6
林分空间结构	角尺度	0.510	0.334	0.294	0.084	0.600	−0.123
	大小比数	−0.637	0.250	−0.392	−0.307	0.248	−0.352
	混交度	0.806	−0.071	−0.143	−0.054	−0.499	0.170
	竞争指数	−0.002	−0.343	−0.280	0.834	−0.225	0.112
	林层指数	0.748	−0.257	−0.313	−0.177	0.011	0.131
	开敞度	−0.898	0.211	0.110	0.124	0.014	−0.234
冠层结构	林隙分数	−0.371	0.658	−0.486	−0.171	−0.238	0.226
	叶面积指数	0.009	−0.530	0.102	0.733	−0.017	−0.025
	平均叶倾角	0.381	−0.766	0.374	0.080	0.107	−0.096
	总定点因子	0.254	−0.242	−0.065	−0.256	0.031	0.840
	冠上辐射通量	0.181	−0.215	0.678	−0.577	−0.219	0.235
	冠下辐射通量	−0.527	−0.290	0.264	0.333	0.457	0.022
光合作用	蒸腾速率	0.524	0.453	0.371	0.408	−0.434	−0.101
	净光合速率	0.713	0.240	0.269	0.360	−0.443	−0.123
	环境二氧化碳摩尔分数	−0.099	0.675	−0.468	0.093	−0.373	0.152
	光合有效辐射	−0.669	0.602	0.270	0.185	−0.285	−0.027
	叶片温度	−0.790	0.384	0.277	0.212	−0.245	0.111
	胞间二氧化碳摩尔分数	0.845	0.130	0.307	−0.175	−0.181	0.281
	气孔导度	0.522	0.459	0.348	0.385	−0.462	−0.160
欧洲赤松	成活率	0.682	−0.503	−0.343	−0.363	−0.079	0.019
	生长率	0.913	0.131	−0.208	0.051	0.036	0.081
樟子松	成活率	0.391	−0.332	−0.681	0.216	0.076	−0.252
	生长率	0.175	−0.328	−0.581	0.298	0.439	0.337
兴安落叶松	成活率	0.603	0.630	−0.225	0.289	0.242	0.130
	生长率	−0.223	0.155	−0.646	0.455	0.188	0.199
林分总断面积		0.734	0.566	0.012	0.210	0.094	0.044

由表 8-8 各因子载荷的绝对值可知，第 1 主成分在欧洲赤松生长率、林分空间结构开敞度、光合作用胞间二氧化碳摩尔分数、灌木层 Pielou 均匀度指数、灌木层 Shannon-Wiener 多样性指数、林分空间结构混交度指标上有较大载荷；第 2 主成分在冠层结构平均叶倾角、灌木层物种丰富度指数、草本层 Pielou 均匀度指数、光合作用环境二氧化碳摩尔分数、冠层结构林隙分数、兴安落叶松成活率指标上有较大载荷；第 3 主成分在乔木层 Shannon-Wiener 多样性指数、樟子松成活

率、乔木层 Pielou 均匀度指数、冠层结构冠上辐射通量、兴安落叶松生长率、草本层物种丰富度指数指标上有较大载荷；第 4 主成分在林分空间结构竞争指数、冠层结构叶面积指数、冠层结构冠上辐射通量、乔木层物种丰富度指数、兴安落叶松生长率、光合作用蒸腾速率、灌木层物种丰富度指数指标上有较大载荷；第 5 主成分在林分空间结构角尺度、草本层物种丰富度指数、光合作用气孔导度、冠层结构冠下辐射通量、光合作用净光合速率、樟子松生长率、草本层 Shannon-Wiener 多样性指数指标上有较大载荷；第 6 主成分在冠层结构总定点因子、草本层 Pielou 均匀度指数、灌木层 Pielou 均匀度指数、灌木层 Shannon-Wiener 多样性指数、林分空间结构大小比数、樟子松生长率指标上有较大载荷。

首先计算出 6 个主成分的因子得分，然后根据式（8-3）确定每个主成分的权重，依次为 0.33、0.20、0.18、0.12、0.10 和 0.07，最后利用式（8-4）构造的综合评价函数计算出各样地森林抚育间伐经营效果的综合评价，各主成分的因子、综合得分及综合得分排名见表 8-9。

表 8-9　综合评价结果

样地编号	F_1	F_2	F_3	F_4	F_5	F_6	综合得分	排名
1 号	0.45	−1.09	−1.47	0.48	0.47	0.75	−0.18	7
3 号	−0.88	2.16	−0.81	−0.98	0.19	−0.12	−0.10	6
7 号	0.27	−0.05	0.95	0.94	−0.26	0.43	0.37	2
5 号	1.37	0.87	1.47	0.00	−0.69	−0.23	0.80	1
18 号	1.10	0.42	−0.90	0.77	−0.70	0.67	0.35	3
2 号	−1.75	−0.65	1.31	0.31	0.04	0.56	−0.39	8
4 号	0.05	0.21	0.06	0.97	2.22	−1.18	0.33	4
15 号	−1.16	−0.03	−0.58	0.25	−0.91	0.60	−0.51	9
14 号	0.65	−0.83	0.37	−2.23	0.80	0.79	−0.01	5
17 号	−0.10	−1.02	−0.41	−0.52	−1.15	−2.25	−0.65	10

注：F_1、F_2、F_3、F_4、F_5、F_6 分别表示 6 个主成分的因子得分。

由表 8-9 综合评价结果可见：各样地抚育间伐效果评价的综合得分从高到低依次是 5 号（0.80）、7 号（0.37）、18 号（0.35）、4 号（0.33）、14 号（−0.01）、3 号（−0.10）、1 号（−0.18）、2 号（−0.39）、15 号（−0.51）和 17 号（−0.65），各样地抚育间伐效果的综合得分随着抚育间伐强度的增加总体上呈现先增加后降低的趋势。其中，5 号样地的综合得分最高，说明抚育间伐强度为 20.86%时样地抚育间伐效果最好。

8.5 综合分析

抚育间伐强度为 20.86%～40.01%时，样地群落物种多样性指数较高，由于物种多样性高的森林群落包含较多的、具有不同生态特性的群落，其抵抗波动的能力强[34]，大量的研究结果表明多样性和抚育间伐效果存在正相关关系，多样性较高的生态系统，有可能包括更多能抵抗干扰的物种，抗干扰能力强，森林抚育间伐效果越好。高强度的抚育间伐强度会导致样地物种多样性的降低，主要原因是高强度的抚育间伐对植被干扰较大，耐阴植被衰退。林分空间结构是评价森林经营效果的重要指标，利用以空间结构单元为基础的角尺度、大小比数、混交度、竞争指数、林层指数和开敞度等参数分析林分空间结构，有利于人们对森林的生长有一个比较清晰的认识。通过林分空间结构各个指标的比较发现，抚育间伐强度为 12.52%～20.86%时，样地林分空间结构较好，有利于提高森林的稳定性。冠层结构是森林与外界环境相互作用最直接的部分，其各项指数能够直接地反映植被的生长能力，改变森林对太阳能的获取程度、林内光照、风速、空气气温湿度、地表持水量，影响森林微气候，进而改变林下植被繁殖速率和土壤中分解酶的活性，最终影响森林更新苗木生长、植被覆盖率，综合比较冠层结构的各个指标发现，抚育间伐强度为 12.52%～34.38%的样地冠层结构优于其他样地。光合作用是森林生态系统吸收碳元素的唯一途径和碳素循环的开始，在评价森林光合生产力和林分生长上有着极其重要的作用。综合比较光合作用的各个指标发现，抚育间伐强度为 12.52%～27.85%时，样地的光合作用较好，中等强度的抚育间伐具有较低的光合产物消耗能力及较高的光合潜力，更有利于林分的生长，林分总断面积最大。不同的抚育间伐强度使得森林的局部生态环境产生差异性，影响更新苗木的生长。更新苗木改变着森林多样性、林分混交度，林分总断面积是林分生长最直接的外在表现，反映森林抚育间伐的合理程度，是综合评价森林抚育间伐经营效果的重要指标。综合分析林分更新的各个指标发现，抚育间伐强度为 6.23%～20.86%时，样地林分生长优于其他样地。由于用材林不同强度抚育间伐经营效果综合评价过程中，各个指标既相互依赖又可能相互排斥，因此要求抚育间伐经营效果评价的各个参数同时都达到最优值几乎是不可能的，最优的目标是森林抚育间伐效果整体达到最佳。

不同强度抚育间伐经营效果综合评价结果表现为 5 号样地（20.86%）>7 号样地（12.52%）>18 号样地（27.85%）>4 号样地（40.01%）>14 号样地（59.92%）>3 号样地（6.23%）>1 号样地（0.00%）>2 号样地（34.38%）>15 号样地（50.61%）>17 号样地（67.25%）。抚育间伐强度为 20.86%的森林经营效果最佳，这与田军等[6]对用材林抚育间伐后生态经营的影响研究成果一致。大兴安岭地区用材林各样地的抚育间伐经营效果随着抚育间伐强度的增加而增加，当达到一定的抚育间伐强度后，森林抚育间伐效果随着抚育间伐强度的增加而出现下降的趋势。在对用材林进行抚育间伐经营后，林地微气候发生了改变，当抚育间伐强度低于 10%时，林分空间结构和冠层结构改变较少[35]，光合有效辐射较低，叶片气孔处于关闭状态，光合作用增加不明显，生物多样性没有明显的增加，同时更新的阳性树种生长率和存活率低，森林抚育间伐后抚育经营效果不明显；而当抚育间伐强度达到

50%时，虽然林分内光照充足，竞争程度降低，但没有了乔木层的保护，太阳能直接大量地投射到林地表面，林下温度迅速上升，不利于林分内植物光合作用产物的累积和生长，高强度的抚育间伐后也会使林层指数降低，冠层结构发生变化，出现林窗；没有林冠截留的保护，地表径流增大，土壤侵蚀严重，容易造成水土流失，更新苗木的成活率较低，森林抚育间伐经营效果不佳。所以，选择合理的抚育间伐强度是取得良好抚育间伐经营效果、促进用材林恢复和增长的关键。

综合评价大兴安岭地区落叶松用材林 10 个样地不同强度抚育间伐的经营效果，筛选出反映森林抚育间伐经营效果的生物多样性、林分空间结构、冠层结构、光合作用、更新苗木生长 5 个层次的 35 项指标，应用主成分分析法进行综合评价。在对 10 个用材林样地进行综合评价时，将所有指标的原始数据进行初始化处理，提取出 6 个反映各样地经营效果的主成分，计算各主成分的因子得分，并依据各主成分的权重构建出用材林抚育间伐经营效果的综合评价模型，计算出不同强度抚育间伐样地经营效果的综合得分，筛选出抚育间伐强度为 20.86%时大兴安岭地区落叶松用材林抚育间伐效果最佳，使得评价结果更具全面性和科学性。

参 考 文 献

[1] 赵中华，惠刚盈，胡艳波，等. 结构化森林经营方法在阔叶红松林中的应用 [J]. 林业科学研究，2013，26（04）：467-472.

[2] 许瀛元，张思冲，国徽，等. 黑龙江省森工林区用材林不同林龄树种碳汇价值研究 [J]. 森林工程，2012，28（06）：4-7.

[3] 万道印，李耀翔. 用材林林木资产评估模式及方法 [J]. 森林工程，2007，23（4）：80-81.

[4] 胡锐，宋维明. 我国集体林区速生丰产用材林经营模式分析 [J]. 世界林业研究，2011，24（1）：56-59.

[5] 赵西哲. 湘中南地区主要用材林森林抚育综合效益研究 [D]. 长沙：中南林业科技大学，2013.

[6] 田军，毛波，朱玉杰，等. 抚育间伐对大兴安岭用材林生态经营的影响 [J]. 东北林业大学学报，2014，42（8）：61-64.

[7] 高明，朱玉杰，董希斌. 采伐强度对大兴安岭用材林生物多样性的影响 [J]. 东北林业大学学报，2013，41（8）：18-21.

[8] 陈百灵，朱玉杰，董希斌. 抚育强度对大兴安岭落叶松林枯落物持水能力及水质的影响 [J]. 东北林业大学学报，2015，43（08）：46-49.

[9] 朱玉杰，董希斌，李祥. 不同抚育强度对兴安落叶松幼苗光合作用的影响 [J]. 东北林业大学学报，2015，43（10）：51-54，67.

[10] 莫可，赵天忠，蓝海洋，等. 基于因子分析的小班尺度用材林森林质量评价——以福建将乐国有林场为例 [J]. 北京林业大学学报，2015，37（1）：48-54.

[11] Bettinger P,Boston K,Sessions J. Combinatorial optimization of elk habitat effectiveness and timber harvest volume [J]. Environmental Modeling & Assessment, 1999, 4(2-3): 143-153.

[12] 李建军，张会儒，王传立，等. 水源涵养林多功能经营结构优化模型初探 [J]. 中南林业科技大学学报，2012，32（3）：23-28.

[13] Pommerening A. Evaluating structural indices by reversing forest structural analysis [J]. Forest Ecology and Management，2006，224（3）：266-277.

[14] 惠刚盈，李丽，赵中华，等. 林木空间分布格局分析方法.生态学报，2007，27（11）：4717-4728.

[15] 汤孟平，周国模，陈永刚，等. 基于 Voronoi 图的天目山常绿阔叶林混交度 [J]. 林业科学，2009，45（6）：1-5.

[16] 彭舜磊，王得祥．秦岭主要森林类型近自然度评价［J］．林业科学，2011，47（1）：135-142.

[17] 苏立娟，张谱，何友均．森林经营综合效益评价方法与发展趋势［J］．世界林业研究，2015，28（6）：6-11.

[18] 汪平，贾黎明，魏松坡，等．基于 Voronoi 图的侧柏游憩林空间结构分析［J］．北京林业大学学报，2013，35（2）：39-44.

[19] Thomas K,Timothy A,Waner J B.A comparison of multispectral and multitemporal information in high spatial resolution imagery for classification of individual tree species in a temperate hardwood forest[J]. Remote Sensing of Environment, 2001, 75(1): 100-112.

[20] 雷相东，唐守正．林分结构多样性指标研究综述［J］．林业科学，2002，38（3）：140-146.

[21] Laliberté E,Paquette A,Legendre P,et al.Assessing the scale-specific importance of niches and other spatial processes on beta diversity:A case study from a temperate forest[J]. Oecologia, 2009, 159(2): 377-388.

[22] 胡艳波．基于结构化森林经营的天然异龄林空间优化经营模型研究［D］．北京：中国林业科学研究院，2010.

[23] Murray A T,Snyder S. Spatial modeling in forest management and natural resource planning[J]. Forest Science, 2000, 46(2): 153-156.

[24] 汤孟平，唐守正，雷相东，等．林分择伐空间结构优化模型研究［J］．林业科学，2004，40（5）：25-31.

[25] Putuhena W M, Cordery I. Some hydrological effects of changing forest cover from eucalypts to *Pinus radiate* [J]. Agricultural & Forest Meteorology, 2000, 100(99): 59-72.

[26] Chávez V, Macdonald S E. The influence of canopy patch mosaics on understory plant community composition in boreal mixedwood forest[J]. Forest Ecology and Management, 2010, 259(6): 1067-1075.

[27] 李祥，朱玉杰，董希斌．抚育采伐后兴安落叶松的冠层结构参数［J］．东北林业大学学报，2015，43（2）：1-5.

[28] Wang S,Chen H Y H. Diversity of northern plantations peaks at intermediate management intensity[J]. Forest Ecology & Management, 2010, 259(3): 360-366.

[29] Klimas C A,Kainer K A,Wadt L H O. Population structure of *Carapa guianensis* in two forest types in the southwestern Brazilian Amazon. [J] Forest Ecology & Management, 2007, 250(3): 256-265.

[30] 毛磊，王冬梅，杨晓晖，等．樟子松幼树在不同林分结构中的空间分布及其更新分析［J］．北京林业大学学报，2008，30（6）：71-77.

[31] 宋启亮，董希斌．大兴安岭不同类型低质林群落稳定性的综合评价［J］．林业科学，2014，50（6）：10-17.

[32] 吕海龙，董希斌．基于主成分分析的小兴安岭低质林不同皆伐改造模式评价［J］．林业学，2011，47（12）：172-178.

[33] 张泱，姜中珠，董希斌，等．小兴安岭林区低质林类型的界定与评价［J］．东北林业大学学报，2009，37（11）：99-102.

[34] 雷相东，唐守正．林分结构多样性指标研究综述［J］．林业科学，2002，38（3）：140-146.

[35] Gordon W, Frazer,Richard A,et al. A comparison of digital and film fisheye photography for analysis of forest canopy structure and gap light transmission[J]. Agricultural and Forest Meteorology, 2001, 109(01): 249-263.

第 9 章　大兴安岭用材林立木精准测量技术

目前，获取树高的方法主要有两种，一种是测高器，一种是树高曲线模型。用于树高测量的仪器主要有克里斯登测高器、圆筒测高器、普鲁莱测高器、比例测高器、阿布尼水准器、桑托测斜器、PM-5 型桑托测高器、测杆、林分速测镜、光学测树仪、测树罗盘仪等。在国内外至今都被较为广泛地使用。但是，使用这些工具进行树高测量时一般都要求立地条件较好、地势较为平坦，且这些测高器多为手提式，使用时受人体晃动影响较大。因此，在实地测量时，精度和效率都会受到影响，具有很大的局限性[1, 2]。胸径是林分中最易获取的调查因子，基于树高-胸径曲线模型推算树高，是获取树高的重要方法。关于树高曲线模型，已有大量的研究[3-15]。国内外研究者用清查和样地数据建立了许多树高曲线模型，主要有线性模型和非线性模型两大类。在应用树高曲线模型获取树高时，为了提高树高的预测精度，往往需要从常用的树高曲线模型中寻找出适合某种树种的最优模型。然而，抚育间伐强度不同，对树高和胸径的生长量影响不同。有些树种，抚育间伐强度不同对胸径的影响较大，对树高的影响不显著。例如，姚克平和施向东分别以 15 年和 13 年生马尾松为研究对象，结果表明，强度抚育能显著提高马尾松人工林的胸径，对树高生长无明显影响。有些树种，抚育间伐强度不同，对胸径和树高的影响均较显著。例如，陈东莉等研究了不同抚育间伐强度后 20 年生华北落叶松人工林的变化，结果表明，抚育间伐后的华北落叶松人工林分平均胸径和树高有明显的变化，其中以强度间伐后林分的胸径、树高变化最明显[16]。可见，对于同一树种，抚育间伐强度不同时采用相同的树高曲线模型进行预测，势必会影响树高的预测精度。若对于同一树种，能够根据抚育间伐强度的强弱分别选择合适的模型，将会使树高的预测精度得到提高。落叶松是大兴安岭地区重要的树种之一，本研究对落叶松在不同强度抚育间伐时的最优树高模型进行了遴选，旨在为大兴安岭落叶松林的调查提供参考。

9.1　研 究 方 法

选用 20 块研究样地（表 9-1），每块样地的大小均为 20m×20m。应用激光测距仪（型号：TruPulse200）和胸径围尺，对 20 块样地的树高和胸径进行测量，处理后的数据见表 9-1 和表 9-2。其中，1 号样地为对照样地，未进行抚育间伐，10 号样地中落叶松的数量太少，不作为研究对象。参考国内外相关研究文献，选取应用较普遍、预测精度较高的 10 种树高曲线模型作为候选模型[17, 18]，见表 9-3。

表 9-1　20 块样地树高的数据处理结果

样地编号	平均值	标准差	变异系数	最大值	最小值	极差	样地编号	平均值	标准差	变异系数	最大值	最小值	极差
1	—	—	—	—	—	—	11	10.8	3.8	0.4	16.6	4.1	12.5
2	10.4	3.4	0.3	18.0	5.4	12.6	12	8.7	2.9	0.3	14.6	4.3	10.3
3	8.1	1.1	0.1	9.6	5.1	4.5	13	12.8	4.5	0.3	19.2	6.0	13.2
4	10.4	3.2	0.3	15.9	6.0	9.9	14	11.9	3.8	0.3	17.8	6.0	11.8
5	10.9	3.5	0.3	14.5	3.5	11.0	15	11.0	3.0	0.3	15.1	5.8	9.3
6	11.0	2.2	0.2	14.1	6.6	7.5	16	10.0	3.6	0.4	13.4	5.1	8.3
7	10.8	3.7	0.3	18.2	5.8	12.4	17	10.6	4.1	0.4	18.5	4.6	13.9
8	13.2	2.1	0.2	15.8	8.1	7.7	18	10.1	3.3	0.3	16.3	3.5	12.8
9	9.8	2.0	0.2	15.8	6.0	9.8	19	11.5	2.1	0.2	14.2	5.2	9.0
10	—	—	—	—	—	—	20	10.2	3.0	0.3	16.4	3.9	12.5

表 9-2　20 块样地胸径的数据处理结果

样地编号	平均值	标准差	变异系数	最大值	最小值	极差	样地编号	平均值	标准差	变异系数	最大值	最小值	极差
1	—	—	—	—	—	—	11	9.9	3.5	0.4	15.9	4.1	11.8
2	9.1	3.0	0.3	15.5	4.6	10.9	12	8.9	4.3	0.5	19.8	4.0	15.8
3	9.1	3.1	0.3	16.6	3.4	13.2	13	12.6	4.6	0.4	20.8	4.1	16.7
4	12.2	5.2	0.4	21.9	5.8	16.1	14	10.1	4.2	0.4	19.2	4.8	14.4
5	12.8	4.9	0.4	21.8	6.6	15.2	15	10.0	3.4	0.3	17.7	4.5	13.2
6	11.6	3.1	0.3	18.4	6.1	12.3	16	9.7	3.7	0.4	14.6	4.6	10.0
7	11.6	6.9	0.6	27.6	4.5	23.1	17	10.0	4.4	0.4	18.9	3.2	15.7
8	13.1	2.7	0.2	16.8	8.9	7.9	18	9.5	4.6	0.5	28.2	2.9	25.3
9	10.5	2.1	0.2	15.2	5.2	10.0	19	10.7	2.6	0.2	15.2	5.0	10.2
10	—	—	—	—	—	—	20	10.8	5.3	0.5	27.5	3.4	24.1

表 9-3　10 种树高曲线模型

模型编号	模型	模型名称
(1)	$H=a+bD$	线性模型
(2)	$H=aD^b$	异速生长模型
(3)	$H=a+bD+cD^2$	抛物线模型
(4)	$H=\frac{a}{1+b\mathrm{e}^{-cD}}$	Logistic 模型
(5)	$H=a(1-\mathrm{e}^{-bD})$	Meyer（1940）模型
(6)	$H=a(1-\mathrm{e}^{-bD})^c$	Richard（1959）模型
(7)	$H=a(1-\mathrm{e}^{-bD^c})$	Weibull（1978）模型
(8)	$H=a\mathrm{e}^{b/D}$	Burkhart and Strub（1974）模型
(9)	$H=\frac{aD}{b+D}$	Bastes and Watts（1980）模型
(10)	$H=\mathrm{e}^{\left(a+\frac{b}{D+1}\right)}$	Wykoff（1982）模型

注：H 为树高，D 为胸径，a、b、c 为方程参数。

9.2　模型回归结果的对比

1stOpt 是一套数学优化分析综合工具软件包，拟合结果主要包括参数的最佳解、均方差（M_{se}）、残差平方和（S_{se}）、相关系数（R）、决定系数（R^2）、卡方系数、F 统计、预测值、拟合曲线图等。其中，M_{se}能够很好地反映出测量的精密度；S_{se}能反映出影响 H 与 D 的回归关系之外的一切因素对 H 的总变异的作用，S_{se}越小，回归效果越好；R^2的大小可以反映出趋势线的估计值与对应的实际数据之间的拟合程度，R^2越大，拟合程度越高，当趋势线的 R^2 等于 1 或接近 1 时，其可靠性最高。本研究选取 M_{se}、S_{se}、R^2作为模型优劣的评价标准，结合进行不同强度抚育间伐获得的胸径和树高的数据，应用 1stOpt 软件对 10 个树高曲线模型进行回归，见表 9-4。

表 9-4　20 块样地 10 种模型的回归结果

编号		模型									
		（1）	（2）	（3）	（4）	（5）	（6）	（7）	（8）	（9）	（10）
1	M_{se}	—	—	—	—	—	—	—	—	—	—
	S_{se}	—	—	—	—	—	—	—	—	—	—
	R^2	—	—	—	—	—	—	—	—	—	—
2	M_{se}	2.468	2.452	2.415	2.410	2.434	2.426	2.429	2.441	2.439	2.436
	S_{se}	170.577	168.323	163.341	162.605	165.928	164.756	165.160	166.875	166.536	166.189
	R^2	0.442	0.450	0.466	0.468	0.457	0.461	0.460	0.454	0.455	0.457
3	M_{se}	0.669	0.594	0.519	0.516	0.519	0.509	0.517	0.530	0.541	0.536
	S_{se}	10.288	8.117	6.188	6.126	6.196	5.947	6.147	6.449	6.735	6.602
	R^2	0.605	0.689	0.762	0.765	0.762	0.772	0.764	0.752	0.742	0.747
4	M_{se}	1.470	1.371	1.111	1.059	1.239	1.077	0.968	1.194	1.276	1.206
	S_{se}	49.669	43.241	28.404	25.813	35.287	26.691	21.528	32.783	37.468	33.475
	R^2	0.779	0.808	0.873	0.885	0.845	0.881	0.904	0.854	0.834	0.851
5	M_{se}	2.530	2.520	2.519	2.519	2.526	2.520	2.519	2.533	2.521	2.528
	S_{se}	89.595	88.906	88.861	88.853	89.350	88.923	88.853	89.787	89.007	89.500
	R^2	0.422	0.426	0.426	0.426	0.423	0.426	0.426	0.420	0.425	0.422
6	M_{se}	1.273	1.229	1.145	1.135	1.184	1.139	1.141	1.158	1.194	1.165
	S_{se}	69.706	64.991	56.389	55.404	60.246	55.776	55.972	57.635	61.322	58.362
	R^2	0.668	0.691	0.731	0.736	0.714	0.734	0.733	0.726	0.709	0.722
7	M_{se}	1.528	1.461	1.481	1.509	1.502	1.457	1.459	1.543	1.469	1.511
	S_{se}	44.346	40.530	41.665	43.246	42.861	40.347	40.416	45.234	41.008	43.365
	R^2	0.822	0.838	0.833	0.827	0.829	0.839	0.838	0.819	0.836	0.827
8	M_{se}	1.577	1.582	1.582	1.551	1.595	1.580	1.565	1.594	1.589	1.593
	S_{se}	42.252	42.545	42.545	40.885	43.225	42.456	41.624	43.211	42.926	43.126
	R^2	0.386	0.382	0.382	0.406	0.372	0.383	0.395	0.372	0.376	0.373

续表

编号		模型									
		（1）	（2）	（3）	（4）	（5）	（6）	（7）	（8）	（9）	（10）
9	M_{se}	1.380	1.395	1.384	1.343	1.415	1.310	1.395	1.463	1.411	1.448
	S_{se}	62.843	64.216	63.171	59.518	66.077	56.644	64.216	70.653	65.742	69.162
	R^2	0.501	0.490	0.499	0.527	0.479	0.550	0.490	0.440	0.480	0.451
10	M_{se}	—	—	—	—	—	—	—	—	—	—
	S_{se}	—	—	—	—	—	—	—	—	—	—
	R^2	—	—	—	—	—	—	—	—	—	—
11	M_{se}	1.451	1.440	1.399	1.379	1.428	1.397	1.394	1.432	1.429	1.410
	S_{se}	56.807	55.949	52.857	51.332	55.043	52.686	52.475	55.333	55.102	53.685
	R^2	0.850	0.853	0.861	0.865	0.856	0.861	0.862	0.855	0.855	0.859
12	M_{se}	1.027	0.957	0.953	0.975	0.958	0.946	0.946	1.058	0.948	1.007
	S_{se}	27.407	23.813	23.632	24.709	23.884	23.251	23.272	29.118	23.380	26.346
	R^2	0.867	0.885	0.885	0.880	0.885	0.887	0.887	0.860	0.887	0.873
13	M_{se}	2.526	2.476	2.369	2.345	2.418	2.352	2.308	2.410	2.430	2.398
	S_{se}	153.187	147.103	134.680	131.941	140.342	132.776	127.835	139.394	141.682	137.948
	R^2	0.666	0.680	0.707	0.712	0.695	0.711	0.722	0.697	0.692	0.699
14	M_{se}	2.875	2.674	1.938	1.882	2.384	1.867	1.346	2.311	2.484	2.371
	S_{se}	90.932	78.639	41.317	38.945	62.533	38.345	19.930	58.729	67.868	61.833
	R^2	0.360	0.450	0.710	0.726	0.583	0.731	0.860	0.589	0.533	0.567
15	M_{se}	1.610	1.559	1.491	1.496	1.513	1.494	1.484	1.507	1.522	1.503
	S_{se}	85.497	80.206	73.319	73.843	75.490	73.651	72.704	74.903	76.427	74.562
	R^2	0.703	0.721	0.745	0.743	0.738	0.744	0.747	0.740	0.735	0.741
16	M_{se}	1.117	1.094	1.007	0.923	1.067	0.990	1.008	1.058	1.070	1.033
	S_{se}	7.479	7.180	6.086	5.116	6.824	5.880	6.091	6.718	6.863	6.401
	R^2	0.884	0.889	0.906	0.921	0.895	0.909	0.906	0.897	0.895	0.901
17	M_{se}	1.252	1.254	1.248	1.216	1.260	1.254	1.254	1.528	1.260	1.426
	S_{se}	40.781	40.901	40.469	38.448	41.263	40.901	40.901	60.711	41.252	52.871
	R^2	0.904	0.904	0.905	0.909	0.903	0.904	0.904	0.863	0.903	0.878
18	M_{se}	1.731	1.563	1.464	1.459	1.473	1.456	1.456	1.491	1.473	1.466
	S_{se}	230.811	188.036	164.973	163.931	167.137	163.312	163.332	171.269	167.039	165.429
	R^2	0.728	0.779	0.806	0.807	0.803	0.808	0.807	0.799	0.804	0.805
19	M_{se}	1.352	1.309	1.230	1.237	1.265	1.230	1.226	1.241	1.276	1.253
	S_{se}	60.297	56.544	49.956	50.486	52.790	49.936	49.586	50.842	53.697	51.800
	R^2	0.561	0.589	0.636	0.632	0.617	0.636	0.639	0.630	0.610	0.623
20	M_{se}	1.876	1.687	1.591	1.460	1.517	1.458	1.448	1.465	1.554	1.495
	S_{se}	204.171	165.089	146.774	123.692	133.462	123.355	121.652	124.499	140.058	129.635
	R^2	0.589	0.669	0.705	0.751	0.735	0.752	0.755	0.750	0.721	0.740

为了便于比较分析同一树高曲线对于不同抚育间伐强度时树高的预测情况及同一抚育间伐强度时不同树高曲线模型的预测情况，对表 9-4 中的同一树高曲线、不同抚育间伐强度和同一抚育间伐强度、不同树高曲线获得的 R^2 进行整理，整理结果见表 9-5 和表 9-6。

表 9-5　同一树高曲线、不同抚育间伐强度的 R^2

模型	R^2			
	最小值	最大值	极差	标准差
(1)	0.360	0.904	0.544	0.179
(2)	0.382	0.904	0.522	0.175
(3)	0.382	0.906	0.524	0.169
(4)	0.406	0.921	0.515	0.166
(5)	0.372	0.903	0.531	0.172
(6)	0.383	0.909	0.526	0.167
(7)	0.395	0.906	0.511	0.174
(8)	0.372	0.897	0.525	0.172
(9)	0.376	0.903	0.527	0.174
(10)	0.373	0.901	0.528	0.173

表 9-6　同一抚育间伐强度、不同树高曲线的 R^2

抚育间伐强度/%	R^2		抚育间伐强度/%	R^2	
34.4	最小值	0.442	16.7	最小值	0.668
	最大值	0.468		最大值	0.736
	极差	0.026		极差	0.068
	标准差	0.008		标准差	0.022
6.2	最小值	0.605	12.5	最小值	0.819
	最大值	0.772		最大值	0.839
	极差	0.167		极差	0.200
	标准差	0.052		标准差	0.007
40.0	最小值	0.779	49.6	最小值	0.372
	最大值	0.904		最大值	0.406
	极差	0.125		极差	0.034
	标准差	0.038		标准差	0.011
20.9	最小值	0.420	13.7	最小值	0.440
	最大值	0.426		最大值	0.550
	极差	0.006		极差	0.110
	标准差	0.002		标准差	0.032

续表

抚育间伐强度/%	R^2		抚育间伐强度/%	R^2	
56.5	最小值	0.850	25.5	最小值	0.884
	最大值	0.865		最大值	0.921
	极差	0.015		极差	0.037
	标准差	0.005		标准差	0.011
3.4	最小值	0.860	67.2	最小值	0.863
	最大值	0.887		最大值	0.909
	极差	0.027		极差	0.046
	标准差	0.010		标准差	0.015
53.1	最小值	0.666	27.9	最小值	0.728
	最大值	0.722		最大值	0.808
	极差	0.056		极差	0.080
	标准差	0.016		标准差	0.025
59.9	最小值	0.360	51.5	最小值	0.561
	最大值	0.860		最大值	0.639
	极差	0.500		极差	0.078
	标准差	0.148		标准差	0.025
50.6	最小值	0.703	19.0	最小值	0.589
	最大值	0.747		最大值	0.755
	极差	0.044		极差	0.166
	标准差	0.014		标准差	0.052

比较表 9-5 中同一树高曲线在 18 种（除 1 和 10 号样地）不同抚育间伐强度时得到的 R^2 的最小值、最大值和极差可以看出，不同抚育间伐强度时同一树高曲线得到的 R^2 值相差较大，说明同一树高曲线对于不同抚育间伐强度时的树高预测精度相差较大。比较表 9-6 中同一抚育间伐强度时 10 个树高曲线模型的 R^2 的最小值、最大值和极差可以看出，同一抚育间伐强度时 10 个树高曲线的 R^2 的最小值和最大值相差也较大，说明抚育间伐强度一定时，不同的树高曲线模型预测精度相差也较大。比较表 9-5 和表 9-6 中 R^2 的标准差可以看出，同一树高曲线在不同抚育间伐强度时获得的 R^2 的离散性（R^2 的标准差都在 0.17 左右），较同一抚育间伐强度时不同树高曲线获得的 R^2 的离散性（R^2 的标准差大多在 0.05 以下，仅有一种情况为 0.148）大，说明抚育间伐强度是影响树高曲线模型选择的重要因素。综上所述，对于不同抚育间伐强度，可通过选取合适的树高曲线模型增加树高的预测精度。

按照 R^2 较大、M_{se} 及 S_{se} 较小的原则，对表 9-4 中每一抚育间伐强度的 10 种树高曲线模型进行对比分析，得出 18 块样地的最优曲线模型及与最优曲线模型相近的模型，见表 9-7。从表 9-7 中可以看出不同抚育间伐强度下树高曲线模型的选择性。

表 9-7　最优模型及与最优模型相近的模型

样地编号	抚育间伐强度/%	最优模型	与最优模型相近的模型（按顺序排列）
1	0	—	—
2	34.4	（4）	（3）（6）
3	6.2	（6）	无
4	40.0	（7）	无
5	20.9	（4）	（7）（2）（3）（6）（9）（5）（10）（1）（8）
6	16.7	（4）	（6）（7）（3）
7	12.5	（6）	（7）（2）（9）（3）
8	49.6	（4）	（7）
9	13.7	（6）	无
10	47.9	—	—
11	56.5	（4）	（7）（6）（3）
12	3.4	（6）	（7）（9）（3）（2）（5）（4）
13	53.1	（7）	无
14	59.9	（7）	无
15	50.6	（7）	（3）（6）（4）
16	25.5	（4）	无
17	67.2	（4）	（3）（1）（7）（6）（2）（9）（5）
18	27.9	（6）	（7）（4）（3）（10）（9）（5）
19	51.5	（7）	（6）（3）（4）
20	19.0	（7）	（6）（4）

9.3　综合分析

选用 20 块不同抚育间伐强度的样地，应用激光测距仪和胸径围尺测量了树高和胸径数据，以 10 种常用的树高曲线模型作为候选模型。比较同一抚育间伐强度时不同树高曲线获得的 R^2，结果表明：每一种抚育间伐强度获得的 R^2 的最大值和最小值差值较大，有 11 块样地的差值超过了 0.04；最大差值达到了 0.500；且每一种抚育间伐强度的 R^2 的最大值均超过了 0.4，其中有 14 块样地的 R^2 的最大值超过了 0.64，8 块样地的 R^2 的最大值超过了 0.8。由此可见，抚育间伐强度一定时，通过选择最优树高曲线模型可以显著提高树高的预测精度；本研究选用的 10 种候选模型能够满足大兴安岭落叶松在不同抚育间伐强度时树高的预测需要。

对比同一树高曲线、不同抚育间伐强度时获得的 R^2，结果表明：同一树高曲线在不同抚育间伐强度时获得的 R^2 的离散性较大（R^2 的极差达到了 0.50 左右，R^2 的标准差为 0.17 左右）。由此说明，同一树高曲线模型对于不同抚育间伐强度的树高预测精度相差较大。可见，为了提高大兴安岭落叶松在不同抚育间伐强度时的树高预测精度，需要针对抚育间伐强度的强弱选择合适的树高曲线模型，目前还没有关于这方面的研究。以往的研究中，为了提高树高的预测精度，学者更多的是致力于在模型中引入新的变量[19-21]，并没有针对不同抚育间伐强度选用不同树高曲线模型的研究。

以 R^2、S_{se}、M_{se} 作为模型优劣的评价指标，对 20 块样地的最优模型及与最优模型相近的模型进行整理（表 9-7），结果表明：抚育间伐强度为 34.4%、20.9%、16.7%、25.5%、49.6%、56.5%和 67.2%时，最优模型为模型（4）；抚育间伐强度为 6.2%、12.5%、13.7%、3.4%和 27.9%时，最优模型为模型（6）；抚育间伐强度为 40.0%、53.1%、59.9%、50.6%、51.5%和 19.0%时，最优模型为模型（7）。可见，大兴安岭落叶松在不同抚育间伐强度时对应的最优树高曲线模型主要有 3 个，即 Logistic 模型［模型（4）］、Richard 模型［模型（6）］和 Weibull 模型［模型（7）］。为了方便在其他抚育间伐强度时能够选择出合适的树高曲线模型，对模型（4）、模型（6）、模型（7）对应的抚育间伐强度情况进行对比分析。观察表 9-7 中不同抚育间伐强度时的最优模型及与最优模型接近的模型可以看出，模型（7）主要适宜高抚育间伐强度（强度在 40%及以上）时的树高预测，其中，对于抚育间伐强度为 49.6%、56.5%和 67.2%时，模型（7）虽然不是最优模型，但从表 9-7 中的与最优模型相近的模型可以看出，对于这 3 种抚育间伐强度时，模型（7）均与其对应的最优模型（4）接近［49.6%抚育间伐强度时，最优模型（4）的 R^2 为 0.406，模型（7）的 R^2 为 0.395；56.5%抚育间伐强度时，最优模型（4）的 R^2 为 0.865，模型（7）的 R^2 为 0.862；67.2%抚育间伐强度时，最优模型（4）的 R^2 为 0.909，模型（7）的 R^2 为 0.904］；模型（6）主要适宜低抚育间伐强度（强度在 15%以下）时的树高预测；模型（4）主要适宜中等抚育间伐强度（强度在 15%～40%）时的树高预测，对于抚育间伐强度为 19.0%和 27.9%时，模型（4）虽然不是最优模型，但从表 9-7 中的与最优模型相近的模型可以看出，对于这两种强度下的抚育间伐，模型（4）同样与其对应的最优模型接近［19.0%抚育间伐强度时，最优模型（7）的 R^2 为 0.755，模型（4）的 R^2 为 0.751；27.9%抚育间伐强度时，最优模型（6）的 R^2 为 0.808，模型（4）的 R^2 为 0.807］。综上所述，大兴安岭落叶松在抚育间伐强度较低（低于 15%）时，较适合的树高曲线模型为 Richard（1959）模型；抚育间伐强度在 15%～40%时，较适合的模型为 Logistic 模型；抚育间伐强度为 40%及以上时，较适合的模型为 Weibull（1978）模型。比较 3 个模型可以看出，3 个模型均为 3 个参数的模型。

本研究在不增加树高曲线模型变量的情况下，采用针对不同抚育间伐强度选用不同树高曲线模型的方法，提高了树高的预测精度，方法更简单、更实用。本研究仅针对大兴安岭落叶松在不同抚育间伐强度时的树高曲线模型进行了研究，给出了大兴安岭落叶松在弱度、中度、强度抚育间伐时分别适合的模型。对于其他树种，抚育间伐强度是否对其树高预测有明显的影响，每一种树种在不同抚育间伐强度经营时应选择什么样的树高曲线模型，还有待进一步的研究。

参 考 文 献

[1] 刘发林，吕勇，曾思齐．森林测树仪器使用现状与研究展望［J］．林业资源管理，2011（1）：96-99.

[2] 隋宏大．树高测量综合技术比较研究［D］．北京：北京林业大学，2009.

[3] Wykoff W R, Crookston N L, Stage A R. User's Guide to the Stand Prognosis Model[M]. Washington D C: USDA Forest Sevice, 1982.

[4] Curtis R O.Height-diameter and height-diameter-age equations for second-growth Douglas-fir[J]. Forest Science, 1967, 13(4): 365-375.

[5] Authors S T, Umemura T. A theoretical height-diameter curve(I): derivation and characteristics[J]. Journal of the Japanese Forestry Society, 1980, 62(12): 459-464.

[6] Huang S M, Titus S J, Wiens D P. Comparison of nonlinear height-diameter functions for major Alberta tree species[J]. Canadian Journal of Forest Research, 1992, 22(9): 1297-1304.

[7] Rafael C, Gregorio M. Interregional nonlinear height-diameter model with random coefficients for stone pine in Spain[J]. Canadian Journal of Forest Research, 2004, 34(1): 150-163.

[8] Huang S M, Meng S X, Yang Y Q. Using nonlinear mixed model technique to determine the optimal tree height prediction model for black spruce[J]. Modern Applied Science, 2009, 3(4): 3-18.

[9] Adame P, Río M D, Cañellas I. A mixed nonlinear height-diameter model for pyrenean oak(*Quercus pyrenaica* Willd) [J]. Forest Ecology and Management, 2008, 256(1/2): 88-98.

[10] 王明亮，李希菲．非线性树高曲线模型的研究［J］．林业科学研究，2000，13（1）：75-79.

[11] 郑扬，骆崇云，栗生枝．辽宁省东部山区主要针叶树种最优树高曲线研究［J］．山东林业科技，2014（3）：11-16.

[12] 魏京．林木胸径与树高的关系研究［J］．湖北民族学院学报（自然科学版），2014，32（2）：190-192.

[13] 曾翀，雷相东，刘宪钊，等．落叶松云冷杉林单木树高曲线的研究［J］．林业科学研究，2009（2）：182-189.

[14] 王小明，李凤日，贾炜玮，等．帽儿山林场天然次生林阔叶树种树高-胸径模型［J］．东北林业大学学报，2013，41（12）：116-120.

[15] 张敏，顾凤歧，董希斌．帽儿山林区主要树种树高与胸径之间的关系分析［J］．森林工程，2014，30（6）：1-4.

[16] 白艳．不同采伐方式对兴安落叶松林分特征及其植物多样性的影响［D］．呼和浩特：内蒙古农业大学，2012.

[17] 韦雪花，王佳，冯仲科.北京市 13 个常见树种胸径估测研究［J］．北京林业大学学报，2013，35（5）：56-63.

[18] 赵俊卉，亢新刚，刘燕.长白山主要针叶树种最优树高曲线研究［J］．北京林业大学学报，2009，31（4）：13-18.

[19] Sánchez-González M, Cañellas I, Montero G. Generalized height-diameter and crown diameter prediction models for cork oak forests in Spain[J]. Sistemasy Recursos Forestales, 2007, 16(1): 76-88.

[20] Misir N. Generalized height-diameter models for *Populus tremula* L. stands[J]. African Journal of Biotechnology, 2010, 9(28): 4348-4355.

[21] Krisnawati H, Wang Y, Ades P K. Generalized height-diameter models for *Acacia mangium* Willd plantations in south Sumatra[J]. Journal of Forestry Research, 2010, 7(1):1-19.

第3篇 小兴安岭用材林精细化经营技术

第 10 章　小兴安岭研究区概况及样地设计

10.1　小兴安岭林区概况

小兴安岭位于中国黑龙江省东北部，地处北纬 46°28′～49°21′，东经 127°42′～130°14′。北部以黑龙江中心航线为界，与俄罗斯隔江相望，边境线长 249.5km，是中国东北边疆的重要门户。林业施业区划面积 386 万 hm^2。

小兴安岭得天独厚的自然生态条件，繁衍生长着红松等许多珍贵树木，成为国家重点用材林基地。林区面积 1 206 万 hm^2，其中森林面积 500 多万 hm^2，林木蓄积量约 4.5 亿 m^3，目前红松蓄积量 4 300 多万 m^3，占全国红松总蓄积量的一半以上，素有“红松故乡”之美称。还生长着落叶松、樟子松和“三大硬阔”（胡桃楸、水曲柳、黄菠萝）。在丛山密林中，栖息着许多珍禽异兽，野生植物资源丰富。许多山脉底下埋藏着铜、铁、铅、锌、金等金属矿产资源，已开采的有十多种。小兴安岭西侧之全国著名的五大连池火山群，被誉为“天然火山博物馆”。地下矿产丰富，以黄金最为突出。盛产兴安岭落叶松、红松、云杉，还有珍贵毛皮兽等。

1．地貌特征

小兴安岭属低山丘陵，地理特征是“八山半水半草一分田”。北部多台地、宽谷；中部为低山丘陵，山势和缓；南部属低山，山势较陡。最高峰为平顶山，海拔为 1 429m。西部铁力市位于松嫩平原，地势呈波状。

2．土壤

小兴安岭地区的土壤种类和主要形态由于地形、母质和植被的不同而有所差异。最常见的成土母质主要是黑云母花岗岩、斑状花岗岩及少量半岩的岩石风化物。高山顶部的土壤一般土层很薄，厚 40～60cm，在针叶林或混交林的被覆下，表层均有 5～10cm 的枯枝落叶层，而在草本植被被覆下则有 8～10cm 的生草层。土壤类型前者属薄层棕色针叶林土，后者属薄层山地草甸土。在山的中部土层较厚，在森林被覆下通常有 5～6cm 的枯枝落叶层，生草层很薄，灰化现象比较明显，这类土壤多分布在山坡中部、山坡下部的混交林中，土壤属火山灰土。此外，在山间低地或高山顶及山坡地高部低洼地方可见泥炭化程度较不一致的沼泽土。在臭冷杉林、兴安落叶松林下，其泥炭层厚度为 30～60cm，由苔藓及落叶松组成，非常松软且保水力很强，经常呈湿润状态，下层则为明显的灰化潜育层，质地多为砂质黏壤土。在塌头甸子中则为沼泽土，其泥炭层由塌头的根系交织而成，一般的厚度为 20～30cm，因间歇积水，潜育化程度不大[1]。

3．气候特征

小兴安岭属寒温带大陆季风气候区。四季分明，冬季严寒、干燥而漫长；夏季温热而短暂。年平均气温为－1～1℃，最冷为 1 月份，平均气温为－25～－20℃，最热为7月份，平均气温20～21℃，极端最高气温为35℃，极端最低气温为－45℃。全年≥10℃活动积温为 1 800～2 400℃，无霜期为 90～120 天。年平均日照数为 2 355～2 400h。年降雨量为 550～670mm，降雨集中在夏季。干湿指数为 0.92～1.13，属湿润地区。

10.2　研究区概况

研究区位于小兴安岭地区带岭林业局东方红林场。带岭区位于黑龙江省东北部的伊春市南部，小兴安岭南麓，汤旺河水系中。地理坐标为东经 128°37′46″～129°17′50″，北纬 46°50′8″～47°21′32″。地处中温带，属大陆性湿润季风气候。冬季受西伯利亚冷空气寒流的影响，长且干燥、寒冷；夏季受太平洋季风海洋性气候的影响，短促但湿润。年气温变化较大，全年平均气温为 1.4℃左右；月平均最低气温为－19.4℃；年最低气温天气在 1 月份，最低可达－40℃。月平均最高气温为 20.9℃，年最高气温天气在 7 月份，最高可达 37℃。全年无霜期 115 天左右。一般初霜在 9 月 14 日以后，终霜在 5 月 20 日以后。全年平均降雨量为 661mm，年降雨量最大值为 836.5mm。降雨期全年为 130 天左右，多集中在 7、8、9 三个月份，占全年降雨量的一半以上。7、8 月份降雨量偏大，一般在 160.5～174.8mm。境内山脉纵横起伏，构成较复杂的山岳台地，平均海拔高度为 600m，最高海拔为 1 203m，最低海拔为 200m[2]。

天然林试验区位于东方红林场 414、415 林班，作业面积为 98.13hm^2，作业区位于山的中腹，坡度为 14°，土壤为暗棕壤。天然林研究区概况见表 10-1。人工林研究区位于东方红林场 427 林班，作业面积 19.33hm^2，作业区位于山的下腹，坡度为 10°，土壤为暗棕壤。人工林研究区概况见表 10-2。

表 10-1　天然林研究区概况

林班	小班	树种组成	平均年龄/a	平均胸径/cm	平均树高/m	郁闭度	地形			土壤		地被物			下木		
							坡度/（°）	坡向	坡位	种类	厚度/cm	种类	多度	分布	种类	覆盖度/%	分布
414	1	2 云 2 冷 2 白 1 杨 1 水 1 红 1 椴	70	16	11	0.9	14	西北	中	暗棕壤	30	薹草	65	均匀	榛柴	60	均匀
414	2	3 冷 2 云 2 红 1 色 1 椴 1 白	70	16	11	0.9	14	西北	中	暗棕壤	30	薹草	65	均匀	榛柴	60	均匀
414	3	3 冷 2 云 2 红 1 色 1 枫 1 椴	70	16	11	0.9	14	西北	中	暗棕壤	30	薹草	65	均匀	榛柴	60	均匀
414	4	3 冷 2 云 2 红 1 色 1 枫 1 椴	70	16	11	0.9	14	西北	中	暗棕壤	30	薹草	65	均匀	榛柴	60	均匀
415	1	2 云 2 冷 2 白 1 杨 1 水 1 红 1 椴	70	16	11	0.9	14	西北	中	暗棕壤	30	薹草	65	均匀	榛柴	60	均匀

表 10-2　人工林研究区概况

林班	小班	树种组成	平均年龄/a	平均胸径/cm	平均树高/m	郁闭度	地形			土壤		地被物			下木		
							坡度/（°）	坡向	坡位	种类	厚度/cm	种类	多度	分布	种类	覆盖度/%	分布
427	1	落叶松	19	14	11	0.9	10	西南	下	暗棕壤	30	薹草	65	均匀	榛柴	60	均匀

10.3　样 地 设 计

1）在天然林研究区内设置 6 块样地，每块样地的面积均为 100m×100m。对研究区的每块样地进行带状抚育间伐，抚育间伐强度分别为（A）10%、（B）15%、（C）20%、（D）25%、（E）30%、（F）35%。采伐带顺山设置，面积分别为（S1）6m×100m、（S2）10m×100m、（S3）14m×100m、（S4）18m×100m。

2）在人工林研究区内设置 6 块样地，每块样地的面积均为 100m×100m。对研究区的每块样地进行带状抚育间伐，抚育间伐强度分别为（2A）10%、（2B）15%、（2C）20%、（2D）25%、（2E）30%、（2F）35%。采伐带顺山设置，面积分别为（S1）6m×100m、（S2）10m×100m、（S3）14m×100m、（S4）18m×100m。各采伐带之间设置保留带作为对照样地。样地设置如图 10-1 所示。

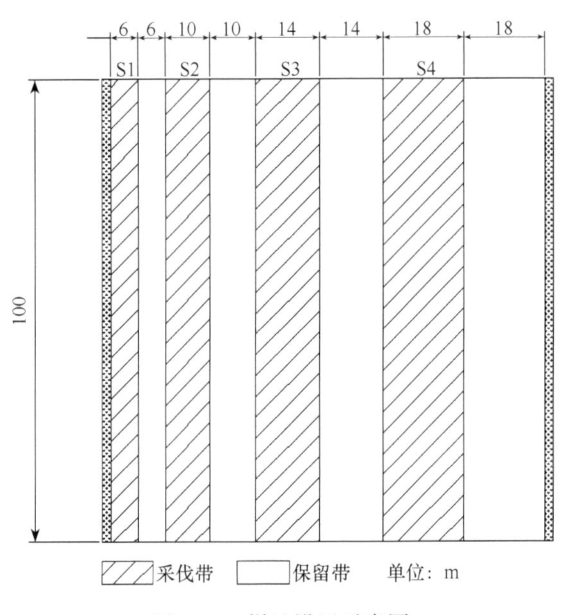

图 10-1　样地设置示意图

参 考 文 献

[1] 姚月峰. 小兴安岭森林流域气候和覆被变化对河流川径的影响［D］. 哈尔滨：东北林业大学，2011.
[2] 王雨滕. 经营方式对小兴安岭用材林土壤化学性质的影响［D］. 哈尔滨：东北林业大学，2013.

第 11 章　抚育间伐对天然林的影响

天然林又称自然林，包括自然形成的森林，以及人工促进天然更新或萌生所形成的森林。天然林具有环境适应力强、森林结构分布较稳定的特点，但成长时间较长。天然林具有完整独立的生物链，物种丰富，呈立体分布，自我恢复能力强，物种多样化程度高。天然林资源在木材生产中居主体地位，支援了国家建设，创造了大量的财富，同时在非木质副产品生产中也创造了可观的价值[1]。天然林还具有调节气候、改良土壤、涵养水源、保持水土等生态服务功能。

我国曾分布着大量天然林资源，但由于种种原因，我国的森林资源遭到过度开发利用，价值经营不合理、管理粗放，导致森林资源急剧下降，森林质量也大幅度降低[2, 3]。因此，研究不同抚育间伐强度、不同带宽对天然用材林的影响，从而制定合理的森林经营模式,对于我国森林资源的合理开发利用具有重要意义。

11.1　抚育间伐对生物多样性的影响

抚育间伐作为森林经营的重要措施，在一定程度上影响着森林生态系统的稳定性，对于森林生态效益的发挥起着不可估量的作用。研究抚育间伐对森林生物多样性的影响，是科学确定森林抚育经营具体措施的重要依据，对整个森林生态系统的经营也具有重要意义。

抚育间伐后，林分的密度得到调整，同时林下环境如光照、水分、养分等也会有不同程度的改变，这些都会影响林内植被的生长。通过对不同抚育间伐强度、间伐带宽的样地的乔木、灌木、草本植物进行调查，灌木和草本主要调查的是盖度。利用调查数据计算出物种丰富度指数（S）、Shannon-Wiener 多样性指数（H'）和 Pielou 均匀度指数（J），以此作为物种多样性的评价因子。

研究样地为针阔混交林，针叶树种有红松、冷杉、云杉，阔叶树种有椴树、水曲柳、黄菠萝、色木槭、枫桦、青楷槭、山桃等。10%的抚育间伐强度下物种丰富度指数高于其他样地，并且随着抚育间伐强度的增加，物种丰富度指数有下降的趋势，说明抚育间伐对乔木物种有很大影响，高抚育间伐强度使得林地主要树种减少，人工更新及天然更新的乔木还没有成林，所以物种丰富度指数很低，中度抚育间伐可以提高乔木均匀度指数。

研究样地中主要的灌木树种有忍冬、藤本、榛材、刺五加、山高粱和胡枝子。适宜的间伐带宽使得灌木物种丰富度呈现增加的趋势，在间伐带宽为 18m 时，灌木物种丰富度最低。同时抚育间伐强度越大，灌木物种丰富度越高；抚育间伐促进了灌木物种向多样性方向发展，强度越大，变化程度越大，在抚育间伐强度为35%，间伐带宽为14m时，灌木物种多样性指数达到最大。均匀度指数与物种种类、数量有关，抚育间伐强度为15%，间伐带宽为10m时，灌木物种均匀度指数达到最大。但总体来看，抚育间伐有效提高了灌木物种多样性。

研究样地中主要的草本植物有蕨类、三棱草和羊胡薹草。草本物种丰富度指数、物种多样性指数、均匀度指数随着抚育间伐强度的增加呈现先增大再减小的趋势，在抚育间伐强度为25%，间伐带宽为10m时，草本物种丰富度指数、物种多样性指数达到最大，当抚育间伐强度变为35%时，草本均匀度指数达到最大。

11.2 抚育间伐对枯落物持水性能的影响

每条抚育间伐带半分解层枯落物蓄积量所占的比例绝大部分大于未分解层枯落物蓄积量，但两者并无明显差异；半分解层枯落物蓄积量最大值出现在抚育间伐强度为10%，间伐带宽为10m时，最小值出现在抚育间伐强度为25%，间伐带宽为14m时；未分解层枯落物蓄积量最大值出现在抚育间伐强度为10%，间伐带宽为14m时，最小值出现在抚育间伐强度为35%，间伐带宽为14m时，说明随着抚育间伐强度的增大，未分解层枯落物的蓄积量有逐渐减少的趋势，在抚育间伐强度为35%时达到最小。随着抚育间伐强度的增加，半分解层和未分解层枯落物最大持水量和最大持水率均呈现先增大再减小的趋势，在抚育间伐强度为25%~30%时达到最大。当抚育间伐强度为30%，间伐带宽为14m时，半分解层枯落物最大持水率最大；当抚育间伐强度为25%，间伐带宽为14m时，未分解层枯落物最大持水率最大。半分解层蓄积量大于未分解层的，同时半分解层的最大持水率大于未分解层的。所以，枯落物半分解层的最大持水量高于未分解层的。当抚育间伐强度为30%，间伐带宽为6m时，半分解层枯落物最大持水量最大；当抚育间伐强度为15%，间伐带宽为14m时，未分解层枯落物最大持水量最大。有效拦蓄量与蓄积量、自然持水率、最大持水率有关，半分解层枯落物有效拦蓄量最大值出现在抚育间伐强度为30%，间伐带宽为6m时；未分解层枯落物有效拦蓄量最大值出现在抚育间伐强度为15%，间伐带宽为14m时。

枯落物的未分解层和半分解层的持水量都随着吸水时间的延长而增大。将未分解层、半分解层的持水量和吸水时间的数据进行拟合分析之后，发现它们之间存在如下关系：$Y=M\ln(t)+n$（$M>0$，$n>0$）；起初枯落物的吸水量迅速增加，然后吸水量增加的幅度减少，最后吸水达到稳定。枯落物的平均吸水速率与吸水时间的数据进行拟合分析之后，发现存在如下关系：$Y=at^b$；起初吸水速率迅速上升，然后枯落物的吸水速率迅速下降，随后比较平稳，几乎不再变化。

11.3　抚育间伐对冠层结构的影响

在各抚育样地选择3或4棵红松进行不同角度拍照得到冠层图像，用WinScanopy冠层分析仪对图像进行处理校正，得到各抚育样地的冠层结构参数指标。

首先对冠层各参数的相关性进行分析，从表 11-1 中可以看出，林隙分数与开度呈现显著的正相关，相关性达到 0.99，与叶面积指数呈现显著负相关，同时林隙分数与间接定点因子、冠下间接辐射通量呈现显著的正相关；直接定点因子、总定点因子、冠下直接辐射通量、冠下总辐射通量 4 个指标之间呈现显著的正相关；间接定点因子与冠下间接辐射通量呈现显著的正相关。

抚育间伐对林分冠层结构的影响显著。总的来看，林隙分数和开度随着抚育间伐强度的增加呈现先增加再降低的趋势，并且在 30%抚育间伐强度下的平均林隙分数和平均开度最小。随着间伐带宽的增加，林隙分数和开度逐渐降低，在间伐带宽为 18m 时指标值最小。20%抚育间伐强度，10m 间伐带宽下林隙分数和开度最大，30%抚育间伐强度，10m 间伐带宽下林隙分数和开度最小；抚育间伐强度越大，平均叶面积指数越大，间伐带宽越宽，平均叶面积指数越大，30%抚育间伐强度，18m 间伐带宽下叶面积指数最大，20%抚育间伐强度，6m 间伐带宽下叶面积指数最小。

通过建立总定点因子与直接定点因子、间接定点因子之间的回归模型，发现一元线性回归模型能很好地对数据进行预测，同时从得到的回归系数可以看出，总定点因子主要来自直接定点因子。同理可以得到冠下总辐射通量主要来自冠下直接辐射通量，即冠层光环境中，林分主要受直射光的影响。从数据来看，各改造样地冠上辐射通量间没有任何差异，冠上直接辐射通量约为 36.59MJ·m^{-2}·d^{-1}，冠上间接辐射通量为 5.49MJ·m^{-2}·d^{-1}，冠上总辐射通量为 42.08MJ·m^{-2}·d^{-1}。随着抚育间伐强度、间伐带宽的增加，直接定点因子、总定点因子、冠上直接辐射通量、冠上总辐射通量的变化并无明显规律，但平均最大值都是出现在抚育间伐强度为 35%和间伐带宽为 10m 的情况下。间接定点因子和冠下间接辐射通量随着抚育间伐强度的增加呈现先增大再减小的趋势，平均最大值出现在抚育间伐强度为 20%时，随着间伐带宽的增加同样呈现的是先增大再减小的趋势，平均最大值出现在间伐带宽为 14m 时。

表 11-1　冠层结构参数相关性分析

参数		林隙分数	开度	叶面积指数	直接定点因子	间接定点因子	总定点因子	冠下直接辐射通量	冠下间接辐射通量	冠下总辐射通量
林隙分数	Pearson 相关性	1								
	显著性（双侧）									
开度	Pearson 相关性	0.992**	1							
	显著性（双侧）	0.000								
叶面积指数	Pearson 相关性	−0.649**	−0.598**	1						
	显著性（双侧）	0.001	0.002							
直接定点因子	Pearson 相关性	0.242	0.260	−0.169	1					
	显著性（双侧）	0.254	0.220	0.430						
间接定点因子	Pearson 相关性	0.737**	0.813**	−0.192	0.288	1				
	显著性（双侧）	0.000	0.000	0.368	0.173					
总定点因子	Pearson 相关性	0.285	0.307	−0.178	0.998**	0.347	1			
	显著性（双侧）	0.177	0.144	0.405	0.000	0.097				
冠下直接辐射通量	Pearson 相关性	0.243	0.260	−0.169	1.000**	0.288	0.998**	1		
	显著性（双侧）	0.253	0.219	0.429	0.000	0.172	0.000			
冠下间接辐射通量	Pearson 相关性	0.738**	0.814**	−0.197	0.290	1.000**	0.349	0.291	1	
	显著性（双侧）	0.000	0.000	0.356	0.169	0.000	0.095	0.168		
冠下总辐射通量	Pearson 相关性	0.285	0.308	−0.178	0.998**	0.347	1.000**	0.998**	0.349	1
	显著性（双侧）	0.177	0.144	0.404	0.000	0.097	0.000	0.000	0.094	

** 表示在 0.01 水平（双侧）上显著相关。

11.4　抚育间伐对土壤物理性质的影响

在每个抚育间伐样地取土壤剖面为 0～10cm 的土壤 1kg 带回实验室进行土壤化学性质及养分试验，同时用容积为 $100cm^3$ 的环刀在 0～40cm 土层取环刀样品，用于分析土壤物理性质。

在抚育间伐强度为 20%、25%、30%时，各抚育间伐样地的土壤含水率均大于对照样地，在抚育间伐强度为 25%时，土壤含水率高于其余抚育间伐样地，同时在间伐带宽为 10m 时达到最大。在抚育间伐强度为 20%、25%时，土壤容重均低于对照样地，在抚育间伐强度为 25%，间伐带宽为 10m 时，土壤容重达到最小值。在抚育间伐强度为 20%、25%、30%时，各改造样地的土壤最大持水量和毛管持水量均大于对照样地，并且随着抚育间伐强度的增加呈现先增大再减小的趋势。在抚育间伐强度为 15%、20%、30%时，土壤非毛管孔隙度均大于对照样地。在抚育间伐强度为 15%、25%、30%时，土壤毛管孔隙度均大于对照样地。在抚育间伐强度为 15%、30%时，土壤总孔隙度均大于对照样地。在抚育间伐强度为 25%，间伐带宽为 10m 时，土壤非毛管孔隙度和总孔隙度达到最大。在抚育间伐强度为 10%，间伐带宽为 14m 时，土壤毛管孔隙度达到最大。

11.5　抚育间伐对土壤化学性质的影响

11.5.1　研究方法

1．土壤有机质和 pH 的测定方法

土壤溶液中氢离子与氢氧根离子的相对数量决定着土壤的酸碱性。一般用氢离子的浓度来反映土壤的酸碱性，并用 pH 表示。土壤溶液 pH 的范围一般在 4～9，pH 的差别由土壤类型决定。山地多为酸性土壤，平原多为中性或碱性土壤，森林土壤除少数类型外多为酸性[4, 5]。不同林木对土壤酸碱性有不同的适应性。土壤酸碱性对林木生长的影响在许多情况下是通过土壤微生物和土壤养分有效性而间接影响林木的[6]。

在各采伐带内随机设置 4 个样点，各采伐带的样点保持在同一水平位置，对照样地选择在 10m 保留带内，每个样点取土壤剖面为 0～10cm 的土壤 1kg 带回实验室进行分析。土壤 pH 的测定采取水浸法，水土体积比按照 50∶1 的比例，用 pH 计按照 LY/T 1239—1999 的规定进行测定。pH 计以玻璃电极为指示电极，以甘汞电极为参比电极，当两种电极插入待测土壤溶液或土壤滤液中时，构成电池反应，两者之间产生一个电位差，由于参比电极的电位是固定的，因而该电位差的大小决定于溶液中的氢离子活度，氢离子活度的负对数即为 pH。因此，可用 pH 计直接读得 pH。

土壤有机质是指土壤中含碳的有机化合物。其来源主要包括动物、植物、微生物的排泄物、分泌物及其残体，流入土壤的废水废渣等[7, 8]。土壤有机质的含量因土壤类型的不同而有较大差异，含量高的可达20%或30%以上（如泥炭土、某些肥沃的森林土壤），含量低的不足1%或0.5%（如荒漠土、风沙土）。

进入土壤中的有机质一般以3种类型状态存在。

1）新鲜的有机物。指那些进入土壤中尚未被微生物分解的动、植物残体。它们仍保留着原有的形态等特征。对森林土壤而言，一般指LL层。

2）分解的有机物。经微生物的作用，有机质已部分分解，并且相互缠结，呈褐色。包括有机质分解产物和新合成的简单有机化合物。对森林土壤而言，一般指FL层。

3）腐殖质。指有机质经过微生物分解后并再合成的一种褐色或暗褐色的大分子胶体物质。与土壤矿物质土粒紧密结合，是土壤有机质存在的主要形态类型。对森林土壤而言，一般指HL层。

土壤有机质采用油浴重铬酸钾（$K_2Cr_2O_7$）氧化法，按照LY/T 1237—1999的规定进行测定。利用重铬酸钾在酸性溶液中将有机质氧化，并用硫酸亚铁将多余的重铬酸钾还原，由消耗的重铬酸钾求得碳的数量，再乘以常数即得有机质含量。

计算方法为

$$\text{有机碳}(\%)=\frac{\frac{0.800\times 5.0}{V_0}\times(V_0-V)\times 0.003\times 1.1}{m_1\times K_2}\times 1\,000 \tag{11-1}$$

$$\text{有机质}(\%)=\text{有机碳}(\%)\times 1.724 \tag{11-2}$$

式中，0.800——1/6重铬酸钾标准溶液的浓度（$mol\cdot L^{-1}$）；

5.0——1/6重铬酸钾标准溶液的体积（mL）；

V_0——空白标定用去硫酸亚铁溶液的体积（mL）；

V——滴定土样用去硫酸亚铁溶液的体积（mL）；

0.003——1/4碳原子的摩尔质量（$g\cdot mol^{-1}$）；

1.1——氧化校正系数；

1.724——将有机碳换算成有机质的系数；

m_1——风干土样的质量（g）；

K_2——将风干土换算成烘干土的系数。

2．土壤营养元素的测定方法

土壤化学元素测定需要分别针对不同元素，采取不同的测定方法。

1）土壤全氮采用自动凯氏法（LY/T 1228—1999）测定，仪器为VS-KT-P型全自动定氮仪。计算方法为

$$土壤全氮量（\%）=\frac{(V-V_0)\times C\times 0.014}{烘干土的质量}\times 100 \tag{11-3}$$

式中，V——滴定样品用去盐酸（或硫酸）标准溶液的体积（mL）;

V_0——滴定试剂空白试验用去盐酸（或硫酸）标准溶液的体积（mL）;

C——盐酸（或硫酸）标准溶液的浓度（$mol\cdot L^{-1}$）;

0.014——氮原子的摩尔质量（$g\cdot mol^{-1}$）。

2）水解氮的含量采用扩散法（LY/T 1231—1999）测定，将森林土壤样品置于扩散皿的外室，加锌-硫酸亚铁还原剂和 $1.8mol\cdot L^{-1}$ 的氢氧化钠溶液。在控制温度条件下，土壤中易水解的氮化合物，被稀碱水解成铵盐，铵盐与碱进一步作用形成氨气；锌粉和亚铁可将土壤中的亚硝态氮和硝态氮还原为氨。氨气不断扩散逸出，被内室的硼酸吸收，用标准酸滴定，便计算出水解氮的含量。

计算方法为

$$水解氮（mg\cdot kg^{-1}）=\frac{(V-V_0)\times C\times 14}{烘干土的质量}\times 1\,000 \tag{11-4}$$

式中，V——滴定待测液用去的盐酸（或硫酸）标准溶液的体积（mL）;

V_0——滴定试剂空白试验用去盐酸（或硫酸）标准液的体积（mL）;

C——盐酸（或硫酸）标准液浓度（$mol\cdot L^{-1}$）;

14——氮原子的摩尔质量（$mg\cdot mol^{-1}$）;

1 000——换算为 $mg\cdot kg^{-1}$ 的系数。

3）全磷的含量采用酸溶-钼锑抗比色法（LY/T 1232—1999）测定。

计算方法为

$$全磷（\%）=\frac{C\times V\times ts}{M\times 10^6}\times 100 \tag{11-5}$$

$$全五氧化二磷（\%）=全磷（\%）\times 2.29 \tag{11-6}$$

式中，C——从工作曲线上查得的显色液的磷浓度;

V——显色液的体积，50mL;

ts——分取倍数，ts＝待测液的体积（mL）/吸取待测液的体积（mL）;

M——烘干土样的质量（g）;

10^6——将微克换算成克的除数;

2.29——将磷换算成五氧化二磷的系数。

4）有效磷的含量采用氢氧化钠浸提-钼锑抗比色法（LY/T 1233—1999）测定。

计算方法为

$$有效磷（\mu g\cdot g^{-1}）=\frac{显色液含磷\times 显色液的体积\times 分取倍数}{烘干土的质量} \tag{11-7}$$

式中，显色液含磷——从工作曲线上查得的磷浓度（$\mu g\cdot g^{-1}$）;

显色液的体积——50mL;

分取倍数——分取倍数＝浸提液总体积/吸取浸提液体积。

5）全钾的含量采用酸溶-火焰光度法（LY/T 1234—1999）测定，仪器为火焰光度计。通过钾标准溶液的浓度和检流部读数所做的工作曲线中，即可得出待测液中钾的浓度，然后计算待测土样中钾的含量。

计算方法为

$$\text{全钾}(\%)=\frac{C\times V\times \mathrm{ts}}{m\times 10^6}\times 100 \tag{11-8}$$

$$\text{全氧化钾}(\%)=\text{全钾}(\%)\times 1.2046 \tag{11-9}$$

式中，C——从工作曲线查得的溶液中钾的浓度（$\mu g \cdot g^{-1}$）；

V——待测液定容体积，50mL；

ts——分取倍数，ts＝待测液体积（mL）/吸取待测液体积（mL）；

m——烘干土样的质量（g）；

10^6——将微克换算成克的除数；

1.204 6——将钾换算成氧化钾的系数。

6）速效钾的含量采用乙酸铵浸提-火焰光度法（LY/T 1236—1999）测定。

计算方法为

$$\text{速效钾}(\mu g\cdot g^{-1})=\frac{C\times V}{m_1\times K_2} \tag{11-10}$$

式中，C——从工作曲线上查得的待测液中钾的浓度（$\mu g \cdot g^{-1}$）；

V——浸提剂的体积（50mL）；

K_2——将风干土样换算成烘干土样的水分换算系数；

m_1——风干土样的质量（g）。

11.5.2　结果与分析

1．强度为10%的抚育间伐对土壤化学性质的影响

对A样地采用强度为10%的抚育间伐，抚育间伐后各条采伐带内土壤的化学性质平均值见表11-2。

表11-2　A样地土壤的化学性质

样地	pH	有机质质量分数/（g·kg^{-1}）	全效养分质量分数/（g·kg^{-1}）			速效养分质量分数/（mg·kg^{-1}）		
			全氮	全磷	全钾	水解氮	有效磷	速效钾
S1	5.74±0.22a	15.08±1.85a	8.16±0.62a	0.97±0.07ab	7.47±0.14ab	92.32±8.06b	14.72±1.39a	40.08±2.01b
S2	5.96±0.04a	15.35±1.60a	8.35±0.32a	0.68±0.11a	5.59±1.98a	74.32±2.56a	16.44±2.76a	45.53±1.77c
S3	5.71±0.44a	14.85±1.62a	8.66±0.88a	1.02±0.16bc	6.82±1.42ab	74.54±5.92a	13.86±1.12a	37.63±2.20ab

续表

样地	pH	有机质质量分数/($g \cdot kg^{-1}$)	全效养分质量分数/($g \cdot kg^{-1}$)			速效养分质量分数/($mg \cdot kg^{-1}$)		
			全氮	全磷	全钾	水解氮	有效磷	速效钾
S4	5.98±0.16a	14.53±2.07a	11.60±0.57b	1.31±0.34c	7.89±1.65b	92.45±7.71b	14.82±1.26a	46.63±3.07c
CK	5.63±0.20a	14.51±0.81a	7.96±0.65a	0.87±0.19ab	6.56±0.35ab	87.54±3.45b	14.21±1.95a	35.85±2.96a

注：表中数据为平均值±标准差，同列不同字母表示差异达显著水平（$P<0.05$）。

由表 11-2 可知，各条采伐带内的土壤 pH 与对照样地相比均有不同程度的升高，增长幅度为 0.08～0.35，各采伐带之间，以及采伐带与对照样地之间的差异均不显著，10m 采伐带 S2 和 18m 采伐带 S4 的土壤 pH 较高，分别高出对照样地 0.33 和 0.35，各采伐带内的土壤均呈弱酸性。

各采伐带内土壤有机质含量均有不同程度的升高，增长幅度为 0.02～$0.84g \cdot kg^{-1}$，10m 采伐带 S2 的土壤有机质含量较高，与对照样地相比升高了 $0.84g \cdot kg^{-1}$，各采伐带之间，以及采伐带与对照样地之间的差异不显著。

全效养分中，各采伐带内土壤的全氮含量随着间伐带宽的增大而升高，且均高于对照样地，增长幅度为 0.20～$3.64g \cdot kg^{-1}$，其中 18m 采伐带 S4 的全氮含量最高，明显高于对照样地，全氮含量高出对照样地 $3.64g \cdot kg^{-1}$，其他各采伐带之间，以及采伐带与对照样地之间的差异不显著。6m 采伐带 S1 内土壤全磷含量与对照样地差异不显著，其他样地与对照样地相比均有不同程度的升高或降低，变化幅度为－0.19～$0.44g \cdot kg^{-1}$，10m 采伐带 S2、14m 采伐带 S3 及 18m 采伐带 S4 之间的全磷含量差异显著，其中 18m 采伐带 S4 的全磷含量最高，为 $1.31g \cdot kg^{-1}$。10m 采伐带 S2 及 18m 采伐带 S4 的全钾含量与对照样地的差异较为显著，S2 的全钾含量低于对照样地，为 $5.59g \cdot kg^{-1}$，S4 的全钾含量最高，为 $7.89g \cdot kg^{-1}$，6m 采伐带 S1、14m 采伐带 S3 与对照样地的差异不显著。

速效养分中，6m 采伐带 S1、18m 采伐带 S4 的土壤水解氮含量与对照样地的差异不显著，且均高于对照样地，分别高出对照样地 $4.78mg \cdot kg^{-1}$、$4.91mg \cdot kg^{-1}$，18m 采伐带 S4 的土壤水解氮含量最高，10m 采伐带 S2、14m 采伐带 S3 的土壤水解氮含量均低于对照样地且差异较显著，分别低于对照样地 $13.22mg \cdot kg^{-1}$、$13.00mg \cdot kg^{-1}$。各采伐带内土壤有效磷含量的差异均不显著，除 14m 采伐带 S3 的有效磷含量低于对照样地外，6m 采伐带 S1、10m 采伐带 S2、18m 采伐带 S4 均高于对照样地，变化幅度为－0.35～$2.23mg \cdot kg^{-1}$，其中 10m 采伐带 S2 的有效磷含量最高，为 $16.44mg \cdot kg^{-1}$。各采伐带内土壤速效钾含量与对照样地的差异均较为显著，且均高于对照样地，增长幅度为 1.78～$10.78mg \cdot kg^{-1}$，其中 18m 采伐带 S4 的速效钾含量最高，为 $46.63mg \cdot kg^{-1}$。

2．强度为 15%的抚育间伐对土壤化学性质的影响

对 B 样地采用强度为 15%的抚育间伐，抚育间伐后各采伐带内土壤的化学性质平均值见表 11-3。

表 11-3　B 样地土壤的化学性质

样地	pH	有机质质量分数/（$g \cdot kg^{-1}$）	全效养分质量分数/（$g \cdot kg^{-1}$）			速效养分质量分数/（$mg \cdot kg^{-1}$）		
			全氮	全磷	全钾	水解氮	有效磷	速效钾
S1	6.13±0.28b	19.07±3.33a	8.28±0.97a	0.87±0.29a	8.62±0.23a	87.42±7.21a	15.36±0.65a	45.10±2.80a
S2	6.04±0.12b	19.56±3.39a	8.41±0.27a	0.84±0.28a	8.68±0.73a	93.12±4.36ab	16.17±1.89a	47.52±2.78a
S3	5.42±0.25a	18.62±3.44a	9.93±0.67b	0.64±0.18a	9.78±2.02a	98.34±1.39b	15.19±1.69a	44.85±3.85a
S4	6.22±0.22b	19.96±3.22a	10.19±0.62b	0.97±0.33a	9.72±1.45a	98.91±5.52b	16.99±3.09a	49.19±5.72a
CK	6.04±0.13b	17.54±2.91a	7.21±0.91a	1.03±0.23a	8.31±1.02a	86.44±6.36a	15.04±0.88a	46.33±4.41a

注：表中数据为平均值±标准差，同列不同字母表示差异达显著水平（$P<0.05$）。

由表 11-3 可知，除 14m 采伐带 S3 的土壤 pH 有所下降外，其他各采伐带内的土壤 pH 均有不同程度的升高，且与对照样地的差异不显著，变化幅度为−0.62～0.18，其中 14m 采伐带 S3 的土壤 pH 最低，为 5.42，18m 采伐带 S4 的土壤 pH 最高，为 6.22，各采伐带内的土壤均呈弱酸性。

各采伐带内土壤有机质含量均有不同程度的升高，与对照样地的差异不显著，增长幅度为 1.08～2.42$g \cdot kg^{-1}$，其中 10m 采伐带 S2、18m 采伐带 S4 的有机质含量较高，分别为 19.56$g \cdot kg^{-1}$、19.96$g \cdot kg^{-1}$。

全效养分中，各采伐带内土壤全氮含量随间伐带宽的增大呈现升高的趋势，且均高于对照样地，增长幅度为 1.07～2.98$g \cdot kg^{-1}$，6m 采伐带 S1、10m 采伐带 S2 的全氮含量与对照样地的差异不显著，14m 采伐带 S3、18m 采伐带 S4 的全氮含量明显高于对照样地，18m 采伐带 S4 的全氮含量最高，为 10.19$g \cdot kg^{-1}$。各采伐带内土壤全磷含量与对照样地差异不显著，且均低于对照样地，下降幅度为 0.06～0.39$g \cdot kg^{-1}$，18m 采伐带 S4 的土壤全磷含量在各采伐带中最高，为 0.97$g \cdot kg^{-1}$。各采伐带内土壤全钾含量随间伐带宽的增大整体呈升高趋势，且均高于对照样地，增长幅度为 0.31～1.47$g \cdot kg^{-1}$，各采伐带与对照样地的差异不显著，其中 14m 采伐带 S3、18m 采伐带 S4 的土壤全钾含量较高，分别为 9.78$g \cdot kg^{-1}$、9.72$g \cdot kg^{-1}$。

速效养分中，水解氮的含量随间伐带宽的增大呈上升趋势，且均高于对照样地，增长幅度为 0.98～12.47$mg \cdot kg^{-1}$，6m 采伐带 S1 与对照样地的差异不显著，其他各采伐带与对照样地的差异较显著，14m 采伐带 S3、18m 采伐带 S4 的水解氮含量明显高于对照样地，分别为 98.34$mg \cdot kg^{-1}$、98.91$mg \cdot kg^{-1}$。各采伐带内土壤有效磷含量均高于对照样地，且与对照样地的差异不显著，增长幅度为 0.15～1.95$mg \cdot kg^{-1}$，其中 18m 采伐带 S4 的土壤有效磷含量最高，为 16.99$mg \cdot kg^{-1}$。各采伐带内土壤速效钾含量与

对照样地的差异不显著，6m 采伐带 S1、14m 采伐带 S3 的土壤速效钾含量低于对照样地，10m 采伐带 S2、18m 采伐带 S4 的土壤速效钾含量高于对照样地，变化幅度为 −1.48～2.86mg · kg^{-1}，其中 18m 采伐带 S4 的土壤速效钾含量最高，为 49.19mg · kg^{-1}。

3．强度为 20%的抚育间伐对土壤化学性质的影响

对 C 样地采用强度为 20%的抚育间伐，抚育间伐后各采伐带内土壤的化学性质平均值见表 11-4。

表 11-4　C 样地土壤的化学性质

样地	pH	有机质质量分数/（g · kg^{-1}）	全效养分质量分数/（g · kg^{-1}）			速效养分质量分数/（mg · kg^{-1}）		
			全氮	全磷	全钾	水解氮	有效磷	速效钾
S1	5.93±0.20ab	13.60±1.36a	7.75±1.24a	1.02±0.31ab	10.68±1.98b	93.06±8.11a	15.01±1.21a	35.51±3.98ab
S2	5.61±0.17a	13.98±1.86a	7.77±0.97a	0.78±0.17a	7.21±2.08a	94.68±4.69a	15.04±1.14a	36.18±2.81ab
S3	5.68±0.26a	16.06±1.38a	8.04±0.72a	0.74±0.17a	8.70±2.42ab	95.73±5.87a	16.98±0.87ab	33.47±2.18a
S4	6.26±0.35b	17.31±3.89a	8.11±0.31a	1.17±0.29b	10.17±1.19b	96.73±6.02a	17.59±2.05b	36.97±1.52ab
CK	5.94±0.22ab	16.90±3.39a	7.74±0.34a	0.99±0.19ab	9.25±1.03ab	88.28±1.87a	15.70±2.06ab	38.06±2.74b

注：表中数据为平均值±标准差，同列不同字母表示差异达显著水平（$P<0.05$）。

由表 11-4 可知，6m 采伐带 S1、10m 采伐带 S2 及 14m 采伐带 S3 的土壤 pH 与对照样地相比有所下降，S2、S3 下降较明显，pH 较对照样地分别下降了 0.33、0.26，18m 采伐带 S4 的土壤 pH 与对照样地相比有所升高，pH 为 6.26，各采伐带内的土壤均呈弱酸性。

各采伐带内土壤有机质含量与对照样地相比差异不显著，其中 6m 采伐带 S1、10m 采伐带 S2 及 14m 采伐带 S3 的土壤有机质含量均低于对照样地，分别下降了 3.30g · kg^{-1}、2.92g · kg^{-1}、0.84g · kg^{-1}，18m 采伐带 S4 的土壤有机质含量最高，且高于对照样地，为 17.31g · kg^{-1}。

全效养分中，各采伐带内土壤全氮含量均高于对照样地，增长幅度为 0.01～0.37g · kg^{-1}，且土壤全氮含量随间伐带宽的增大呈现升高的趋势，各采伐带之间，以及各采伐带与对照样地之间的差异不显著，其中 18m 采伐带 S4 的土壤全氮含量最高，为 8.11g · kg^{-1}。10m 采伐带 S2、14m 采伐带 S3 土壤全磷含量低于对照样地，较对照样地分别下降了 0.21g · kg^{-1}、0.25g · kg^{-1}，6m 采伐带 S1、18m 采伐带 S4 的土壤全磷含量高于对照样地，较对照样地分别升高了 0.03g · kg^{-1}、0.18g · kg^{-1}，S4 的土壤全磷含量最高，为 1.17g · kg^{-1}。10m 采伐带 S2、14m 采伐带 S3 的土壤全钾含量低于对照样地，较对照样地分别下降了 0.24g · kg^{-1}、0.55g · kg^{-1}，6m 采

伐带 S1、18m 采伐带 S4 的土壤全钾含量高于对照样地，较对照样地分别升高了 1.43g·kg^{-1}、0.92g·kg^{-1}，6m 采伐带 S1 的土壤全钾含量最高，为 10.68g·kg^{-1}。

速效养分中，各采伐带内土壤水解氮含量随间伐带宽的增大呈现升高的趋势，且均高于对照样地，增长幅度为 4.78～8.45mg·kg^{-1}，各采伐带之间，以及各采伐带与对照样地之间的差异不显著，18m 采伐带 S4 的土壤水解氮含量最高，为 96.73mg·kg^{-1}。各采伐带内土壤有效磷含量随间伐带宽的增大呈现升高的趋势，14m 采伐带 S3 和 18m 采伐带 S4 的土壤有效磷含量高于对照样地，增长幅度为 1.28～1.89mg·kg^{-1}，各采伐带与对照样地的差异均不显著，其中 18m 采伐带 S4 的土壤有效磷含量最高，为 17.59mg·kg^{-1}。各采伐带内土壤速效钾含量均明显低于对照样地，下降幅度为 1.09～4.59mg·kg^{-1}，14m 采伐带 S3 的土壤速效钾含量与对照样地的差异较显著，速效钾含量最低，为 33.47mg·kg^{-1}，其他各采伐带之间的差异不显著，对照样地土壤速效钾含量最高，为 38.06mg·kg^{-1}。

4．强度为 25%抚育间伐对土壤化学性质的影响

对 D 样地采用强度为 25%的抚育间伐，抚育间伐后各条采伐带内土壤的化学性质平均值见表 11-5。

表 11-5　D 样地土壤的化学性质

样地	pH	有机质质量分数/（g·kg^{-1}）	全效养分质量分数/（g·kg^{-1}）			速效养分质量分数/（mg·kg^{-1}）		
			全氮	全磷	全钾	水解氮	有效磷	速效钾
S1	5.62±0.63ab	15.54±1.82a	7.35±0.83a	1.31±0.36a	10.33±0.85a	73.81±8.23a	16.98±0.89a	51.94±3.75a
S2	6.34±0.39b	16.20±2.68a	8.46±0.43ab	1.32±0.28a	11.11±2.70a	105.96±9.38c	17.57±0.44a	53.40±3.74a
S3	6.04±0.21ab	14.66±1.08a	7.78±0.62ab	1.16±0.32a	9.88±2.10a	90.09±7.24b	17.70±1.07a	51.51±1.55a
S4	6.01±0.30ab	15.31±1.77a	7.46±0.72a	1.06±0.27a	9.20±1.84a	89.74±6.13b	17.53±1.21a	51.34±4.24a
CK	5.54±0.56a	15.24±2.26a	7.71±1.00b	1.12±0.28a	8.39±2.33a	96.03±5.64bc	17.12±1.07a	49.45±3.11a

注：表中数据为平均值±标准差，同列不同字母表示差异达显著水平（P<0.05）。

由表 11-4 可知，各采伐带内土壤 pH 与对照样地相比均有所升高，且差异较为显著，增长幅度为 0.08～0.8，10m 采伐带 S2 的土壤 pH 最高，为 6.34，各采伐带内的土壤均呈弱酸性。

14m 采伐带 S3 的土壤有机质含量低于对照样地，比对照样地降低了 0.58g·kg^{-1}，其他各采伐带土壤有机质含量均高于对照样地，涨幅为 0.30～0.96g·kg^{-1}，其中 10m 采伐带 S2 的土壤有机质含量最高，为 16.20g·kg^{-1}，各采伐带之间，以及各采伐带与对照样地之间土壤有机质含量的差异不显著。

全效养分中，10m 采伐带 S2、14m 采伐带 S3 的土壤全氮含量高于对照样地，且差异显著，其中 10m 采伐带 S2 的土壤全氮含量最高，为 8.46g·kg^{-1}，6m 采伐带 S1、18m 采伐带 S4 的土壤全氮含量均低于对照样地。各采伐带内土壤全磷含量与对照样地的差异不显著，仅 18m 采伐带 S4 的土壤全磷含量略低于对照样地，比对照样地降低了 0.06g·kg^{-1}，其他各采伐带均高于对照样地，增长幅度为 0.04～0.20g·kg^{-1}，其中 10m 采伐带 S2 的土壤全磷含量最高，为 1.32g·kg^{-1}。各采伐带内土壤全钾含量均高于对照样地，增长幅度为 0.81～2.72g·kg^{-1}，但与对照样地的差异不显著，其中 10m 采伐带 S2 的土壤全钾含量最高，为 11.11g·kg^{-1}。

速效养分中，6m 采伐带 S1、14m 采伐带 S3 及 18m 采伐带 S4 的土壤水解氮含量与对照样地相比均有不同程度下降，降低幅度为 5.94～22.22mg·kg^{-1}，10m 采伐带 S2 的土壤水解氮含量明显高于对照样地，为 105.96mg·kg^{-1}。各采伐带内土壤有效磷含量与对照样地的差异不显著，6m 采伐带 S1 的土壤有效磷含量略少于对照样地，比对照样地减少了 0.14mg·kg^{-1}，其他采伐带内土壤有效磷含量均略高于对照样地，增长幅度为 0.41～0.58mg·kg^{-1}，其中 14m 采伐带 S3 的土壤有效磷含量最高，为 17.70mg·kg^{-1}。各采伐带内土壤速效钾含量均略高于对照样地，与对照样地的差异不显著，增长幅度为 1.89～3.95mg·kg^{-1}，其中 10m 采伐带 S2 的土壤速效钾含量最高，为 53.40mg·kg^{-1}。

5．强度为 30%的抚育间伐对土壤化学性质的影响

对 E 样地采用强度为 30%的抚育间伐，抚育间伐后各条采伐带内土壤的化学性质平均值见表 11-6。

表 11-6　E 样地土壤的化学性质

样地	pH	有机质质量分数/（g·kg^{-1}）	全量养分质量分数/（g·kg^{-1}）			速效养分质量分数/（mg·kg^{-1}）		
			全氮	全磷	全钾	水解氮	有效磷	速效钾
S1	6.18±0.70a	20.68±2.17ab	8.91±0.67abc	0.98±0.14a	10.23±1.86bc	77.56±4.49a	18.94±1.92a	35.03±2.56a
S2	6.19±0.24a	23.74±3.99b	10.25±0.99c	1.11±0.22a	12.19±0.95c	124.60±2.14d	18.68±1.80a	45.62±4.32c
S3	6.23±0.14a	20.65±2.84ab	9.46±1.10bc	1.10±0.05a	9.11±1.39ab	94.43±3.01c	17.94±1.11a	36.42±4.10ab
S4	5.92±0.18a	21.22±0.50ab	7.85±1.20a	1.03±0.38a	9.46±1.77ab	74.81±3.23a	17.35±0.40a	41.18±4.03bc
CK	5.91±0.12a	18.91±2.08a	8.42±0.34ab	1.02±0.15a	7.53±1.31a	86.35±2.06b	18.04±1.87a	32.84±2.41a

注：表中数据为平均值±标准差，同列不同字母表示差异达显著水平（$P<0.05$）。

由表 11-6 可知，各采伐带内土壤 pH 与对照样地相比均有不同程度的升高，但差异不显著，增长幅度为 0.01～0.32，14m 采伐带 S3 的土壤 pH 最高，为 6.23，

各采伐带内的土壤均呈弱酸性。

各采伐带内土壤有机质含量均高于对照样地，且差异较为显著，增长幅度为1.74～4.83g · kg^{-1}，其中10m采伐带S2的土壤有机质含量最高，为23.74g · kg^{-1}。

全效养分中，18m采伐带S4的土壤全氮含量低于对照样地，与对照样地相比减少了0.57g · kg^{-1}，其他各采伐带土壤全氮含量均高于对照样地，其中10m采伐带S2的土壤全氮含量明显较高，为10.25g · kg^{-1}。6m采伐带S1的土壤全磷含量略低于对照样地，与对照样地相比减少了0.04g · kg^{-1}，其他各采伐带土壤全磷含量均高于对照样地，但差异不显著，其中10m采伐带S2的土壤全磷含量较高，为1.11g · kg^{-1}。各采伐带内土壤全钾含量均明显高于对照样地，差异显著，增长幅度为1.58～4.66g · kg^{-1}，其中10m采伐带S2的土壤全钾含量最高，为12.19g · kg^{-1}。

速效养分中，6m采伐带S1、18m采伐带S4的土壤水解氮含量低于对照样地，且差异较为显著，分别降低了8.79mg · kg^{-1}、11.54mg · kg^{-1}，10m采伐带S2的土壤水解氮含量明显高于对照样地及其他采伐带，为124.60mg · kg^{-1}。各采伐带内土壤有效磷含量与对照样地的差异不显著，6m采伐带S1、10m采伐带S2的土壤有效磷含量高于对照样地，分别高出0.90mg · kg^{-1}、0.64mg · kg^{-1}，6m采伐带S1的土壤有效磷含量最高，为18.94mg · kg^{-1}，14m采伐带S3、18m采伐带S4的土壤有效磷含量均略低于对照样地，与对照样地相比分别减少了0.10mg · kg^{-1}、0.69mg · kg^{-1}。10m采伐带S2的土壤速效钾含量明显高于其他采伐带及对照样地，为45.62mg · kg^{-1}，其他各采伐带内土壤速效钾含量也均高于对照样地，除6m采伐带S1与对照样地的差异不显著外，14m采伐带S3、18m采伐带S4与对照样地的差异较为显著。

6．强度为35%抚育间伐对土壤化学性质的影响

对F样地采用强度为35%的抚育间伐，抚育间伐后各条采伐带内土壤的化学性质平均值见表11-7。

表11-7　F样地土壤的化学性质

样地	pH	有机质质量分数/（g · kg^{-1}）	全效养分质量分数/（g · kg^{-1}）			速效养分质量分数/（mg · kg^{-1}）		
			全氮	全磷	全钾	水解氮	有效磷	速效钾
S1	6.04±0.20a	19.09±2.15b	10.75±1.11c	1.22±0.59a	12.62±2.24b	104.63±8.08b	16.45±1.25a	42.49±5.72a
S2	5.98±0.35a	18.38±1.73ab	8.38±1.34b	1.23±2.24a	10.23±0.59ab	91.73±3.04a	17.58±2.91a	46.64±3.36a
S3	5.98±0.14a	16.67±2.27ab	6.91±0.47ab	1.06±0.25a	9.79±1.09a	87.82±4.23a	17.53±2.15a	44.17±2.28a
S4	5.96±0.28a	14.40±3.46a	5.61±0.75a	1.01±1.09a	8.89±0.98a	84.74±7.30a	16.53±0.81a	44.12±4.59a
CK	5.93±0.26a	15.92±3.18ab	8.25±0.59b	0.95±2.54a	9.58±2.54a	87.86±2.21a	15.86±0.69a	42.21±7.12a

注：表中数据为平均值±标准差，同列不同字母表示差异达显著水平（P<0.05）。

由表 11-7 可知，各采伐带内土壤 pH 随间伐带宽的增大呈下降趋势，均高于对照样地，增长幅度为 0.03～0.11，各采伐带之间，以及各采伐带与对照样地之间的土壤 pH 差异不显著，各采伐带内的土壤均呈弱酸性。

各采伐带内土壤有机质含量随间伐带宽的增大呈下降趋势，6m 采伐带 S1 的土壤有机质含量最高，为 $19.09g \cdot kg^{-1}$，18m 采伐带 S4 的土壤有机质含量最低，且低于对照样地，为 $14.40g \cdot kg^{-1}$。

全效养分中，各采伐带内土壤全氮含量随间伐带宽的增大整体呈下降趋势，6m 采伐带 S1 的土壤全氮含量高于对照样地，为 $10.75g \cdot kg^{-1}$，14m 采伐带 S3 及 18m 采伐带 S4 的土壤全氮含量均低于对照样地，且与对照样地相比下降幅度较为显著。各采伐带内土壤全磷含量随间伐带宽的增大整体呈下降趋势，且均高于对照样地，但与对照样地的差异不显著，6m 采伐带 S1 及 10m 采伐带 S2 的土壤全磷含量较高，分别为 $1.22g \cdot kg^{-1}$、$1.23g \cdot kg^{-1}$。各采伐带内土壤全钾含量随间伐带宽的增大整体呈下降趋势，其中 6m 采伐带 S1 及 10m 采伐带 S2 的土壤全钾含量明显高于对照样地，分别为 $12.62g \cdot kg^{-1}$、$10.23g \cdot kg^{-1}$，14m 采伐带 S3 的土壤全钾含量略高于对照样地，为 $9.79g \cdot kg^{-1}$，18m 采伐带 S4 的土壤全钾含量略低于对照样地，为 $8.89g \cdot kg^{-1}$。

速效养分中，各采伐带内土壤水解氮含量随间伐带宽的增大整体呈下降趋势，6m采伐带S1的土壤水解氮含量明显高于对照样地及其他采伐带，为 $104.63mg \cdot kg^{-1}$，10m 采伐带 S2 的土壤水解氮含量略高于对照样地，14m 采伐带 S3、18m 采伐带 S4 的土壤水解氮含量均略低于对照样地。各采伐带内土壤有效磷含量随间伐带宽的增大整体呈下降趋势，且均高于对照样地，各采伐带之间，以及各采伐带与对照样地之间土壤有效磷含量差异不显著，其中 10m 采伐带 S2、14m 采伐带 S3 的土壤有效磷含量较高，分别为 $17.58mg \cdot kg^{-1}$、$17.53mg \cdot kg^{-1}$。各采伐带内土壤速效钾含量与对照样地的差异不显著，其中 10m 采伐带 S2 的土壤速效钾含量较高，为 $46.64mg \cdot kg^{-1}$。

研究表明，大部分采伐带内土壤 pH 与对照样地相比均有不同程度的升高。A 样地内 10m 采伐带 S2 的土壤有机质含量较高，但各采伐带之间的差异不显著；B 样地内 10m 采伐带 S2、18m 采伐带 S4 的土壤有机质含量较高；C 样地内 18m 采伐带 S4 的土壤有机质含量较高；D 样地内 10m 采伐带 S2 的土壤有机质含量较高；E 样地内 10m 采伐带 S2 的土壤有机质含量较高；F 样地内 6m 采伐带 S1 的土壤有机质含量较高。

土壤营养元素中，A 样地 18m 采伐带 S4 的土壤全氮、全磷、全钾及水解氮、速效钾含量均略高，10m 采伐带 S2 的土壤有效磷含量略高，14m 采伐带 S3 的土壤全磷含量略高，6m 采伐带 S1 的土壤全钾、水解氮、有效磷含量略高，但各采伐带之间的差异不大，土壤营养元素含量分布并不集中；B 样地 18m 采伐带 S4 的土壤全氮、全磷、水解氮、有效磷、速效钾含量略高，14m 采伐带 S3

的土壤全氮、全钾、水解氮含量较高，但各采伐带之间的差异不显著；C 样地 18m 采伐带 S4 的土壤各营养元素含量均较高，且有随间伐带宽的增大而升高的趋势；D 样地和 E 样地 10m 采伐带 S2 的土壤各营养元素含量明显较高；F 样地 6m 采伐带 S1、10m 采伐带 S2 的土壤各营养元素含量较高。各采伐带内土壤营养元素数据虽出现个体差异，但总体表现为速效营养元素随全效营养元素的增加而增加。

11.5.3 基于主成分分析的天然林经营方式综合评价

利用 SPSS 软件对天然林土壤实验数据进行处理,主成分特征值及其贡献率见表 11-8。前 3 个公因子特征值大于 1，3 个公因子累计贡献率达到 87.051%，超过 85%，能够充分描述不同抚育间伐强度对各采伐带内土壤化学性质的影响。

表 11-8 主成分特征值及其贡献率

主成分	特征值	贡献率/%	累计贡献率/%
第一主成分	3.049	48.109	48.109
第二主成分	1.397	22.043	70.152
第三主成分	1.071	16.899	87.051

由表 11-9 可知，pH 在第一主成分（F_1）上有较大载荷；有机质含量在第一主成分（F_1）、第三主成分（F_3）上有较大载荷；全氮含量在第三主成分（F_3）上有较大载荷；全磷含量在第二主成分（F_2）上有较大载荷；全钾含量在第一主成分（F_1）、第二主成分（F_2）上有较大载荷；水解氮含量在第二主成分（F_2）、第三主成分（F_3）上有较大载荷；有效磷含量在第一主成分（F_1）上有较大载荷；速效钾含量在第二主成分（F_2）上有较大载荷。3 个主成分分别从不同方面反映了各采伐带内土壤的化学性质情况，单独一个主成分不能反映某一采伐带的情况，因此以各主成分对应的特征值为权数计算各样地综合得分，公式为

$$F=\frac{\lambda_1}{\lambda_1+\lambda_2+\lambda_3}S_1+\frac{\lambda_2}{\lambda_1+\lambda_2+\lambda_3}S_2+\frac{\lambda_3}{\lambda_1+\lambda_2+\lambda_3}S_3 \quad (11\text{-}11)$$

式中，F——综合得分；

S_1——第一主成分因子得分；

S_2——第二主成分因子得分；

S_3——第三主成分因子得分；

λ_1——第一主成分特征值；

λ_2——第二主成分特征值；

λ_3——第三主成分特征值。

表 11-9 因子载荷表

指标	主成分		
	F_1	F_2	F_3
pH	0.342	0.018	−0.086
有机质	0.381	−0.334	0.162
全氮	−0.150	−0.068	0.660
全磷	0.002	0.475	−0.098
全钾	0.172	0.239	0.036
水解氮	−0.101	0.146	0.498
有效磷	0.447	−0.042	−0.215
速效钾	−0.167	0.474	0.067

依据各因子得分，结合式（11-11）计算得出天然林各采伐带内土壤化学性质的综合得分及排名，结果见表 11-10。

表 11-10 天然林各采伐带内土壤化学性质的综合得分

样地	因子得分 S_1	因子得分 S_2	因子得分 S_3	综合得分	排名
A-S1	−1.298	−0.256	0.145	−0.754	27
A-S2	−0.121	−1.621	−0.576	−0.589	26
A-S3	−1.554	−0.634	−0.365	−1.091	29
A-S4	−1.545	1.139	1.759	−0.225	19
A-CK	−1.628	−0.971	−0.116	−1.168	30
B-S1	0.109	−0.545	0.121	−0.054	15
B-S2	0.185	−0.450	0.442	0.074	13
B-S3	−1.245	−0.940	1.943	−0.549	25
B-S4	0.579	0.108	1.475	0.634	6
B-CK	−0.285	0.187	−0.598	−0.226	20
C-S1	−0.620	0.239	−0.258	−0.333	23
C-S2	−1.447	−0.937	0.030	−1.031	28
C-S3	−0.195	−1.360	0.049	−0.443	24
C-S4	1.106	0.171	−0.266	0.603	7
C-CK	−0.063	−0.378	−0.381	−0.204	18
D-S1	−0.395	1.679	−1.447	−0.075	16
D-S2	0.569	2.276	0.384	0.965	2
D-S3	0.087	1.500	−0.702	0.292	9
D-S4	0.056	1.044	−0.774	0.145	12

续表

样地	因子得分 S_1	因子得分 S_2	因子得分 S_3	综合得分	排名
D-CK	−0.915	0.993	−0.177	−0.289	22
E-S1	2.083	−1.287	−0.629	0.704	4
E-S2	1.776	0.382	2.647	1.592	1
E-S3	1.433	−0.781	0.530	0.697	5
E-S4	1.154	−0.806	−0.924	0.255	10
E-CK	0.861	−1.373	−0.453	0.041	14
F-S1	0.797	1.048	0.182	0.741	3
F-S2	0.310	0.726	1.171	0.582	8
F-S3	0.564	0.392	−1.130	0.192	11
F-S4	−0.045	0.474	−1.948	−0.283	21
F-CK	−0.309	−0.020	−0.134	−0.202	17

由表11-10可知，排名前10位的样地中，E样地（抚育间伐强度为30%）的10m采伐带S2与D样地（抚育间伐强度为25%）的10m采伐带S2的综合得分明显较高，分别达到1.592和0.965；F样地（抚育间伐强度为35%）的6m采伐带S1、E样地（抚育间伐强度为30%）的6m采伐带S1的得分在0.7～0.8，排在第3位与第4位；E样地（抚育间伐强度为30%）的14m采伐带S3、B样地（抚育间伐强度为15%）的18m采伐带S4、C样地（抚育间伐强度为20%）的18m采伐带S4、F样地（抚育间伐强度为35%）的10m采伐带S2的得分在0.5～0.7，排在第5～8位；D样地（抚育间伐强度为25%）的14m采伐带S3、E样地（抚育间伐强度为30%）的18m采伐带S4的得分在0.2～0.3，排在第9位和第10位。

参考文献

[1] 万道印，苏喜廷，王玉峰，等. 小兴安岭用材林林木资产评估的研究［J］. 森林工程，2009，25（6）：15-17.

[2] 樊冬温，杜鹏东，刘明刚，等. 关于天然林采伐工程与迹地生态系统恢复的探讨［J］. 森林工程，2009，25（6）：22-24.

[3] 侯卫萍，王禄全. 黑龙江森林资源变动与经济增长关系的探讨［J］. 森林工程，2011，27（1）：82-88.

[4] 宋启亮，董希斌，李勇，等. 采伐干扰和火烧对大兴安岭森林土壤化学性质的影响［J］. 森林工程，2013，29（1）：4-7.

[5] 王雨朦，高明，董希斌. 大兴安岭火烧迹地改造后土壤化学性质研究［J］. 森林工程，2010，26（5）：21-25.

[6] 高丽平. 森林土壤及其在林业发展中的作用［J］. 中国新技术新产品，2011（3）：357.

[7] Kelly J M, Mays P A. Soil carbon changes after 26 years in a cumberland plateau hardwood forest [J]. Soil Science Society of America Journal, 2005, 69(3): 691-694.

[8] Yang Y S, Guo J F, Chen G S, et al. Effects of forest conversion on soil labile organic carbon fractions and aggregate stability in subtropical China [J]. Plant and Soil, 2009, 323(1-2):153-162.

第12章　抚育间伐对落叶松人工林土壤化学性质的影响

人工林是通过人工播种、栽植或扦插等方法和技术措施营造培育而成的森林。人工林按一定的目的要求，集中营造在交通较为方便的地方，并普遍采取选育良种、适地适树、密度适中、抚育管理等集约经营措施进行营造和培育。与天然林相比，人工林具有生长周期短、生长量高、开发方便等优势，可以较早地获得效益，其木材规格、质量较稳定，便于加工利用。

为了缓解我国木材短缺的问题，自20世纪80年代中期开始，我国政府决定在全国范围内大面积营造人工用材林，这种做法既可以保护现有森林，又有利于环境改善和生物多样性的保护[1]。然而，由于经营管理不科学，人工林也面临着土壤肥力衰退、生态恶化、森林生产力下降及病虫害等问题[2]。因此，研究不同抚育间伐强度、不同间伐带宽对人工用材林土壤化学性质的影响，从而制定合理的营林模式，对于我国人工林的科学培育和利用具有重要意义。

12.1　研 究 方 法

研究方法见11.5.1节。

12.2　结果与分析

12.2.1　强度为10%的抚育间伐对土壤化学性质的影响

对2A样地进行强度为10%的抚育间伐，抚育间伐后各条采伐带内土壤的化学性质详见表12-1。

表12-1　2A样地土壤的化学性质

样地	pH	有机质质量分数/($g \cdot kg^{-1}$)	全效养分质量分数/($g \cdot kg^{-1}$)			速效养分质量分数/($mg \cdot kg^{-1}$)		
			全氮	全磷	全钾	水解氮	有效磷	速效钾
S1	5.67±0.09a	18.65±2.28a	6.63±0.65a	0.82±0.15a	10.06±0.43ab	76.17±2.54b	14.45±2.54a	43.36±7.63a
S2	5.78±0.30a	19.80±1.65a	7.43±0.18b	0.86±0.16a	10.23±0.95ab	85.17±1.45c	15.16±1.87a	46.68±7.65a

续表

样地	pH	有机质质量分数/(g·kg^{-1})	全效养分质量分数/(g·kg^{-1})			速效养分质量分数/(mg·kg^{-1})		
			全氮	全磷	全钾	水解氮	有效磷	速效钾
S3	6.03±0.17a	21.12±2.66a	8.50±0.26c	0.98±0.06ab	8.39±1.73a	91.40±6.42d	15.83±0.61a	43.23±5.41a
S4	6.09±0.43a	22.86±1.74a	9.50±0.22d	1.21±0.22b	10.83±1.80b	98.24±2.38e	15.90±1.98a	48.66±6.58a
CK	6.02±0.33a	20.71±4.05a	6.69±0.18a	1.09±0.32ab	10.62±1.56ab	65.39±2.30a	12.95±1.43a	40.39±4.96a

注：表中数据为平均值±标准差，同列不同字母表示差异达显著水平（$P<0.05$）。

由表12-1可知，各采伐带内土壤pH随间伐带宽的增大呈现上升趋势，6m采伐带S1、10m采伐带S2的土壤pH低于对照样地，分别为5.67、5.78，14m采伐带S3、18m采伐带S4的土壤pH高于对照样地，分别为6.03、6.09，各采伐带之间，以及各采伐带与对照样地之间的土壤pH的差异不显著，各采伐带内的土壤均呈弱酸性。

各采伐带内土壤有机质含量随间伐带宽的增大呈现上升趋势，但差异不显著。6m采伐带S1、10m采伐带S2的土壤有机质含量低于对照样地，分别为18.65g·kg^{-1}、19.80g·kg^{-1}，14m采伐带S3、18m采伐带S4的土壤有机质含量高于对照样地，分别为21.12g·kg^{-1}、22.86g·kg^{-1}。

全效养分中，各采伐带内土壤全氮含量随间伐带宽的增大呈现上升趋势，除6m采伐带S1的土壤全氮含量略低于对照样地外，其他各采伐带土壤全氮含量均明显高于对照样地，其中18m采伐带S4的土壤全氮含量最高，为9.50g·kg^{-1}。各采伐带内土壤全磷含量随间伐带宽的增大呈现上升趋势，仅18m采伐带S4土壤全磷含量高于对照样地，为1.21g·kg^{-1}，其他各采伐带土壤全磷含量均低于对照样地，下降幅度为0.11～0.27g·kg^{-1}。6m采伐带S1、10m采伐带S2的土壤全钾含量略低于对照样地，与对照样地相比分别减少了0.56g·kg^{-1}、0.39g·kg^{-1}，14m采伐带S3的土壤全钾含量明显低于对照样地，比对照样地减少了2.23g·kg^{-1}，18m采伐带S4的土壤全钾含量略高于对照样地，与对照样地相比升高了0.21g·kg^{-1}。

速效养分中，各采伐带内土壤水解氮含量均明显高于对照样地，且随间伐带宽的增大呈现上升趋势，与对照样地相比增长幅度为10.78～32.85mg·kg^{-1}，其中18m采伐带S4的土壤水解氮含量最高，为98.24mg·kg^{-1}。各采伐带内土壤有效磷含量均高于对照样地，但差异不显著，且随间伐带宽的增大呈现上升的趋势，增长幅度为1.50～2.95mg·kg^{-1}，其中18m采伐带S4的土壤有效磷含量最高，为15.90mg·kg^{-1}。各采伐带内土壤速效钾含量均高于对照样地，但差异不显著，增长幅度为2.84～8.27mg·kg^{-1}，其中10m采伐带S2、18m采伐带S4的土壤速效钾含量较高，分别为46.68mg·kg^{-1}、48.66mg·kg^{-1}。

12.2.2 强度为 15%的抚育间伐对土壤化学性质的影响

对 2B 样地进行强度为 15%的抚育间伐，抚育间伐后各条采伐带内土壤的化学性质详见表 12-2。

表 12-2 2B 样地土壤的化学性质

样地	pH	有机质质量分数/($g\cdot kg^{-1}$)	全效养分质量分数/($g\cdot kg^{-1}$)			速效养分质量分数/($mg\cdot kg^{-1}$)		
			全氮	全磷	全钾	水解氮	有效磷	速效钾
S1	5.80±0.13a	16.86±4.30a	9.11±0.64bc	0.85±0.06ab	9.77±1.44ab	99.52±5.97b	15.41±0.82a	38.73±3.41a
S2	5.83±0.06a	15.76±3.23a	9.35±0.26c	0.83±0.15ab	10.53±1.03ab	99.95±9.90b	16.91±1.30a	41.27±3.53a
S3	5.98±0.21a	17.47±3.26a	8.55±0.23b	1.04±0.09b	11.33±1.44ab	99.18±8.83b	17.28±0.73a	50.36±7.06b
S4	6.09±0.27a	17.90±2.04a	9.57±0.21c	1.06±0.12b	12.19±1.88b	102.75±9.46b	17.86±1.72a	54.73±4.87b
CK	5.71±0.38a	14.97±2.61a	6.27±0.63a	0.57±0.37a	8.76±0.85a	68.60±6.23a	13.69±1.13a	39.29±6.94a

注：表中数据为平均值±标准差，同列不同字母表示差异达显著水平（$P<0.05$）。

由表 12-2 可知，各采伐带内土壤 pH 与对照样地相比均有不同程度的上升，但差异不显著，增长幅度为 0.09～0.38，其中 18m 采伐带 S4 的土壤 pH 最高，为 6.09，各采伐带内的土壤均呈弱酸性。

各采伐带内土壤有机质含量随间伐带宽的增大整体呈现上升的趋势，但差异不显著，各采伐带土壤有机质含量与对照样地相比均有不同程度的升高，增长幅度为 0.79～2.93$g\cdot kg^{-1}$，其中 18m 采伐带 S4 的土壤有机质含量最高，为 17.90$g\cdot kg^{-1}$。

全效养分中，各采伐带内土壤全氮含量均明显高于对照样地，且随间伐带宽的增大整体呈现上升的趋势，增长幅度为 2.28～3.30$g\cdot kg^{-1}$，其中 18m 采伐带 S4 的土壤全氮含量最高，为 9.57$g\cdot kg^{-1}$。各采伐带内土壤全磷含量均明显高于对照样地，且随间伐带宽的增大整体呈现上升趋势，增长幅度为 0.26～0.49$g\cdot kg^{-1}$，其中 14m 采伐带 S3、18m 采伐带 S4 的土壤全磷含量较高，分别为 1.04$g\cdot kg^{-1}$、1.06$g\cdot kg^{-1}$。各采伐带内土壤全钾含量均明显高于对照样地，且随间伐带宽的增大整体呈现上升趋势，增长幅度为 1.01～3.43$g\cdot kg^{-1}$，6m 采伐带 S1、10m 采伐带 S2 及 14m 采伐带 S3 之间土壤全钾含量的差异不显著，18m 采伐带 S4 的土壤全钾含量明显较高，为 12.19$g\cdot kg^{-1}$。

速效养分中，各采伐带内土壤水解氮含量均明显高于对照样地，且随间伐带宽的增大整体呈现上升的趋势，增长幅度为 30.58～34.15$mg\cdot kg^{-1}$，6m 采伐带 S1、10m 采伐带 S2 及 14m 采伐带 S3 之间土壤水解氮含量的差异不显著，18m 采伐带 S4 的土壤水解氮含量明显高于对照样地，为 102.75$mg\cdot kg^{-1}$。各采伐带内土壤有效磷含量均高于对照样地，但差异不显著，且随间伐带宽的增大呈现上升的趋势，增长幅度为 1.72～4.17g · kg^{-1}，其中 14m 采伐带 S3、18m 采伐带 S4 的土壤有效磷含量较高，分别为 17.28mg · kg^{-1}、17.86mg · kg^{-1}。6m 采伐带 S1 的土壤速效钾含量略低于对照样地，与对照样地相比减少了 0.56mg · kg^{-1}，其他各采伐带土壤速效钾含量均高于对照样地，增长幅度为 1.98～15.44mg · kg^{-1}，其中 14m 采伐带 S3、18m 采伐带 S4 的土壤速效钾含量明显高于对照样地，分别为 50.36mg · kg^{-1}、54.73mg · kg^{-1}。

12.2.3 强度为 20%的抚育间伐对土壤化学性质的影响

对 2C 样地进行强度为 20%的抚育间伐，抚育间伐后各条采伐带内土壤的化学性质详见表 12-3。

表 12-3 2C 样地土壤的化学性质

样地	pH	有机质质量分数/（g · kg^{-1}）	全效养分质量分数/（g · kg^{-1}）			速效养分质量分数/（mg · kg^{-1}）		
			全氮	全磷	全钾	水解氮	有效磷	速效钾
S1	5.99±0.17ab	15.09±3.05a	7.46±0.35a	1.11±0.16a	8.58±3.34a	70.11±8.86a	16.22±1.18a	52.93±3.71ab
S2	6.31±0.20ab	13.49±1.02a	7.74±0.45ab	1.14±0.03a	8.37±1.32a	77.24±8.05ab	15.70±1.13a	53.61±9.00ab
S3	6.27±0.24ab	14.95±0.82a	8.25±0.56b	1.31±0.12a	12.58±2.54b	95.52±6.14c	16.73±1.02a	56.60±8.26ab
S4	6.51±0.32b	21.98±2.40b	9.69±0.36c	1.32±0.18a	13.34±2.76b	134.08±8.60d	16.81±1.86a	58.17±6.48b
CK	5.88±0.29a	14.66±2.23a	9.52±0.38c	1.16±0.20a	10.90±2.18ab	86.94±4.68bc	15.65±1.75a	45.66±4.97a

注：表中数据为平均值±标准差，同列不同字母表示差异达显著水平（$P<0.05$）。

由表 12-3 可知，各采伐带内土壤 pH 与对照样地相比均有不同程度的升高，增长幅度为 0.11～0.63，且随间伐带宽的增大整体呈现上升的趋势，其中 18m 采伐带 S4 的土壤 pH 最高，为 6.51，明显高于对照样地及其他各采伐带，各采伐带内的土壤均呈弱酸性。

6m 采伐带 S1、10m 采伐带 S2 及 14m 采伐带 S3 与对照样地相比土壤有机质含量差别不大，除 10m 采伐带 S2 的有机质含量略有下降外，6m 采伐带 S1、14m 采伐带 S3 的有机质含量均有所升高，18m 采伐带 S4 的土壤有机质含量明显高于其他采伐带，为 21.98g · kg^{-1}。

全效养分中，6m 采伐带 S1、10m 采伐带 S2 及 14m 采伐带 S3 的土壤全氮含量均明显低于对照样地，下降幅度为 1.27～2.06g · kg^{-1}，18m 采伐带 S4 的土壤全氮含量略高于对照样地，为 9.69g · kg^{-1}，各采伐带内土壤全氮含量随间伐带宽的增大呈现上升的趋势。各采伐带内土壤全磷含量与对照样地的差异不显著，6m 采伐带 S1、10m 采伐带 S2 的土壤全磷含量略低于对照样地，与对照样地相比分别减少了 0.05g · kg^{-1}、0.02g · kg^{-1}，14m 采伐带 S3、18m 采伐带 S4 的土壤全磷含量略高于对照样地，与对照样地相比分别高出 0.15g · kg^{-1}、0.16g · kg^{-1}，各采伐带内土壤全磷含量随间伐带宽的增大呈现上升的趋势。6m 采伐带 S1 与 10m 采伐带 S2 之间土壤全钾含量的差异不显著，但均明显低于对照样地，与对照样地相比分别下降了 2.32g · kg^{-1}、2.53g · kg^{-1}，14m 采伐带 S3 与 18m 采伐带 S4 之间土壤全钾含量的差异不显著，但均明显高于对照样地，与对照样地相比分别高出 1.68g · kg^{-1}、2.44g · kg^{-1}。

速效养分中，各采伐带内土壤水解氮含量随间伐带宽的增大呈现上升的趋势，6m 采伐带 S1、10m 采伐带 S2 的土壤水解氮含量低于对照样地，14m 采伐带 S3、18m 采伐带 S4 的土壤水解氮含量高于对照样地，其中 18m 采伐带 S4 与对照样地的差异显著，土壤水解氮含量最高，为 134.08mg · kg^{-1}。各采伐带内土壤有效磷含量差异不显著，均略高于对照样地，增长幅度为 0.05～1.16mg · kg^{-1}，其中 18m 采伐带 S4 的土壤有效磷含量最高，为 16.81mg · kg^{-1}。各采伐带内土壤速效钾含量均明显高于对照样地，增长幅度为 7.27～12.51mg · kg^{-1}，6m 采伐带 S1、10m 采伐带 S2 及 14m 采伐带 S3 之间土壤速效钾含量的差异不显著，18m 采伐带 S4 的土壤速效钾含量最高，为 58.17mg · kg^{-1}，各采伐带内土壤速效钾含量随间伐带宽的增大呈现上升的趋势。

12.2.4　强度为 25%的抚育间伐对土壤化学性质的影响

对 2D 样地进行强度为 25%的抚育间伐，抚育间伐后各条采伐带内土壤的化学性质详见表 12-4。

表 12-4　2D 样地土壤的化学性质

样地	pH	有机质质量分数/(g · kg^{-1})	全效养分质量分数/(g · kg^{-1})			速效养分质量分数/(mg · kg^{-1})		
			全氮	全磷	全钾	水解氮	有效磷	速效钾
S1	5.84±0.14ab	17.57±3.66ab	8.56±0.63b	0.90±0.24ab	11.36±0.91b	98.49±5.09a	15.62±1.56b	49.86±5.51c
S2	6.00±0.25ab	22.72±4.29b	9.54±0.57c	1.21±0.28b	10.95±0.78ab	121.75±9.18b	15.85±1.11b	50.36±6.52c
S3	5.75±0.12a	17.59±3.59ab	8.70±0.41bc	0.87±0.22ab	10.65±0.62ab	98.89±7.78a	16.43±1.21b	45.75±8.70bc
S4	5.72±0.32a	14.97±2.59a	8.11±0.56b	0.82±0.19a	10.32±0.57ab	91.69±3.34a	15.95±1.18b	27.89±3.41a
CK	6.16±0.12b	20.74±3.53ab	7.08±0.64a	0.81±0.12a	9.69±1.09a	97.72±6.46a	13.37±0.90a	36.11±8.47ab

注：表中数据为平均值±标准差，同列不同字母表示差异达显著水平（P<0.05）。

由表 12-4 可知，各采伐带内土壤 pH 均低于对照样地，下降幅度为 0.16～0.44，各采伐带中 10m 采伐带 S2 的土壤 pH 较高，为 6.00，各采伐带内的土壤均呈弱酸性，pH 随间伐带宽的增大呈现先升高后下降的趋势。

6m 采伐带 S1 及 14m 采伐带 S3 的土壤有机质含量低于对照样地，与对照样地相比分别下降了 3.17g · kg^{-1}、3.15g · kg^{-1}，18m 采伐带 S4 的土壤有机质含量与对照样地相比明显降低，下降了 5.77g · kg^{-1}，10m 采伐带 S2 的土壤有机质含量高于对照样地，与对照样地相比升高了 1.98g · kg^{-1}，各采伐带内土壤有机质含量随间伐带宽的增大呈现先升高后下降的趋势。

全效养分中，各采伐带内土壤全氮含量均高于对照样地，且随间伐带宽的增大呈现先升高后降低的趋势，各采伐带之间，以及各采伐带与对照样地之间土壤全氮含量的差异较显著，其中 10m 采伐带 S2 的土壤全氮含量最高，为 9.54g · kg^{-1}。18m 采伐带 S4 的土壤全磷含量略高于对照样地，与对照样地相比升高了 0.01g · kg^{-1}，6m 采伐带 S1、10m 采伐带 S2 及 14m 采伐带 S3 的土壤全磷含量明显高于对照样地，其中 10m 采伐带 S2 的土壤全磷含量最高，为 1.21g · kg^{-1}，各采伐带内土壤全磷含量随间伐带宽的增大呈现先升高后下降的趋势。各采伐带内土壤全钾含量均高于对照样地，且随带宽的增大呈现下降的趋势，6m 采伐带 S1 的土壤全钾含量明显高于对照样地，为 11.36g · kg^{-1}，与对照样地相比升高了 1.67g · kg^{-1}，其他各采伐带内土壤全钾含量的差异不显著。

速效养分中，各采伐带内土壤水解氮含量随间伐带宽的增大呈现先升高后下降的趋势，6m 采伐带 S1 及 14m 采伐带 S3 的土壤水解氮含量略高于对照样地，10m 采伐带 S2 的土壤水解氮含量明显高于对照样地，与对照样地相比升高了 24.03mg · kg^{-1}，18m 采伐带 S4 的土壤水解氮含量略低于对照样地。各采伐带内土壤有效磷含量与对照样地相比均有不同程度的上升，且差异较显著，增长幅度为 2.25～3.06mg · kg^{-1}，各采伐带之间土壤有效磷含量的差异不显著。6m 采伐带 S1 与 10m 采伐带 S2 之间土壤速效钾含量的差异不显著，均明显高于对照样地，分别为 49.86mg · kg^{-1}、50.36mg · kg^{-1}，18m 采伐带 S4 的土壤速效钾含量低于对照样地，与对照样地相比下降了 8.22mg · kg^{-1}。

12.2.5 强度为 30%的抚育间伐对土壤化学性质的影响

对 2E 样地进行强度为 30%的抚育间伐，抚育间伐后各条采伐带内土壤的化学性质详见表 12-5。

表 12-5 2E 样地土壤的化学性质

样地	pH	有机质质量分数/（g · kg^{-1}）	全效养分质量分数/（g · kg^{-1}）			速效养分质量分数/（mg · kg^{-1}）		
			全氮	全磷	全钾	水解氮	有效磷	速效钾
S1	6.20±0.32a	14.38±1.62a	10.34±0.59d	0.94±0.14bc	11.66±3.25a	143.06±2.57c	16.76±1.42a	38.71±2.90b
S2	5.98±0.24a	15.68±2.58a	9.24±0.31c	1.21±0.27c	11.45±1.10a	90.32±6.13b	18.87±3.44a	49.78±1.96c
S3	5.99±0.14a	15.40±2.16a	8.99±0.47c	0.81±0.10ab	10.72±1.14a	87.82±5.93b	12.75±1.25a	38.34±2.77b
S4	6.07±0.26a	12.67±1.39a	6.52±0.88b	0.52±0.27a	11.01±1.78a	87.39±4.51b	15.23±3.08a	34.23±3.28a
CK	5.90±0.19a	14.37±3.39a	4.36±0.54a	0.82±0.08b	11.36±0.56a	52.83±2.60a	14.96±0.78a	39.63±2.42b

注：表中数据为平均值±标准差，同列不同字母表示差异达显著水平（$P<0.05$）。

由表 12-5 可知，各采伐带内土壤 pH 均高于对照样地，但差异不显著，6m 采伐带 S1 的土壤 pH 较高，为 6.20，各采伐带内的土壤均呈弱酸性。

各采伐带内土壤有机质含量与对照样地的差异不显著，各采伐带之间的差异也不显著，6m 采伐带 S1、10m 采伐带 S2 及 14m 采伐带 S3 的土壤有机质含量略高于对照样地，与对照样地相比分别升高了 $0.01g \cdot kg^{-1}$、$1.31g \cdot kg^{-1}$、$1.03g \cdot kg^{-1}$，18m 采伐带 S4 的土壤有机质含量略低于对照样地，与对照样地相比下降了 $1.7g \cdot kg^{-1}$。

全效养分中，各采伐带内土壤全氮含量随间伐带宽的增大呈现下降的趋势，均明显高于对照样地，增长幅度为 $2.16 \sim 5.98g \cdot kg^{-1}$，其中 6m 采伐带 S1 的土壤全氮含量最高，与对照样地相比升高了 $5.98g \cdot kg^{-1}$，为 $10.34g \cdot kg^{-1}$。各采伐带内土壤全磷含量与对照样地的差异较显著，变化幅度为 $-0.30 \sim 0.39g \cdot kg^{-1}$，其中 10m 采伐带 S2 的土壤全磷含量明显较高，为 $1.21g \cdot kg^{-1}$。各采伐带内土壤全钾含量与对照样地的差异不显著，6m 采伐带 S1、10m 采伐带 S2 的土壤全钾含量略高于对照样地，与对照样地相比分别升高了 $0.30g \cdot kg^{-1}$、$0.09g \cdot kg^{-1}$，14m 采伐带 S3、18m 采伐带 S4 的土壤全钾含量略低于对照样地，与对照样地相比分别减少了 $0.64g \cdot kg^{-1}$、$0.35g \cdot kg^{-1}$。

速效养分中，各采伐带内土壤水解氮含量随间伐带宽的增大呈现下降的趋势，其中 6m 采伐带 S1 的土壤水解氮含量明显高于对照样地，与对照样地相比升高了 $90.23mg \cdot kg^{-1}$，10m 采伐带 S2、14m 采伐带 S3 及 18m 采伐带 S4 之间土壤水解氮含量的差异不显著，但均明显高于对照样地。各采伐带内土壤有效磷含量与对照样地的差异不显著，其中 10m 采伐带 S2 的土壤有效磷含量最高，为 $18.87mg \cdot kg^{-1}$，14m 采伐带 S3 的土壤有效磷含量最低，且低于对照样地。10m 采伐带 S2 的土壤速效钾含量明显高于对照样地，与对照样地相比升高了 $10.15mg \cdot kg^{-1}$，6m 采伐带 S1、14m 采伐带 S3 的土壤速效钾含量略低于对照样地，18m 采伐带 S4 的土壤速效钾含量明显低于对照样地。

12.2.6　强度为 35%的抚育间伐对土壤化学性质的影响

对 2F 样地进行强度为 35%的抚育间伐，抚育间伐后各条采伐带内土壤的化学性质详见表 12-6。

表 12-6　2F 样地土壤的化学性质

样地	pH	有机质质量分数/($g \cdot kg^{-1}$)	全效养分质量分数/($g \cdot kg^{-1}$)			速效养分质量分数/($mg \cdot kg^{-1}$)		
			全氮	全磷	全钾	水解氮	有效磷	速效钾
S1	6.37±0.05c	20.75±0.84b	9.74±0.67a	0.95±0.09a	11.44±1.72b	100.05±8.47c	17.81±3.75a	53.22±5.29b
S2	6.30±0.12bc	19.43±0.68ab	9.46±0.91a	0.81±0.38a	9.22±3.68ab	98.93±7.74bc	17.76±3.29a	52.42±4.05b
S3	6.20±0.08bc	16.71±3.60a	9.15±0.37a	0.86±0.05a	9.24±0.94ab	89.62±7.87ab	17.64±4.72a	39.46±8.80a

续表

样地	pH	有机质质量分数/(g·kg^{-1})	全效养分质量分数/(g·kg^{-1})			速效养分质量分数/(mg·kg^{-1})		
			全氮	全磷	全钾	水解氮	有效磷	速效钾
S4	5.98±0.18a	16.36±1.06a	9.25±0.55a	0.80±0.34a	9.03±1.81ab	86.77±4.31a	15.08±2.36a	38.81±4.07a
CK	6.17±0.15b	18.91±3.73ab	8.82±0.60a	0.86±0.11a	7.79±1.84a	87.91±1.23a	14.44±1.90a	37.07±6.49a

注：表中数据为平均值±标准差，同列不同字母表示差异达显著水平（$P<0.05$）。

由表 12-6 可知，各采伐带内土壤 pH 随间伐带宽的增大呈现下降的趋势，6m 采伐带 S1 的土壤 pH 高于对照样地，为 6.37，10m 采伐带 S2、14m 采伐带 S3 的土壤 pH 略高于对照样地，18m 采伐带 S4 的土壤 pH 值略低于对照样地，各采伐带内的土壤均呈弱酸性。

各采伐带内土壤有机质含量随间伐带宽的增大呈现下降的趋势，6m 采伐带 S1、10m 采伐带 S2 的土壤有机质含量均高于对照样地，分别为 20.75g·kg^{-1}、19.43g·kg^{-1}，14m 采伐带 S3、18m 采伐带 S4 的土壤有机质含量低于对照样地。

全效养分中，各采伐带内土壤全氮含量随间伐带宽的增大整体呈现下降的趋势，且均高于对照样地，增长幅度为 0.33～0.92g·kg^{-1}，但各采伐带之间土壤全氮含量的差异不显著，6m 采伐带 S1 的土壤全氮含量最高，为 9.74g·kg^{-1}。各采伐带内土壤全磷含量随间伐带宽的增大整体呈现下降的趋势，6m 采伐带 S1 的土壤全磷含量最高，为 0.95g·kg^{-1}，18m 采伐带 S4 的土壤全磷含量低于对照样地，与对照样地相比降低了 0.06g·kg^{-1}。各采伐带内土壤全钾含量随间伐带宽的增大整体呈现下降的趋势，其中 6m 采伐带土壤全钾含量明显高于对照样地，为 11.44g·kg^{-1}，10m 采伐带 S2、14m 采伐带 S3 及 18m 采伐带 S4 之间土壤全钾含量的差异不显著，且均高于对照样地，增长幅度为 1.24～1.45g·kg^{-1}。

速效养分中，各采伐带内土壤水解氮含量随间伐带宽的增大呈现下降的趋势，其中 6m 采伐带 S1、10m 采伐带 S2 的土壤水解氮含量较高，分别为 100.05mg·kg^{-1}、98.93g·kg^{-1}，18m 采伐带 S4 的土壤水解氮含量略低于对照样地。各采伐带内土壤有效磷含量随间伐带宽的增大呈现下降的趋势，且均高于对照样地，增长幅度为 0.64～3.37mg·kg^{-1}，但各采伐带之间的差异不显著，6m 采伐带 S1 的土壤有效磷含量最高，为 17.81mg·kg^{-1}。各采伐带内土壤速效钾含量随间伐带宽的增大呈现下降的趋势，且均高于对照样地，其中 6m 采伐带 S1、10m 采伐带 S2 的土壤速效钾含量明显高于对照样地，分别为 53.22mg·kg^{-1}、52.42mg·kg^{-1}，14m 采伐带 S3 及 18m 采伐带 S4 的土壤速效钾含量略高于对照样地，分别为 39.46mg·kg^{-1}、38.81mg·kg^{-1}。

研究表明，各采伐带内土壤 pH 与对照样地相比整体呈现增长的趋势。2A 样地 14m 采伐带 S3、18m 采伐带 S4 的土壤有机质含量较高；2B 样地 14m 采伐带 S3、18m 采伐带 S4 的土壤有机质含量较高；2C 样地 18m 采伐带的土壤有机质含量明显较高；2D 样地 10m 采伐带 S2 的土壤有机质含量明显较高；2E 样地 10m 采伐带 S2 的土壤有机质含量较高；2F 样地 6m 采伐带 S1 的土壤有机质含量较高。从总体上看，各样地采伐带之间土壤有机质含量的差异不显著。

土壤营养元素中，2A 样地各采伐带内营养元素含量的差异不显著；2B 样地和 2C 样地 14m 采伐带 S3、18m 采伐带 S4 各营养元素的含量较高；2D 样地 10m 采伐带 S2 各营养元素的含量较高，6m 采伐带 S1 的全钾、速效钾含量较高；2E 样地 6m 采伐带 S1 的全氮、水解氮含量较高，10m 采伐带 S2 各营养元素的含量均较高；2F 样地 6m 采伐带 S1、10m 采伐带 S2 各营养元素的含量较高。各采伐带内土壤营养元素的数据虽出现个体差异，但总体上表现为速效营养元素随全效营养元素的增加而增加。

12.3　基于主成分分析的人工林经营方式综合评价

利用 SPSS 软件对人工林土壤实验数据进行处理，主成分特征值及其贡献率见表 12-7。前 3 个公因子特征值大于 1，3 个公因子累计贡献率达到 88.541%，超过 85%，能够充分描述不同抚育间伐强度对各采伐带内土壤化学性质的影响。

表 12-7　主成分特征值及其贡献率

主成分	特征值	贡献率/%	累计贡献率/%
第一主成分	3.597	54.958	54.958
第二主成分	1.126	17.204	72.162
第三主成分	1.072	16.379	88.541

由表 12-8 可知，pH 在第一主成分（F_1）、第三主成分（F_3）上有较大载荷；有机质含量在第三主成分（F_3）上有较大载荷；全氮含量在第二主成分（F_2）上有较大载荷；全磷含量在第一主成分（F_1）、第三主成分（F_3）上有较大载荷；全钾含量在第一主成分（F_1）上有较大载荷；水解氮含量在第二主成分（F_2）上有较大载荷；有效磷含量在第一主成分（F_1）、第二主成分（F_2）上有较大载荷；速效钾含量在第一主成分（F_1）上有较大载荷。3 个主成分分别从不同方面反映了各采伐带内土壤化学性质的情况，单独一个主成分不能反映某一采伐带的情况。

表 12-8　因子载荷表

指标	主成分		
	F_1	F_2	F_3
pH	0.147	0.039	0.208
有机质	−0.058	−0.016	0.770
全氮	−0.165	0.483	0.053

续表

指标	主成分		
	F_1	F_2	F_3
全磷	0.404	−0.172	0.128
全钾	0.244	0.069	−0.308
水解氮	−0.195	0.515	0.055
有效磷	0.189	0.212	−0.380
速效钾	0.472	−0.221	0.040

依据各因子得分，结合式（11-11）计算得出人工林各采伐带内土壤化学性质的综合得分及排名，结果见表 12-9。

表 12-9　人工林各采伐带的综合得分及排名

样地	因子得分 S_1	因子得分 S_2	因子得分 S_3	综合得分	排名
2A-S1	−0.472	−1.234	0.189	−0.497	23
2A-S2	−0.202	−0.702	0.489	−0.171	17
2A-S3	−0.479	−0.106	1.467	−0.047	15
2A-S4	0.601	0.224	1.648	0.721	5
2A-CK	0.116	−1.792	1.465	−0.005	14
2B-S1	−1.063	0.581	−0.176	−0.580	25
2B-S2	−0.606	0.885	−0.987	−0.387	20
2B-S3	0.766	0.237	−0.510	0.427	8
2B-S4	1.217	0.703	−0.545	0.792	4
2B-CK	−1.347	−1.386	−0.486	−1.195	30
2C-S1	0.931	−1.386	−0.305	0.253	11
2C-S2	1.076	−1.147	−0.185	0.411	9
2C-S3	2.200	−0.337	−0.868	1.140	2
2C-S4	1.905	1.266	1.247	1.660	1
2C-CK	0.429	0.022	−0.796	0.123	12
2D-S1	0.152	0.098	−0.302	0.057	13
2D-S2	0.408	0.833	1.587	0.709	6
2D-S3	−0.282	0.368	−0.460	−0.189	18
2D-S4	−1.449	0.447	−1.167	−1.029	29
2D-CK	−1.140	−0.336	1.629	−0.472	21
2E-S1	−0.650	2.548	−0.993	−0.093	16
2E-S2	1.345	0.347	−1.313	0.659	7

续表

样地	因子得分 S_1	因子得分 S_2	因子得分 S_3	综合得分	排名
2E-S3	−1.029	−0.027	0.004	−0.643	27
2E-S4	−1.094	−0.161	−1.655	−1.017	28
2E-CK	0.371	−2.392	−1.345	−0.482	22
2F-S1	0.898	0.818	0.602	0.828	3
2F-S2	0.172	0.703	0.597	0.353	10
2F-S3	−0.431	0.649	−0.283	−0.194	19
2F-S4	−1.084	0.266	0.057	−0.611	26
2F-CK	−1.258	0.008	1.394	−0.522	24

由表 12-9 可知，排名前 10 位的样地中，2C 样地（抚育间伐强度为 20%）的 18m 采伐带 S4 与 14m 采伐带 S3 的得分明显较高，分别达到 1.660 和 1.140；2F 样地（抚育间伐强度为 35%）的 6m 采伐带 S1 的得分为 0.828，排在第 3 位；2B 样地（抚育间伐强度为 15%）的 18m 采伐带 S4、2A 样地（抚育间伐强度为 10%）的 18m 采伐带 S4、2D 样地（抚育间伐强度为 25%）的 10m 采伐带 S2、2E 样地（抚育间伐强度为 30%）的 10m 采伐带 S2 的得分在 0.6～0.8，分别排在第 4～7 位；2B 样地（抚育间伐强度为 15%）的 14m 采伐带 S3、2C 样地（抚育间伐强度为 20%）的 10m 采伐带 S2、2F 样地（抚育间伐强度为 35%）的 10m 采伐带 S2 的得分在 0.3～0.5，分别排在第 8～10 位。

参 考 文 献

[1] 国庆喜．中国人工林栽培现状与发展趋势 [J]．AMBIO——人类环境杂志，2000，29（6）：354-355.
[2] 施双林，薛伟．落叶松人工林抚育间伐技术的研究 [J]．森林工程，2009，25（3）：53-56.

第 13 章　用材林生长系统模拟及精细化经营优化研究

13.1　森林生长模型及模拟系统概述

森林生长模拟系统的核心是生长模型。生长模型是指一个或一系列数学函数，用来描述林木生长与林分状态和立地条件的关系。模拟是使用生长模型去估测森林在某种条件下的生长。对于用材林的精细化经营，森林生长模拟的结果是精细化经营方案决策的重要依据。

Kimmins 将森林生长模型的发展划分为三个阶段：第一阶段以林木材积（林分蓄积）与年龄的关系得到静态收获表；第二阶段是根据树木生长和生理生态过程来预测生长收获及森林动态变化的过程性模拟；第三阶段是以树木的结构特性和生长环境关系来预测森林动态的综合性模型[1]。

按照模拟对象的不同将森林生长模型分为全林分模型、径级模型和单木生长模型，其中单木生长模型又分为与距离有关和与距离无关的单木生长模型两类；按照模拟对象将生长模型分为单木生长模型和林分生长模型，其中单木生长模型又划分为纯林模型、混交林模型和林窗模型。基于建模方法可以将森林生长模型分为三类——经验模型、机理模型和混合模型；按照模拟的单元不同将其分为林分总体模拟、树种更替模拟、直径转移模拟、空间竞争模拟和林窗动态模拟；按照模型层次将其分为全林分模型、以林木级为基本模拟单元的径级模型、以个体树木生长信息为基础的单木生长模型。

单木生长模型基于林木生长的竞争机制，以个体树木的生长信息为基础，模拟林分内不同大小和不同树种的生长过程模型。单木生长模型是一种间接预测方法，可以预测森林生长变化规律、收获量、生物量和碳含量等参数。主要的单木生长模型研究方法包括经验方程法、生长分析法、生长量修正法和变量代换法等。

13.2　单木生长模型

13.2.1　单木经验生长模型

单木经验生长模型是指以林分内单株树木为对象的模型。单木经验生长模型按照竞争指标可分为与距离有关和与距离无关两种。

单木与距离有关的模型不仅考虑单株的树木特征,而且考虑树木的相对位置。比较常见的模型包括：①FORMOSAIC 模型，该模型能够模拟单木的生长、死亡及更新，模拟变量包括断面积、胸径等[2]；②VETTENRANTA 模型，该模型主要是单木和林分尺度的生长回归方程，模型的主要竞争指标是与树高有关的函数[3]；③COMMIX 模型，该模型只能模拟树木的生长和死亡过程，但是能够根据林分密度来模拟森林抚育效应[4]；④SILVA 模型，该模型利用德国巴伐利亚州将近 5 万株单木、288 个固定样地进行 60 年观测而建立的，此模型被用来分析混交林的生长状况及预测气候变化对林木生长的影响[5]。

与距离无关的单木经验生长模型通常以建立与树木或树冠有关的回归方程为主。Prognosis 模型是最著名的一个与距离无关的单木经验生长模型，之后出现的 FVS、PrognosisBC 均是以该模型为基础建立的，主要特点是能够模拟纯林、混交林、同龄林、异龄林和天然林的生长、死亡和更新，同时还能够模拟各种不同经营措施对林分生长的干扰[6]。另一个著名的与距离无关的模型为 STEM 系统，该系统是 Fairweather 为预测美国宾夕法尼亚州混交林而开发出的一个计算机模拟系统[7]。CACTOS 模型是由美国北加利福尼亚木材工业委员会设计的，主要模拟北加利福尼亚由 11 个树种组成的针阔混交林的生长变化,包括由于木材收获引起的森林生长与死亡，运行时所需输入的数据包括树种、胸径、树高、地位指数等，还增加了一个可以模拟降雨量对树木生长影响的参数[8]。

国内有关单木生长模型的研究按照模拟对象可分为直径模型、树高模型、断面积生长模型、枯损模型、蓄积模型 5 类，其中直径模型属于经验生长模型，常用的拟合公式有 Richards、Sloblda、Korf、Weibull、Logistic 等。

在实际调查当中，与距离有关的模型需要对每株树木进行定位，调查成本高，不易操作，精度难以保证，而与距离无关的单木经验生长模型则只需要进行简单的单木指标的调查，调查方便。实践证明，在研究单木经验生长模型时只要竞争指标选取得当，有无林木间距离信息的单木生长模型在预估准确性上并无多大差别，大多数情况下与距离无关的竞争指标也能取得较好的预估效果[9]。

13.2.2　单木过程模型

单木过程模型（individual tree process-based model）和单木经验生长模型不同的是能够模拟单木水平上的树木生理变化过程，并使用环境、气候参数来模拟树木生长对环境条件变化的响应，多数模型还能够模拟土壤水分、树木各器官生物量、碳累积量等指标。德国科学家开发出的 BANALCE 模拟系统能够利用气候参数（如降雨量、一氧化碳浓度、温度等）和单木数据来预测树木叶片、树枝、粗根和树干的含碳量，并能模拟树冠光分配、碳、水和氮平衡，最后累加得到林分水平的预测值，模型用来分析复杂环境变化下树木的响应，该模型的另一个特点能输出单木的 3D 效果图。SORTIE 模型也是一个基于单木的机械、随机模型，最初被用来模拟年尺度上美国东北部 9 个主要树种的生长状况，该模型能够预测：①单木获得的光照；②单株分布类型、更新及由于光照条件变化导致的树木死亡。该模型的输入数据中包含了水分、氮素等参数，模型能够输出平面图像效果图，该模型最大的特点是能够预测上千年的树木生长过程[10]。

13.3 林分生长模型

13.3.1 林分经验生长模型

林分经验生长模型也分为与距离有关和无关两类。与距离有关的林分经验生长模型使用林分内单木生长平均值描述林分水平特征，并且各模拟林分之间考虑距离、位置因素。Wissel 开发出的林分经验生长模型可以预测不同时期的山毛榉林分分布状况[11]；另一个是 FORMIX 2 模型，能够模拟林分垂直和水平结构特征，模型原理是林冠层的生长转移概率[12]。

森林收获表是与距离无关的林分经验生长模型的典型实例，曾被广泛用来预测混交林、异龄林林分的生长动态。林分断面积、蓄积是林分经验生长模型常用的变量，偶尔还会加上密度、平均胸径和平均树高等；少数模型能够模拟林分内的种间竞争、更新和死亡[10]。

还有一类与距离无关的林分经验生长模型是直径分布模型，也称径阶分布模型、矩阵模型，这类模型考虑了林分之间的异质性。直径分布模型需要林分水平和一些单木水平的自变量来预测林分径阶分布，如林分平均断面积、平均胸径、每径阶断面积和胸径、密度等。林分直径模型的研究分为参数法和非参数法两类，包括相对直径法、概率密度函数法、理论方程法、联立方程法及其他拟合方法等[10]。

林分水平模型的建立及检验通常使用空间代替时间的方法来进行，因为建立该类模型需要大量和长期监测的固定样地数据，获取十分不易。林分经验生长模型可以输出单个树种或林分总体预测信息。

13.3.2 林分过程生长模型

林分过程生长模型的输入数据是林分水平上的生理、环境及生长参数。最著名的林分过程生长模型是 3-PG 模型，该模型可以模拟林分水平生产力及对环境变化的响应，还能够模拟森林生态系统碳平衡，模型以月为时间尺度，输入数据包括样地和气候参数两类，主要有太阳辐射、风速、降雨量、土壤深度、肥力、密度、消光系数等 48 个参数，输出数据包括光能利用率、初级生产力、净生产力、碳储量及分配、生物量库、土壤水分利用等参数，目前该模型能够应用在同龄林或相对均一的纯林中。Mohren 开发的 FORGRO 林分过程生长模型能够基于森林水文学进行林分水平上的碳平衡、水分运动、氮平衡的模拟，也被称作封闭的森林-土壤-大气模型，模型构建理论有植物生理学、物候学、水文地理学等，该模型以日为时间尺度。另一个比较著名的林分过程生长模型是 BIOME-BGC 模型，该模型基于日尺度来描述林分生产力、水分、碳、氮流动过程，模型忽略了林分空间异质性，预测结果包括单位面积的林分水平生物量，该模型建立的最初目的是模拟林分生物量的变化，以用于森林生态系统管理中。之后的 FOREST BGC 模型是基于 BIOME-BGC 开发的，能够模拟林分内水分、碳和氮的循环过程，水循环模拟过程包括冠层蒸发、截留、蒸腾、土壤含水量、雪水量、地表径流等；碳循环模拟过程包括光合作用、生长呼吸作用、维持呼吸作用、碳分配、凋落物量和分解量等；氮循环模拟过程包括氮沉积、摄取、凋落物和矿化作用等，该模型可以输出日尺度和年尺度的预测结果，模型运行需要 41 个参数，包括每日水平上的气候数据，如最值温度、短波辐射、降雨量等，林分水平输入数据包括叶片导度、叶面积指数、比叶面积等，模型主要输出数据为土壤含水量、日蒸腾量、日净光合生产力、生物量及年水平的林分地上部分生物量等。美国林务局开发的 Pipestem 模型也属于林分过程生长模型，主要被用来模拟同龄纯林林分树叶、细根和树干的碳累积量，输出结果包括年水平上的单位面积碳累积量，另外还能够模拟林分水平树木各器官的碳周转量[10]。

13.4　林 窗 模 型

一株或生长在同一生境内的几株优势木，在生长旺盛时期不但主宰着其周围的生境，也抑制着其林下树木的生长，只有在死亡后才给其周围的弱小树木创造适宜的生长条件，优势木的枯死必然要在郁闭的林冠层产生一空缺——林窗。林窗模型（Gap Model）主要是模拟林分内林窗内树种的更替过程，通过模拟某一林窗内树种的更新、生长和死亡来实现森林的动态变化过程，同时林窗模型假设林窗中林木生长及所需资源均为随机均匀分布。

林窗模型一般与林窗发生的位置无关，林窗之间并无相关性。JABOWA 是第一个林窗模型，用来模拟阔叶混交林的动态变化，需要输入 10 个树种参数和 7 个环境参数，林窗模型内树种的更新过程是随机的，模型由光照、积温及土壤水分驱动。FORET 也是一个非常著名的林窗模型，它与 JABOWA 不同的一点是模型内的气候变量是作为服从正态分布的随机变量出现的，而且能模拟单木树冠内树叶的垂直分布和林木更新。上述两个林窗模型的影响力很大，为现在林窗模型的发展提供了基础。ZELIG 林窗模型与一般林窗模型不同的是考虑了林分内林窗的位置，还将相邻树木间的遮阴考虑在内。还有一类林窗模型将树木生理生态学过程考虑在内，同时能够模拟环境变化后森林的反馈，被广泛用于全球气候变化的研究中，如 HYBRID 模型等[10]。

我国对林窗模型的研究很多，邵国凡建立了长白山阔叶红松林生长演替模型，于振良建立了长白山阔叶红松林 ZELIG.CBA 模型，李传荣等采用 SPACE 模型模拟了小兴安岭南坡人工栽植红松的动态过程，陈雄文用 BKPF 模型模拟了红松针阔混交林群落对气候变化的反应。由于林窗模型关注的对象——林窗的变化情况多样，林下物种的变化情况也较为复杂，而且模型的输入参数需要生理和环境因子，因此林窗模型发展缓慢，很难应用于实践，其主要意义在于能够模拟天然林的动态发展[10]。

13.5 混合模型

混合模型是经验模型与过程模型的结合体，混合模型结合了经验生长收获模型参数少、精度较高的特点，同时集合了过程模型能够模拟环境、生理生态因子对森林生长的影响的特点。多数的混合模型都是将光合作用模型作为最底层模型，在此基础上再模拟林分及单木水平上的生产力形成过程；其他的如水分平衡和氮平衡等生理过程在森林经营模型中并不是太重要。混合模型是当前模型研究的重要方向，1998 年国际林业组织联盟（IUFRO）在芬兰召开了“森林经营过程模型”会议，探讨了过程模型在森林经营管理中的作用，重申了过程模型应作为森林经营和研究全球气候变化的重要工具，其中混合模型成为会议探讨的问题之一。混合模型可以模拟由环境因子驱动的林分、单木水平碳平衡、总生产力、死亡、更新、经营措施等。

FORECAST 是加拿大哥伦比亚大学专家开发出的基于林分水平上的混合模型，以年为时间尺度，能够模拟枯落物分解、氮循环、树木各器官碳累积量、立地质量变化、土壤类型和光照等过程，主要输出 3 种类型的数据：生物物理学数据（树种竞争、立地质量、林分结构、土壤有机质、碳分配情况）、生长收获数据（总蓄积、板材积、树高及胸径生长量等）、经济数据（原木价格、管理费用、雇工费用等）。另一个比较著名的混合模型是加拿大魁北克大学的彭长辉教授开发出的“三元生态系统模型”（TRIPLEX），该模型是基于 3PG、REEDYN 和 CENTURY 3 个模型建立起来的，能够预测林分生长与收获、森林碳汇、长短期气候变化对森林生长的作用等，该模型的应用范围很广，能模拟同龄林、异龄林、针叶林和阔叶林在各种不同地理类型、土壤和气候条件下的生长情况。FOREST 5 是由美国明尼苏达大学专家开发出的一个基于 FOREST 模型的混合模型，能够在单木、林分和景观水平上模拟森林经营措施对森林的影响。LMS 模型是由美国华盛顿大学森林培育实验室开发出的一个基于景观水平的混合模型，它能够同时与经验模型 FVS、GIS、SVS 及国家数据库连接，模拟林分结构、环境变化、自然灾害及分析林业经济产值[10]。

13.6 森林生长模拟系统

13.6.1 森林生长模拟系统研究概述

典型的森林生长模拟系统是美国的 FVS-BGC 系统。FVS-BGC 森林生长模拟系统是由经验生长收获模拟系统 FVS 和基于过程的 STAND-BGC 模型组成的，STAND-BGC 模型是以扩展模块的形式与 FVS 系统连接起来的，两个系统在程序源代码、模型等构成上都具有独立性。FVS-BGC 与其他过程模型及生态学模型所不同的是它可以模拟森林经营过程，这部分功能主要是由 FVS 系统实现的，STAND-BGC 部分主要进行单木及林分水平上的生理生态方面的模拟预测[13]。

13.6.2　单木几何建模研究现状

树木是森林的主体，树木的建模与绘制是构建虚拟森林环境的关键技术之一。由于树木模型的复杂性，在计算机图形学中过程建模方法被广泛使用。树木的过程建模方法可以分为两类，即生长型和描述型。生长型的建模方法侧重于对植物生长的实际过程的模拟，强调植物具体生长的机制、枝条的生长变化，对树木的自相似程度要求高。而粒子系统构造的树木看起来有明显的人工痕迹，并且粒子系统的光照效果无法根据客观事实严格计算，因此缺乏高度真实感。这种方法的最大缺点是难于控制结果模型的尺寸。描述型建模方法所得到的几何结构是自动生成的，通过设定相关参数来完成对植物模型的造型。这类方法相对于生长型，在确定参数时对生物和林学方面的知识要求较少。

在宏观上，树木分为主干、枝条和树叶三大部分。枝条是树木形态结构的重要构件，枝条在树干上的分枝角度、分枝长度、枝条分枝级数等是决定分枝空间格局及树冠形态的重要因素。枝条形态结构是以分层规律为分枝结构的，由主干分生第一层分枝，再由第一层分枝分生第二层分枝，如此一层一层分生下去直至树叶，树木在生长发展过程中其形态就是这样不断地在前一层基础上复制与其相似的组织结构，呈现出一定的自相似的分形特征。

要进行参数化建模，首先要定义树模型的有关参数。根据上述树的定义，可以采用以下参数来描述树木的形态结构。

（1）主干

胸径、树高、半径变化、树皮纹理、分节长度、分节数、第一层枝条的起始位置、结束位置和分布密度。

（2）枝条

枝条的层次、长度、半径、半径变化，与上一层枝条的夹角、夹角变化，以及下一层枝条的分布与密度。

（3）树叶

树叶的尺寸、与上一层枝条的距离、树叶纹理。

三维树几何模型的绘制可以分为两大部分：枝干（包括主干和枝条）和树叶。在绘制的时候，采用不同的绘制方法。

枝干可以看作横截面直径变化的广义圆柱体。广义圆柱体是以三维空间曲线为轴的立体，轴上任意一个点都定义着一个封闭的截面。为了生成绘制需要的枝干表面的三角形条带，定义了一系列沿枝干轴的横截面。每个横截面都是包含确定数量点的多边形。

对于树叶的绘制，为了提高绘制速度，采用一个四边形表达一组树叶，用树叶的照片作为四边形的纹理，这样可以大大减少表示树叶的多边形数目。

13.6.3　森林林分生长模拟

虚拟森林环境不受时间和空间的限制，可以为森林管理和研究人员进行林分的生长模拟和经营模拟试验提供一个良好的交互式平台。在虚拟森林环境中，可以模拟树木生长的各种不同的环境条件，包括地形、立地条件（密度、郁闭度、立地质量等）、光照等，用最直观的形式模拟各种条件下林分的生长过程，研究林分生长的影响因子，并进行生长模型的验证。

林分生长模型需要调查林分现状。林分现状数据主要包括森林调查数据和空间数据两类。

森林资源调查（forest resource inventory）也称森林调查（forest inventory），是对用于林业的土地进行其自然属性和非自然属性的调查，主要有森林资源状况、森林经营历史、经营条件及未来发展等方面的调查。了解和掌握森林资源信息，能为森林现状数据的分析提供前提条件。

在我国，根据调查的目的和范围将森林调查分为以下三大类。

1）以全国（大区或省）为对象的森林调查，称为国家森林资源连续清查，简称一类调查。调查的目的是掌握调查区域内森林资源的宏观状况，为制定或调整林业方针政策、规划、计划提供依据。

2）以森林资源经营管理的企事业单位和行政县、乡（镇）的单位为对象的森林调查，称为森林资源规划设计调查，简称二类调查。此类调查的目的是为县级林业区划、企事业单位的森林区划提供依据，编制森林经营方案，制订生产计划等。

3）主要为企业生产作业设计而进行的调查，称为作业调查，简称三类调查。调查的目的主要是对将要进行生产作业的区域进行调查，以便了解生产区域内的资源状况、生产条件等。

在林分现状模拟中，主要用到的小班调查因子有小班号、小班面积、立地类型、立地质量、优势树种、年龄、平均胸径、平均树高、株数密度等，结合林分结构规律模拟林分的空间分布信息。空间数据包括林相图、DEM 数据和遥感图像等。林相图是二类调查的主要图面成果，是进行森林资源管理和林业生产经营活动重要的基础材料。生产上用的林相图大多是林业调查员以地形图为底图，在地形图上勾绘林班和小班边界而形成的。林相图也可以以遥感影像为数据源，运用地理信息系统和遥感技术来编制。

在未遭受到严重干扰的情况下，即使林分内部的造林时间和生长环境基本相同，由于林木遗传性和林木个体之间相互竞争、相互作用，也会产生某些差异。这些差异的特征因子如胸径、树高等表现出较为稳定的结构规律性，在林学中称为林分结构规律。这些规律是采用整体到个体方法获取林分中各林木的树高、直径、冠幅等森林现状数据的关键。

（1）林分直径结构

林分直径结构是林分结构规律中最基本的规律。在林分内各种大小直径林木的分配状态称为林分直径结构（stand diameter structure），也称林分直径分布。在测树学中，林分直径结构是最基本的林分结构，不仅因为林分直径便于测定，还因为它是林业管理者采取森林经营技术的依据。在林分直径结构中，又以同龄纯林的直径结构规律为基础，异龄混交林的直径结构规律要复杂得多。各林分直径结构曲线的具体形状虽略有差异，但就其直径结构规律来说，尽管林分平均胸径不同，但都是形成一条以林分算术平均直径为峰点、中等大小的林木株数占多数，向其两端径阶的林木株数逐渐减少的单峰直径分布。

（2）林分树高分布

林分中树木的树高与直径呈现出一定的相关性。若以纵坐标表示树高，以横坐标表示径阶，将各径阶的平均树高依直径点绘在坐标图上，并依据散点的分布趋势绘制一条平滑的曲线，它能明显地反映出树高随直径的变化规律，这条曲线称为树高曲线。

（3）冠幅分布规律

林木的冠幅随林木胸径的增加而增大，它们之间呈正相关。邓宝忠等进行了红松阔叶人工天然混交林主要树种胸径与冠幅的相关分析，并建立了各树种胸径、冠幅关系的数学模型。董健等建立了日本落叶松的冠幅与胸径、树高及林分密度的相关模型。

林分生长模型基于单木生长模型建立，但还需考虑其他因素。林分生长模型包括全林分模型、径级模型和单木模型 3 种。单木生长是组成林分生长的最基本单元。单木生长模型和其他模型相比，有其独特的优点，可以免去重复设置样地并节省费用，且能够评价多种间伐效果。

在同一生长环境内，林木在生长发育过程中相互影响，致使一林木（一些林木）给另一林木（另一些林木）造成间接危害，林木之间出现竞争的现象。用竞争指数来控制林木生长是模拟单株林木生长的基本方式，而所有林木生长的总和则构成整个林分的生长。所以单木生长模型的关键在于林木竞争机制的研究。

林木竞争：在林分内由于树木生长不断扩大空间而使林分结构发生变化。林分的生长空间是有限的，于是树木之间展开了争夺生长空间的竞争，竞争的结果导致一些树木死亡，一些树木勉强维持生存，另一些树木得到更大的生长空间，这种现象称为林木竞争。

对象木：计算竞争指数时所针对的树木。

竞争木：对象木周围与其对象木有竞争关系的林木。

影响圈：林木潜在生长得以充分发挥时所需要的生长空间。

疏开木：其周围没有竞争木与其争夺生长空间，可以充分生长的树木。

竞争指数：表示林木间竞争激烈的数量指标。

竞争指数根据其与距离的关系，基本上分为两大类，一类与距离有关，另一类与距离无关。与距离有关的单木竞争指数又可归纳为 6 类：胸高断面积竞争指数、树冠面积重叠竞争指数、树冠表面积外露竞争指数、视角竞争指数、简单竞争指数及镶嵌多边形竞争指数。与距离无关的竞争指数包括相对树高、相对冠幅、冠长率、树冠伸长度、树冠完满度、树冠投影比等。

单木生长模型引入了林木的竞争机制，而林木竞争必然导致林木的不断分化，一部分竞争能力强的林木得以保持不断生长，而一些竞争能力弱的林木则逐渐地被淘汰而枯死。这就需要用枯死模型来解释林木的自然枯死现象。

外业调查中枯死木因枝条折断等原因使冠幅不能确定，只能测得胸径、树高值，因此枯死木只有相对树高这一竞争指数。依据相对树高值的大小对林木进行分组，统计每一组中林木的总株数和枯死木数目，算出每一组林木枯死频率。显然，林木的相对树高越大，枯死频率越小。

在资源总量有限的情况下，树木之间为了竞争阳光和养分，必然存在“适者生存”的自然进化规律。随着树木的增大，密度过于拥挤，从而导致一些被压木死亡，林分密度随着时间的推移必将呈现某种变化规律，称为森林自然稀疏规律。森林的自然稀疏过程反映着不同年龄的林分株数的结构和动态规律。

基于虚拟森林环境的林分生长模拟是在林分现状模拟结果的基础上，综合运用林分生长竞争模型和枯死模型、林分密度预测模型等，预测若干年后林分的三维场景变化。

13.6.4　虚拟森林环境中的虚拟经营模拟

使用虚拟森林环境进行林分经营模拟的思路见图 13-1。主要步骤包括：经营参数的确定及输入；建立经营模型；运行后生成经营方案；经营结果的二维和三维显示；经营方案评估。

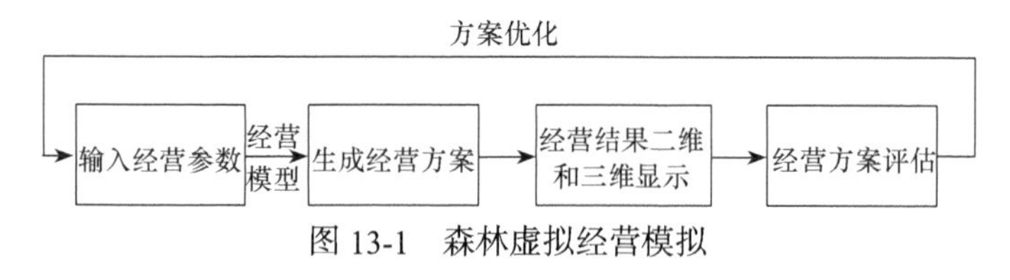

图 13-1　森林虚拟经营模拟

抚育间伐可以利用人工干预手段，实现按经营目的调整林分组成，降低林分密度，从而提高林分质量和木材产量的目的。

森林从幼龄到成熟，尽管在时间上差别很大，但都要经历几个基本的生长发育时期。一般根据林分生长发育变化，林木相互之间，以及林木与环境之间相互关系的变化特点，概括为 6 个生长发育时期：森林形成时期（幼龄林）、森林速生时期（壮龄林）、森林成长时期（中龄林）、森林近熟时期（近熟林）、森林成熟时期（成熟林）和森林衰老时期（过熟林）。对于人工纯林，可以简化为以下 3 个阶段。

1）个体的生长阶段。这是造林后目的树种与杂草、灌木及非目的树种的种间竞争开始阶段。为缓和目的树种与其他植物之间的竞争，以及促进目的树种的个体生长，应进行除草和割冠等抚育措施。

2）开始郁闭阶段。由于生长速度加快，邻近林木间的树冠枝叶相衔接，同种之间对阳光、水分、养分等开始竞争。在此阶段因林木生长速度快，逐渐出现自然整枝现象，林下的其他植物也逐渐变少而趋向消亡。这种状态标志着林分已进入郁闭。在这个阶段应进行适时的首次间伐。

3）自然稀疏阶段。随着郁闭逐渐加大，同种个体间的竞争日益激化，各个体之间出现大小、优劣明显的差别，被压制的劣势木逐渐枯死，于是产生自然稀疏过程，这说明林分已发展到最大密度。根据培育目的，在这个阶段内要进行多次疏伐，以使林分保持最适宜密度。

在林业生产中，常根据林木的分化程度对林木进行分级，为森林的经营管理提供依据。林木的分级方法很多，但是应用最普遍的是克拉夫特的生长分级法。按照这种分级方法，同龄纯林中的林木按其生长的优劣分为 5 级。各级林木的特征如下。

Ⅰ级——优势木，树高和直径最大，树冠很大，且伸出一般林冠之上。

Ⅱ级——亚优势木，树高略次于Ⅰ级，树冠向四周发育，在大小上也次于Ⅰ级木。

Ⅲ级——中等木，生长尚好，但树高和直径较前两级林木为差；树冠较窄，位于林冠的中层，树干的圆满度较Ⅰ、Ⅱ级木为大。

Ⅳ级——被压木，树高和直径生长都非常落后，树冠受挤压，通常是小径木。

Ⅴ级——濒死木，完全位于林冠下层，生长极落后，树冠稀疏而不规则。

密度是林分特征的一个重要指标，它影响林冠的郁闭状况、林木对土地的利用程度和环境条件。反过来，这些因素又通过林木之间的相互作用，影响森林生长的速度，以及林木的形质和产量。

抚育间伐的模拟过程：对于选定的林分，输入间伐规则（主伐时间、抚育方法、经营密度等），然后利用林分合理经营密度模型和生长模型，生成间伐方案（包括间伐时间、间伐强度、间伐木株数等）。可以选择一个间伐时间，计算每一次间伐引起的林分结构变化，并清除间伐的树木，模拟林分的密度及空间分布变化。

13.7　用材林精细化经营优化

13.7.1　研究路线

基于生态系统角度，森林生态系统的结构包括空间结构和非空间结构。空间结构主要包括混交、竞争和林木空间分布格局。非空间结构包括径级结构、生长量和树种多样性。系统功能包括经济效益、生态效益和社会效益。

用材林精细化经营优化主要是从森林生态系统整体考虑，对森林生态系统的空间结构和非空间结构因子进行优化调整，实现最佳的经济效益、生态效益和社会效益。

传统的林分择伐主要以经济效益最大、纯收益最多、净现值最大为目标，很少考虑系统的生态效益与社会效益，忽略对森林生态系统的空间结构功能保护。维持林分结构多样性、提高林分物种多样性、保持生态系统稳定性是精细化经营的主要目标。

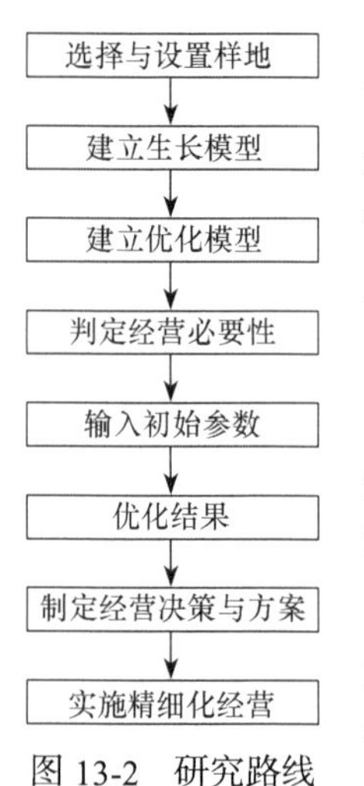

图 13-2　研究路线

生态过程和干扰会影响林分结构。疏伐是对林分最重要的干扰，采伐直接影响林分的空间结构和非空间结构，合理择伐是调整林分空间结构的手段，进而间接影响森林非空间结构因子。抚育间伐可以调整林分空间结构，改善林分卫生状况，防止病虫害发生与蔓延。

将林分空间结构引入抚育间伐规划，建立林分抚育间伐空间优化模型，为用材林精细化经营提供决策依据，以便在确定是否采伐某一空间位置上的林木时有充分的理由，改变以往的粗放式经营模式，提供精细化经营方案。

用材林精细化经营优化属于多目标规划问题。在最优结构决定最优功能的假设前提下，采用非线性多目标整数规划建立模型。模型以林分空间结构为目标，在非空间结构为主要约束下，求解空间结构的最佳方案。用材林精细化经营优化研究路线见图 13-2。

进行精细化经营前，需要先在经营区域选择经营样地，进行样地的外业和内业调查，记录相关数据并进行处理。

13.7.2　试验区概况及样区选择

见 10.1 节与 10.2 节。

13.7.3　胸径及树高数据

本研究分别调查了小兴安岭人工林和天然林样地的红松、云杉、落叶松的树高和胸径数据，连续调查 5 年，从每个样地中选出 1 株作为检验样本，其他数据用于建模参数拟合。根据建模数据，分别计算出各样地的统计量建模数据，见表 13-1～表 13-3。

表 13-1　人工林落叶松样木调查因子统计量建模数据

调查因子	平均值	最小值	最大值	标准差
Δd	1.57	0.80	2.30	0.51
Δh	1.04	0.10	2.07	0.28
样本数	100			

表 13-2　天然林红松样木调查因子统计量建模数据

调查因子	平均值	最小值	最大值	标准差
Δd	3.64	2.10	5.20	1.06
Δh	1.90	0.63	4.50	0.07
样本数	103			

表 13-3　天然林云杉样木调查因子统计量建模数据

调查因子	平均值	最小值	最大值	标准差
Δd	3.60	0.71	6.30	1.10
Δh	2.90	1.1	5.80	1.00
样本数	107			

13.7.4　解析木数据

在小兴安岭落叶松人工林中选取冠形良好、生长正常、无病虫害的解析木。在解析木伐倒前，应记载它所处的立地条件、林分状况。伐倒前，应先准确确定根颈位置，并在树干上标明胸高直径的位置和南北方向。实测每株解析木的胸径、冠幅长度及与邻近树木的位置关系，并绘制树冠投影图。

解析样木伐倒时应避免损坏树冠，以至少有活枝的轮枝的位置来确定树冠的基部。先测定由根颈至第一个死枝和活枝在树干上的高度，然后打去枝丫，在全树干上标明北向。测量树的全高和相对全高的带皮直径，并用查数轮枝法确定各轮枝节距地面的高度。

树干解析及测定。在测定树干全长的同时，将解析木的树干严格按区分段进行区分，并在每个区分段的中央位置锯取树干解析圆盘。树冠部分也严格按区分段进行区分，树梢在一般情况下是不足的梢头。在树干基部、梢头底位置处各截取一个圆盘。课题组设计了解析木截取及拍照装置，将图像输入计算机后，使用年轮分析系统测量南北和东西两个垂直方向上的各圆盘年轮数和各年轮的宽度。

枝解析外业测定。从树梢端开始，在每一树冠区分段内分别轮枝逐枝进行编号。对每轮枝内的全部枝条进行枝条因子的测定，包括总着枝深度、枝条的方位角、着枝角度、基径、枝长和弦长、弓高等。测量枝的方位角时以北向为起点，测定树冠内每轮各枝条在水平投影上的方位角。选标准枝时，为了分析枝条基径和枝长的生长及树冠结构的动态变化，在每一轮枝内要选择一个或多个具有平均枝长和基径水平的枝条作为标准枝进行分析。测定上述数据主要是为了支持建立树木的三维模型。

13.7.5　生长模型建立方法

林木生长观测数据常常具有层次结构、重复测量等特点，因而不满足普通回归分析中的独立性假设，会得到有偏的参数估计，包含随机效应的混合模型可以灵活地处理这一问题。本文采用常见的生长模型方法，建立包括大小兴安岭天然林中的云杉、落叶松、红松、樟子松生长模型。数据来自长期固定观测样地。建立的模型与距离无关，不需要年龄和立地指数。因此，在实际调查中，这些数据很容易得到；样地内的树木效应在所有模型中均显著；样地间的随机效应只在落叶松模型中显著。与传统的固定效应模型相比，考虑层次结构的混合效应模型显著地改善了模型的表现，决定系数从 0.38～0.64 提高到 0.85～0.89，误差、均方根误差及其相对值均显著减少。模型具有一定的生物学意义和统计可靠性。

13.7.6　落叶松生长模型

小兴安岭落叶松采用以下基于 Richards 方程的生长模型：

$$d=M(1-e^{-KA})^{B} \tag{13-1}$$

$$h=M(1-e^{-KA})^{B} \tag{13-2}$$

式中，d——胸径；

h——树高；

A——树木年龄；

M、K、B——方程参数。

利用连续 5 期样地实际测量的树木胸径及树高数据，进行多元回归拟合计算相关系数。

小兴安岭落叶松胸径生长模型如下：

$$d=36.60(1-e^{-0.014\,95A})^{1.269} \tag{13-3}$$

小兴安岭落叶松胸径生长模型曲线见图 13-3。

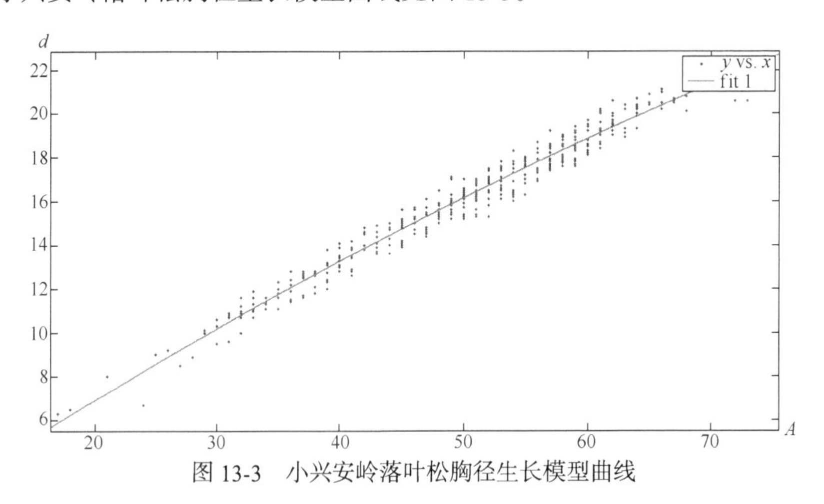

图 13-3　小兴安岭落叶松胸径生长模型曲线

小兴安岭落叶松树高生长模型如下：

$$h=19.62(1-e^{-0.049\,74A})^{2.416} \tag{13-4}$$

小兴安岭落叶松树高生长模型曲线见图 13-4。

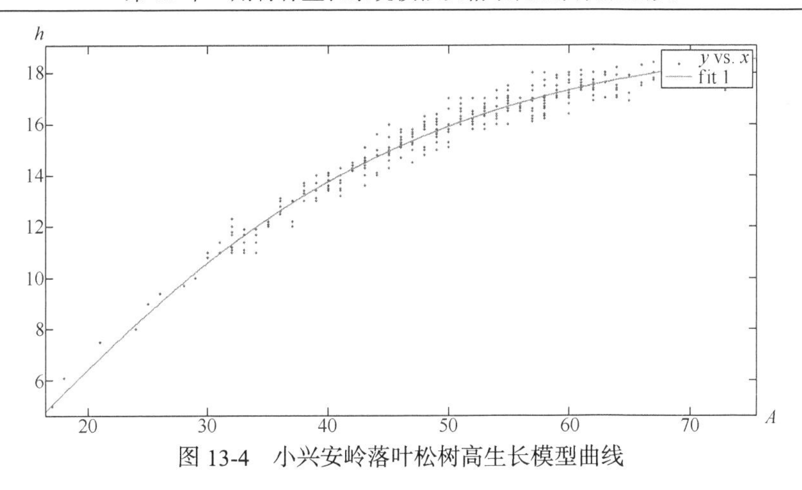

图 13-4　小兴安岭落叶松树高生长模型曲线

13.7.7　红松生长模型

小兴安岭天然林红松采用以下基于 Richards 方程的生长模型：

$$d=M(1-e^{-KA})^{B} \tag{13-5}$$

$$h=M(1-e^{-KA})^{B} \tag{13-6}$$

式中，d——胸径；

h——树高；

A——树木年龄；

M、K、B——方程参数。

利用连续 5 期样地实际测量的树木胸径及树高数据，进行多元回归拟合计算相关系数。

小兴安岭红松胸径生长模型如下：

$$d=38.62(1-e^{-0.019\,11A})^{1.250} \tag{13-7}$$

小兴安岭红松胸径生长模型曲线见图 13-5。

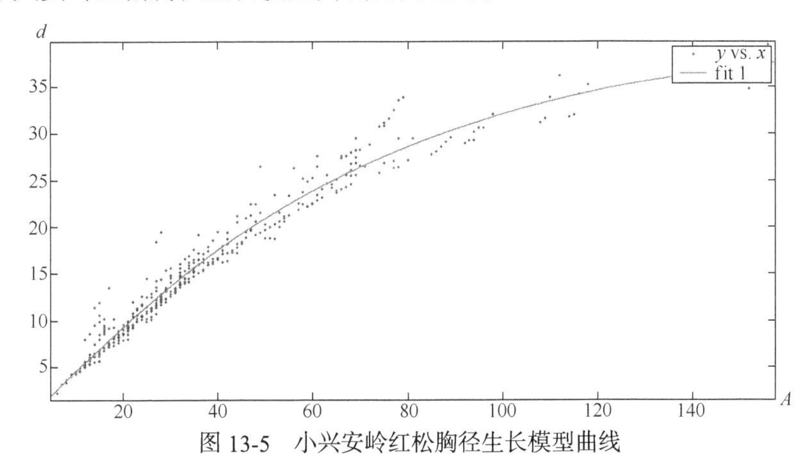

图 13-5　小兴安岭红松胸径生长模型曲线

小兴安岭红松树高生长模型如下：

$$h=25.48\left(1-e^{-0.018\,52A}\right)^{1.052} \tag{13-8}$$

小兴安岭红松树高生长模型曲线见图 13-6。

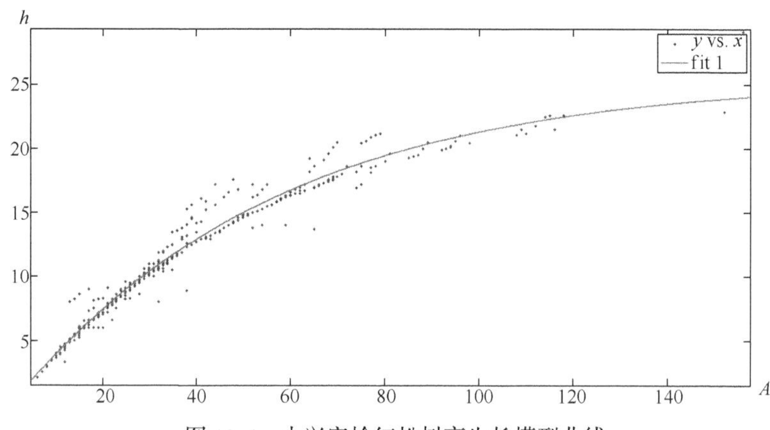

图 13-6 小兴安岭红松树高生长模型曲线

小兴安岭红松材积模型如下：

$$V=0.000\,327\,760\,087\,137\,498\cdot d^2\cdot h+5.123\,332\,978\,947\,79\times10^{-6}\,d^3\cdot h-0.000\,559\,796\,061\,830\,097\cdot d^2-0.000\,258\,416\,098\,256\,955\cdot d^2\cdot h\cdot \lg d \tag{13-9}$$

小兴安岭红松材积生长量模型如下：

$$\Delta V=V_t-V_{t-1} \tag{13-10}$$

13.7.8 云杉生长模型

小兴安岭天然林云杉采用以下基于 Richards 方程的生长模型：

$$d=M\left(1-e^{-KA}\right)^B \tag{13-11}$$

$$h=M\left(1-e^{-KA}\right)^B \tag{13-12}$$

式中，d——胸径；

h——树高；

A——树木年龄；

M、K、B——方程参数。

利用连续 5 期样地实际测量的树木胸径及树高数据，进行多元回归拟合计算相关系数。

小兴安岭云杉胸径生长模型如下：

$$d=36.12\left(1-e^{-0.082\,66A}\right)^{2.891} \tag{13-13}$$

小兴安岭云杉胸径生长模型曲线见图 13-7。

小兴安岭云杉树高生长模型如下：

$$h=35.12\left(1-e^{-0.02951A}\right)^{2.651} \tag{13-14}$$

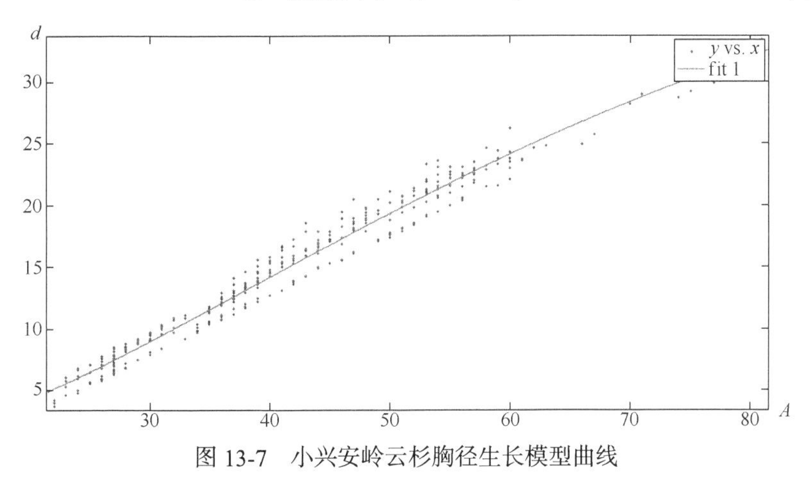

图 13-7　小兴安岭云杉胸径生长模型曲线

小兴安岭云杉树高生长模型曲线见图 13-8。

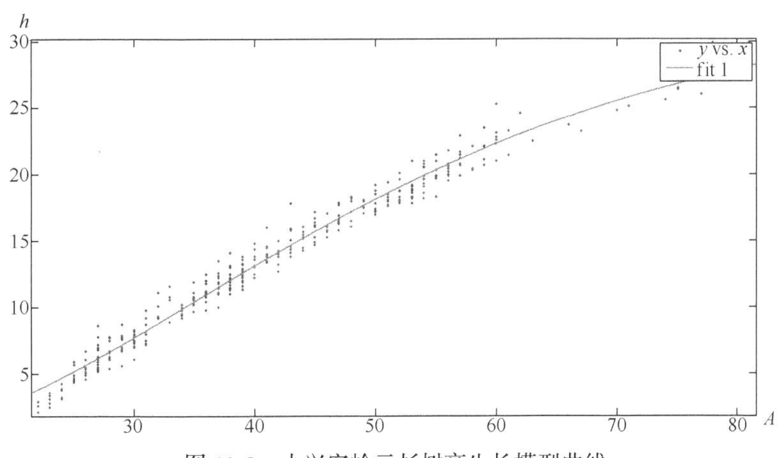

图 13-8　小兴安岭云杉树高生长模型曲线

小兴安岭云杉材积模型如下：

$$V=0.000056790543\cdot d^{1.851732}\cdot h^{1.0334624} \tag{13-15}$$

小兴安岭云杉材积生长量模型如下：

$$\Delta V=V_t-V_{t-1} \tag{13-16}$$

13.7.9　用材林枯损模型

单木生长模型引入了林木的竞争机制，而林木竞争必然导致林木的不断分化，一部分竞争能力强的林木得以保持不断生长，而一些竞争能力弱的林木则逐渐地被淘汰而枯死。这就需要用枯死模型来解释林木的自然枯死现象。林木枯损主要分为自然枯损和非自然枯损。自然枯损是指林木在生长过程中，由于树木自然成熟、个体遗传因子的影响，以及由于树种间竞争致使林木营养面积不足、受光不够造成部分林木逐渐枯死。人工林中由于造林技术不当造成的林木死亡，以及大气污染形成的酸雨、水质污染造成的林木死亡等属非自然枯损。

林地中枯死林木材积占林地总蓄积量的百分比称为林木枯损率。当林木较小时，也有应用林木枯死株数与总株数之比的百分数代表林木枯损率的。

枯损率的调查方法有以下 3 种。

1）固定样地法。在设置一定大小的样地内，长期连续观测林木逐年枯死数量，此法数据可靠，但需时较长。

2）临时样地法。通过设置在某类型不同林龄的林地中，识别最近几年枯死林木数量进行枯损率调查。此法在短期内即可取得大量数据，调查精度取决于能否识别最近几年枯死的林木。

3）生长过程表法。通过编制的生长过程表，查算不同年龄阶段的林木枯损率。

20 世纪 70～80 年代不少国家应用较大比例尺的彩色红外航空像片，连续或不连续摄影，判读由于污染、风倒、雪压、病虫害等原因引起的林木枯死数量及其生活力，该法也能提供较准确的林木枯损状况。

林木枯损率采用以下模型：

$$P_i=1/\{1+\exp[-(a_0+a_1D)]\} \tag{13-17}$$

式中，P_i——林木枯损概率；

D——平均直径；

a_0，a_1——待定参数。

根据 2012 年和 2016 年样地实际调研的林木枯损数据，进行多元回归拟合计算相关系数。

小兴安岭人工林样地枯损模型如下：

$$P_i=1/[1+\exp(0.800\,1+8.201D)] \tag{13-18}$$

小兴安岭天然林样地枯损模型如下：

$$P_i=1/[1+\exp(0.812\,8+7.915D)] \tag{13-19}$$

13.7.10 林分抚育必要性判定方法

用材林精细化经营中进行林分抚育时，首先需要判定抚育的必要性。

林分抚育必要性通过指数 M_u 判定。M_u 被定义为考察林分因子中不满足判别标准的因子占所有考察因子的比例，其表达式为

$$M_u=\frac{1}{n}\sum_{i=1}^{n}S_i \tag{13-20}$$

其中，M_u 为林分抚育必要性指数，它的取值为 0～1；S_i 为第 i 个林分指标的值，其值取决于各因子的实际值与取值标准间的关系，当林分指标实际值不满足于标准取值，其值为 1，否则为 0，各个指标的评价方法见表 13-4。

表 13-4　林分抚育必要性评价指标

评价指标	取值标准
林分平均角尺度	[0.475，0.517]
顶级树种优势度	≥0.50
树种多样性	≥0.50
成层性	≥2
直径分布	[1.2，1.7]
树种组成	≥3 项
天然更新	≥中等
健康林木比例	≥90%
林木成熟度	大径木蓄积（断面积）≥70%

13.7.11　目标函数

采伐林分中任何一株树木，空间结构都会发生变化。林分抚育间伐的实质是确定采伐目标树。林分具有自然状态下自我维持均质性的机制，林木间的竞争趋势是使得森林格局从聚集变为均匀，演替趋势使幼树聚集只是暂时的，老龄林空间分布格局趋向均匀。抚育间伐的目的是通过人为干扰加快森林空间结构合理的速度，使林分始终处于理想的空间结构，提高用材林的出材率，同时保持良好的生态效益。

林分空间结构的各个参数既相互依赖又相互排斥，要求各个参数都达到最优是困难的。因此，需要均衡各个参数目标值。对于优化问题，就是多目标规划[14]。

林木精细化经营目标考虑与空间相关和与空间无关两个方面。

1）与空间相关指标主要包括：竞争指数 C，竞争指数 C 值越小，越有利于林木生长；林分混交度 M，M 表示不同树种间的间隔程度，M 越大，林分均质性越好；林分聚集指数 R，R 表示林木整体分布均匀性指标，R 越大，林分均匀分布越好。

2）与空间无关指标为林木生长量增量 ΔV，ΔV 越大说明抚育措施越理想。

因此，精细化经营优化为多目标优化问题。由于 C、M、R 与 ΔV 均为正数，故采用乘除法建立评价函数 $Q(g)$作为目标函数。

$$Q(g)=\frac{M(g)\times R(g)\times \Delta V(g)}{C(g)} \tag{13-21}$$

式中，$Q(g)$——目标函数；

g——林木决策向量，$g=(g_1, g_2, \cdots, g_n)$，$g_i=\begin{cases}1 & \text{保留第}i\text{株林木}\\0 & \text{采伐第}i\text{株林木}\end{cases}$，$i=1, 2, \cdots, n$；

$M(g)$——林分混交度：

$$M(g)=\frac{1}{N}\sum_{i=1}^{N}\left(\frac{1}{k}\sum_{i=1}^{k}v_{ij}\right) \tag{13-22}$$

式中，N——林分总株数；

k——最近邻木株数；

$v_{ij}=\begin{cases}1 & \text{当对象木}i\text{与第}j\text{株最近邻木属于不同树种}\\0 & \text{当对象木}i\text{与第}j\text{株最近邻木属于相同树种}\end{cases}$，$j=1, 2, \cdots, k$；

$R(g)$为聚集指数：

$$R(g)=\frac{\frac{1}{N}\sum_{i=1}^{N}r_i}{\frac{1}{2}\sqrt{\frac{F}{N}+\frac{0.051\,4P}{N}+\frac{0.041P}{N^{\frac{3}{2}}}}} \tag{13-23}$$

式中，r_i——第 i 株树木到最近邻木的平均距离；

N——样地株数；

F——样地面积；

P——样地周长；

$\Delta V(g)$——一个计算周期内林木的材积生长量；

$C(g)$——林分竞争指数，林分竞争指数采用林木点竞争指数的平均值；

$$C(g)=\frac{1}{N}\sum_{i=1}^{N}\sum_{j=1}^{k}\frac{d_j}{d_i\cdot L_{ij}} \tag{13-24}$$

式中，L_{ij}——对象木 i 与竞争木 j 之间的距离；

d_i——对象木的胸径；

d_j——竞争木的胸径；

k——5m 范围内竞争木株数；

N——林分内林木总株数。

13.7.12　约束条件

约束条件主要包括：采伐量不超过生长量约束、径级个数约束、树种个数约束和初始空间结构约束。

1. 采伐量不超过生长量约束

采伐量 E 的计算公式为

$$E=\sum_{i=1}^{q}V_i \tag{13-25}$$

式中，V_i——第 i 株被采伐林木材积生长量；

q——采伐株数。

生长量 Z 的计算公式为

$$Z=M_1-M_0-D \tag{13-26}$$

式中，M_0——林木抚育间伐计算周期初始时刻全林蓄积；

M_1——林木抚育间伐计算周期结束时刻全林蓄积；

D——林木抚育间伐计算期内的枯损量。

采伐量不超过生长量，因此约束为

$$\sum_{i=1}^{q} V_i \leqslant M_1 - M_0 - D \tag{13-27}$$

2．径级个数约束

林分结构多样性主要是指径级的多样性和树种多样性。用材林在抚育间伐后，理想情况是抚育间伐后的径级不少于原来的径级，树种不少于原来的树种。径级个数约束是指林分抚育间伐后，径级个数不减少，约束表达式为

$$d(g) \geqslant D_0 \tag{13-28}$$

式中，$d(g)$——林木抚育间伐计算周期结束时刻径级个数；

D_0——林木抚育间伐计算周期初始时刻径级个数。

3．树种个数约束

优势树种在生态系统中起到稳定生态系统平衡的作用，抚育间伐应该保护优势树种。因此，在林分抚育间伐空间优化模型中，引入优势树种的优势度不降低的约束，以维持森林生态系统进展演替趋势不被破坏，树种个数不减少，约束表达式为

$$s(g) = S_0 \tag{13-29}$$

式中，$s(g)$——林木抚育间伐计算周期结束时刻树种个数；

S_0——林木抚育间伐计算周期初始时刻树种个数。

4．初始空间结构约束

初始空间结构约束是指林木抚育间伐计算周期结束时刻，竞争指数 C、林分混交度 M 与林分聚集指数 R 要优于林木抚育间伐计算周期初始时刻的初始值，约束表达式为

$$M(g) \geqslant M_0 \tag{13-30}$$

$$R(g) \geqslant R_0 \tag{13-31}$$

$$C(g) \leqslant C_0 \tag{13-32}$$

式中，M_0——林木抚育间伐计算周期初始时刻林分混交度；

R_0——林木抚育间伐计算周期初始时刻林分聚集指数；

C_0——林木抚育间伐计算周期初始时刻林分竞争指数。

13.7.13 优化模型

综上所述，在目标函数和约束条件确定后，林分抚育间伐优化模型为

$$\max\ Q(g)=\frac{M(g)\times R(g)\times \Delta V(g)}{C(q)} \tag{13-33}$$

$$s.t.\sum_{i=1}^{q}(V_{i0}+\Delta V_i)\leqslant M_1-M_0-D$$

$$d(g)\geqslant D_0$$

$$s(g)=S_0$$

$$M(g)\geqslant M_0$$

$$R(g)\geqslant R_0$$

$$C(g)\leqslant C_0$$

13.7.14 模型求解

由于模型中存在大量的整数变量，用穷举法难以求解，采用 Monte Carlo 法求解此类问题。Monte Carlo 法根据随机抽样的原理，利用计算机语言所提供的随机数函数对约束优化问题的可行点进行快速随机抽样，经过对样本点的目标值过滤比较，找出全体样本点中目标值的最优点，将该点视作原问题最优解的一个近似解，即次优解。

模型求解工具软件采用 MATLAB。

13.7.15 结果处理

根据建立的优化模型，优化计算后的结果为保留株木的编号，根据编号，对照样地，计算出抚育间伐强度 w：

$$w=\frac{g}{n}\times 100\% \tag{13-34}$$

式中，g——样地保留株数；

n——样地总株数。

与样地立地条件相似的林分，抚育间伐强度均可按照该强度优化计算并实施。

图 13-9 初始界面

13.7.16 应用实例

根据 2012～2016 年小兴安岭落叶松人工林调研数据及统计结果，用上述建立的优化模型进行计算，最终得出小兴安岭天然用材林抚育间伐强度为 19%，抚育间伐间隔周期为 5～6 年；小兴安岭人工用材林抚育间伐强度为 18%，抚育间伐间隔周期为 5～6 年。软件的初始界面见图 13-9，初始参数输入界面见图 13-10，计算过程及结果见图 13-11 和图 13-12。

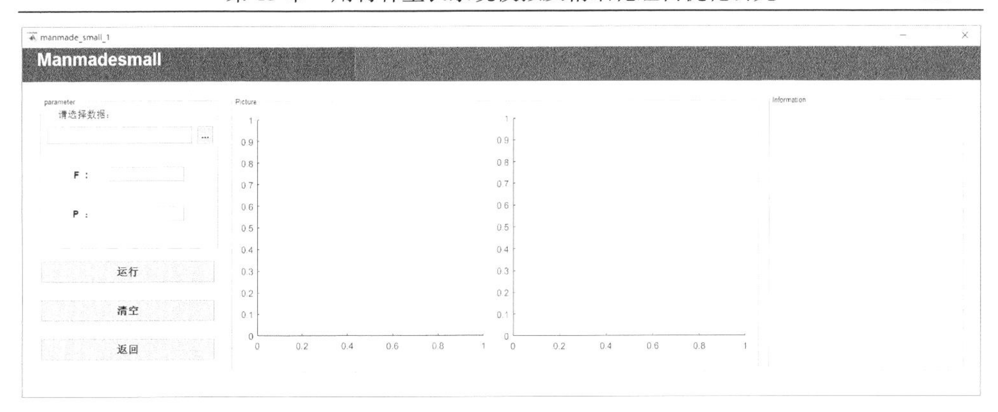

图 13-10　初始参数输入界面

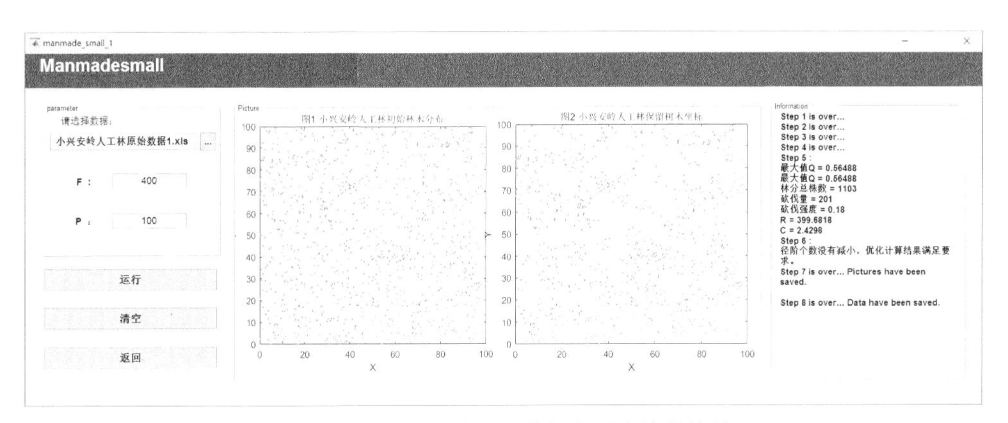

图 13-11　小兴安岭人工林抚育强度计算结果

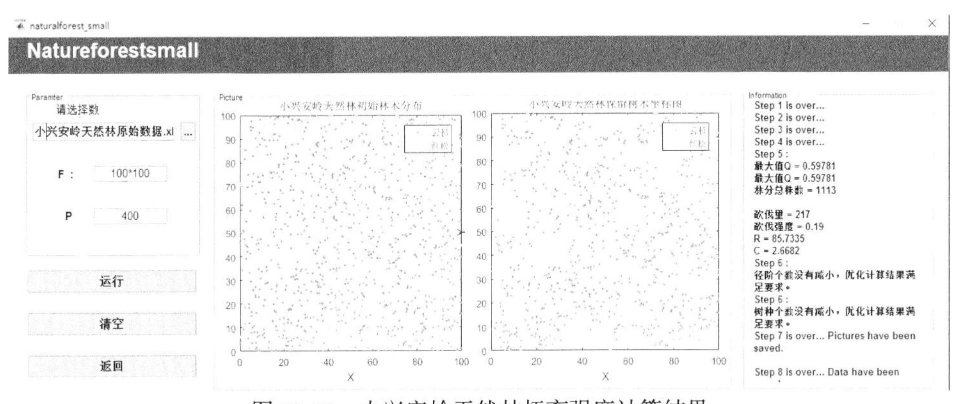

图 13-12　小兴安岭天然林抚育强度计算结果

13.8　用材林精细化经营方案

根据本研究所提供的精细化经营方案，编制了小兴安岭精细化经营指南，主要用于指导基于精细化经营的生产过程，提高用材林的经营水平，实现最大经济效益、社会效益和生态效益。

13.8.1　范围

规定了小兴安岭主要用材林精细化经营相关技术要求。

适用于小兴安岭落叶松人工林和小兴安岭天然林。

13.8.2　引用文件

《中华人民共和国森林法》。

GB/T 15781—2009《森林抚育规程》。

国家林业局，林造发〔2014〕140 号,《森林抚育作业设计规定》。

国家林业局，林造发〔2014〕140 号,《森林抚育检查验收办法》。

13.8.3　术语和定义

森林采伐（forest harvesting）

对森林和林木所进行的根据生产需要和树木的生长特性，将森林中的林木伐倒和集运出伐区，并清理和恢复森林的一项经营活动。

伐区（cutting area）

同一年度内用相同采伐类型进行采伐作业的、在地域上相连的森林地段，是森林采伐作业设计、施工、管理与监督的基本单位。

缓冲区（buffer zone）

为保护作业区域内溪流、湖泊、湿地的水环境或在周边划定的不应采伐、机械进入或经营作业而保留的森林地段。

限伐区（noncommercial cutting area）

按国家、地方法律、法规有关规定只应进行抚育、改造、更新等非商业性采伐活动的森林地域。

禁伐区（no cutting zone）

按国家、地方政府法律法规和有关规定不应进行任何采伐活动的森林地域。

禁伐林（prohibition cutting forest）

要求实行长期或定期全面封禁管护的森林，包括生态地位极端重要或生态环境极端脆弱地区的森林,以及分布在规定不能进行采伐作业的其他地域内的森林。

树木标记（tree marking）

对伐区采伐对象木或者在采伐作业过程中需要特别保护或保留的树木做上记号，以利于在采伐时识别。标记的方法遵循树木标记手册。

主伐（final cutting）

为获取木材而对用材林中成熟林和过熟林所进行的采伐作业。

皆伐（clear cutting）

将伐区上的林木一次全部伐除或几乎伐除的主伐方式。在皆伐迹地上的更新方式多采用人工更新，形成的新林一般为同龄林。

择伐（selection cutting）

在一定地段上，每隔一定时期，单株或群状地采伐达到一定径级或具有一定特征的成熟林木的主伐方式。

渐伐（shelterwood cutting）

在较长时间内（通常为一个龄级），分数次将成熟林分逐渐伐除的主伐方式。实践中往往分 2 次、3 次或 4 次，典型的 4 次渐伐包括预备伐、下种伐、受光伐和后伐。

数量成熟（quantitative maturity）

树木或林分的材积平均生长量达到最大数值时的状态。

经济成熟（economical maturity）

树木或林分生长到经济收益最高时的状态。

工艺成熟（technology maturity）

树木或林分在生长过程中，目的材种平均生长量最大时的状态。

主伐年龄（cutting age）

经营单位内对成熟林进行正常主伐时的最低年龄，又称伐期龄。

起伐胸径（DBH）

择伐时被采伐木应达到的最小胸高直径。

抚育采伐（tending cutting）

从幼林郁闭起，到主伐前一个龄级为止，为促进留存林木的生长，对部分林木进行的采伐，简称抚育伐，又称间伐或抚育间伐。

透光伐（lighting cutting）

在用材林林分的幼龄阶段、开始郁闭时进行的抚育采伐。对混交林，主要是调整林分组成，同时伐去目的树种中生长不良的林木；对纯林，主要是间密留匀、留优去劣。

生长伐（accretion cutting）

在中龄林阶段进行的抚育采伐。主要是为了加速林木生长和促进林木结实，伐除生长过密和生长不良的林木，提高林分的经济和防护效益。

定株抚育伐（spacing tending cutting）

在防护林和特用林幼龄阶段伐除非目的树种和过密幼树，并在稀疏地段补植目的树种的抚育性采伐。

生态疏伐（ecological thinning）

为使森林形成林冠梯级郁闭，林内大、中、小立木都能直接接受阳光，诱导形成复层异龄林，增强森林生态系统的生态防护功能，而在防护林和特用林中龄阶段进行的抚育采伐。

更新采伐（regeneration cutting）

为了恢复、提高或改善防护林和特用林的生态功能，进而为林分的更新创造良好条件所进行的采伐。

径阶（diameter class）

林木胸径的整化，即根据树种径级大小，把一定范围内的胸径，用该范围的中间值来表示。最小径阶一般为 6cm 或 8cm。

龄级（age classes）

树木或林分平均年龄的分级。即根据森林经营要求及树种生物学特性，按一定年数作为间距划分成若干个的级别。每一龄级所包括的年数称为龄级期限，常用的有 20 年、10 年、5 年、2 年，各龄级期限的中值为该龄级的平均年龄。用罗马数字表示龄级的大小，数字越大，表示龄级越高，年龄越大。

龄组（age groups）

林分或小班根据主伐年龄龄级的不同，划分的年龄组别，又称龄组。通常分为幼龄林、中龄林、近熟林、成熟林和过熟林 5 个龄组。亦有将成熟林和过熟林合并称为成过熟林的。

林带（forest belt）

从整体上看，以长条状或行状为主要形状的森林地段。

林带间伐（intermediate cutting in forest belt）

在不影响林带总体结构和防护效益的前提下，按去劣存优、去弱留强、间密留匀的原则对林带进行抚育间伐。

全带采伐（full forest belt cutting）

对林带进行的一次全部采完的采伐。

分行采伐（cutting line by line in forest belt）

在林带内按行（带）进行的分期多次采伐。

断带采伐（cutting section by section in forest belt）

对林带进行的分段多次采伐。

树木标记手册（handbook of tree marking）

用来指导树木标记的工作手册。内容包括标记木类型（采伐木、珍贵树木和其他）、标记符号、标记位置（方向、高度）和标记工具等。

低产（效）林采伐（low yield or efficiency forest cutting）

对生长不良、经济效益或生态效益很低的各种低产（效）林分，通过砍伐低产（效）林木，引进优良的目的树种，提高林分的经济效益或生态效益，使之成为高效林分的一种采伐类型。

作业区（operating area）

根据集材系统，把一个楞场或装车场所吸引的采伐范围划分作业区。

林木采伐许可证（tree cutting licence）

也称采伐许可证或者采伐证。是指采伐林木的单位或个人，依照法律规定办理的准许采伐林木的凭证。林木采伐许可证格式由国家林业主管部门规定、省级林业主管部门统一印制，有关部门依法核发，采伐许可证上注有采伐的地点、面积、数量（蓄积或株数）、树种、方式和完成更新造林的时间等内容。

楞场（wood depot）

伐区内集材作业的衔接点，是木材的中转和暂存场地。

归楞（decking logs）

在楞场或贮木场将木材按材种、材长及等级堆放的过程。

集材（skidding）

把分散在采伐带上的原条、原木或伐倒木集中到伐区楞场、推河场、装车场或运材道路旁的作业过程。

索道集材（skyline skidding）

用架空起来的钢丝绳集运木材的作业过程。

人力集材（hand skidding）

人利用工具，采用抬、扛、拉、推方式将木材集中的作业过程。

畜力集材（animal skidding）

靠牛、马等牲畜牵引，采用爬犁或架子车将木材集中的作业过程。

滑道集材（slide skidding）

在山坡上利用木材自重力或水流力运送木材的方式。

伐木（cutting）

把立木从根基部锯（砍、剪）断，使其倒地的作业过程。

打枝（limbing）

将伐倒木的枝丫紧贴树干表面砍（锯）掉的作业过程。

造材（bucking）

按一定尺寸规格并考虑木材质量和不同树种利用价值，把原条锯截成原木的作业过程，造材分为伐区造材和贮木场造材。

留弦（holding wood）

伐木时在上口和下口之间留下一条不锯透的木材沟。

叫楂（sound of holding wood broken）

被采伐木开始倾倒时，留弦部分的木材纤维拉断的咔咔响声。

伐根高（stump height）

被采伐木下口的上表面离地面（或第一歧根的起点处）的距离。

迎门树（tree in the falling direction of another tree）

被采木树倒方向的障碍树。

搭挂树（hanging up felled tree）

在实施采伐作业的林地上，由于伐桩上未完全伐下而立着或斜靠于其他树上的树木，或已伐下但斜靠于其他树上而未躺倒的树木。

保留木（remained tree）

在伐区内，不作为采伐对象的林木。

原条（tree stem）

将伐倒木只经过打枝、截去直径不足 6cm 的梢头，所剩下的树干。

原木（log）

原条经过材种造材工序而锯截成的木段。

原木径级（log diamter class）

通过原木小头断面中心量得的最小直径（不包括树皮的厚度），经进舍后的尺寸。

森林更新（forestry regeneration）

森林采伐后，通过天然或人工方法，使新一代森林重新形成的过程。森林更新通常分为人工更新、人工促进天然更新和天然更新 3 种方式，或按森林的起源分为有性更新或无性更新，还可按更新发生在主伐之前或之后，分为伐前更新和伐后更新。

更新频度（young seedling distribution proportion）

用来说明更新幼苗、幼树分布均匀与否的程度。用出现幼苗、幼树的调查样方总数占总样方的百分数表示。

植生组（plant group）

林分内树木的一种群状分布形式，通常是指几株集聚在一起形成的一个小的稳定生物群，群与群之间的距离往往较大。

森林经营单位（forest management unit）

一个依照长期的森林经营方案进行经营，能达到一系列明确目标的、有明确边界的经营管理单位。

森林抚育（forest tending operations）

幼林郁闭后到主伐利用前围绕培育目标所采取的营林措施的总称。

抚育采伐（间伐）（tending felling）

根据林分发育、自然稀疏规律及森林培育目标，适时伐除部分林木，调整树种组成和林分密度，改善环境条件，促进保留木生长的一种营林措施。

人工林（plantation）

用植苗、播种、扦插和其他各种人为措施培育而成的森林。

天然林（natural forest）

由天然更新或人工促进天然更新（包括补植）所形成的森林。

人工起源而被大量野生苗侵入，群落外貌、结构与天然林相似的林分按天然林处理。

霸王树（wolf tree）

在天然林中，散生于林层上方，树冠庞大、用材价值不高，影响主林木正常生长的树木。

13.8.4 抚育作业的调查设计

以最新森林资源规划设计调查数据为基础,按照集中连片原则确定踏查范围。在实地踏查的基础上，合理确定抚育作业区，选择符合抚育条件的地块。

对符合抚育条件的地块开展外业调查。根据立地条件、林分起源、年龄、郁闭度、树种组成、抚育方式等确定作业小班边界，原则上不允许跨越经营小班，作业小班面积原则上不大于 20hm^2。

作业小班面积测量采用不小于万分之一比例尺的地形图（遥感影像图）调绘、GPS（卫星定位系统）绕测或罗盘仪导线测量等方式。对每个作业小班应当实测 3 个 GPS 控制点并绘制到万分之一地形图上，并且至少要拍摄 4 张反映林分现实状况的数字像片备查。

外业调查采用标准地调查法。根据作业小班森林资源分布和生长发育状况典型或机械布设标准地，每个标准地的面积为 0.06～0.10hm^2，标准地数量分别起源按照作业设计小班面积确定。人工林标准地总面积不小于作业设计小班面积的 1%，天然林标准地总面积不小于作业设计小班面积的 1.5%。每个小班应当至少设置一块标准地。外业调查时应当记录标准地中心 GPS 坐标。

标准地主要调查因子包括环境因子（地形、立地、土壤、植被等）和林分因子（权属、林种、起源、郁闭度、平均年龄、平均胸径、平均树高、株数、蓄积量、树种组成、幼苗幼树、灾害情况等）。各林木树高、平均树高可实测或利用树高生长方程计算。标准地调查的格式、内容等要求见表 13-5～表 13-8。

表 13-5 精细化经营小班外业调查表

<table>
<tr><td colspan="4">调查人员：</td><td>调查日期： 年 月 日</td></tr>
<tr><td colspan="5">位置： 乡镇（林场） 村（林班） 小班 地理坐标：</td></tr>
<tr><td colspan="5">小班面积： hm^2 起源： 土地权属： 林木权属： 林种：</td></tr>
<tr><td colspan="5">地貌类型：①山地阳坡 ②山地阴坡 ③山地脊部 ④山地沟谷 ⑤丘陵 ⑥岗地 ⑦阶地 ⑧河漫滩 ⑨平原 ⑩其他（具体说明）</td></tr>
<tr><td>海拔： m</td><td>坡度：</td><td colspan="2">坡向：</td><td>坡位：</td></tr>
<tr><td colspan="5">目的树种天然更新情况：</td></tr>
<tr><td colspan="5">幼苗、幼树更新频度： 株/ hm^2，平均年龄： 年 生长状况：①良好 ②较好 ③一般 ④较差</td></tr>
<tr><td colspan="2">土壤类型：</td><td colspan="3">土层厚度： cm</td></tr>
<tr><td colspan="2">林下植被调查</td><td>总盖度/%</td><td>高度/m</td><td>分布状况</td></tr>
<tr><td colspan="2">主要灌木：</td><td></td><td></td><td></td></tr>
<tr><td colspan="2">主要草本：</td><td></td><td></td><td></td></tr>
</table>

续表

珍稀物种:				
林分因子调查	小班平均	标准地 1	标准地 2	标准地 3
年龄/年				
郁闭度				
树种组成				
平均胸径/cm				
平均树高/m				
公顷株数/株				
公顷蓄积/m^3				
灌木草本盖度/%				
灾害发生情况				
公顷目标树株数/株				
公顷辅助树株数/株				
公顷干扰树株数/株				
公顷其他树株数/株				

表 13-6　精细化经营小班标准地每木调查表

________乡镇（林场）_______村（林班）_______小班_______标准地号_______标准地面积______起源_____

编号	树种名称	胸径	树高	林木分类	林木分级	材积

调查人员:　　　　　　　　　　　　　　　　　　　　调查日期:　　年　月　日

表 13-7　精细化经营小班标准地每木调查汇总表

________乡镇（林场）_______村（林班）_______小班_______标准地号_______标准地面积_______起源______

树种												
径阶	保留木		采伐木		保留木		采伐木		保留木		采伐木	
	株数	材积	株数	材积	株数	材积	株数	材积	株数	材积	株数	材积
6												
8												
10												
12												
14												
16												
18												
20												
合计												
平均直径												
平均树高												
每公顷蓄积												

计算:　　　检查:　　　　　　　　　　　　　　　　　　　年　　月　　日

表 13-8　间伐小班标准地每木调查表

________乡镇（林场）_______村（林班）_______小班_______标准地号_______标准地面积_______起源______

树种													调查结论
径阶	保留木		采伐木		保留木		采伐木		保留木		采伐木		
	株数	材积	株数	材积	株数	材积	株数	材积	株数	材积	株数	材积	
6													一、作业前因子
8													1. 树种组成
10													2. 林龄　　年
12													3. 平均树高　　m
14													4. 平均胸径　　cm
16													5. 郁闭度
18													6. 公顷株数　　株
20													7. 公顷蓄积　　m^3
22													二、抚育措施
24													1. 抚育方式
26													2. 株数采伐强度　　%
28													3. 蓄积采伐强度　　%
30													三、作业后因子
32													1. 树种组成
34													2. 平均胸径　cm
36													3. 郁闭度
38													4. 公顷株数　株
40													5. 公顷蓄积　m^3
42													
44													
合计													

注：林龄、平均树高、平均胸径为目的树种（优势树种）的指标，郁闭度、株数、蓄积、采伐强度是整个林分的综合指标

检查者：　　　　　　　　　　　　　　　　　　　　　　　　年　　月　　日

13.8.5　设计文件的编制单位

国有林区以林业局（企业）、林场或经营区为单位编制，集体林区以县、乡、林场为单位编制。

13.8.6　作业小班的区划与测量

用罗盘测量需抚育林分的实际境界和面积，闭合差不大于 1%。

每小班设置典型标准地，调查林分、林木生长情况。

13.8.7　预备作业

根据调查资料及精细化经营优化结果，提出初步设计，在标准地内进行预备作业。在作业过程中逐步调整设计，并标定各工序的用工量、时间、物资消耗量，测定采伐蓄积量、采伐株数、出材量与材种、枝丫与柴草量。

13.8.8　作业设施选设

1．营林线路的设置

营林线路的选择根据抚育作业区的地形地势、交通条件、间伐材和枝丫的数量、运输设备等而定。主道要设在作业区的主沟，尽量通过作业区的中心。要充分利用原有的测线、林道和林区公路。

2．楞场的选设

进行抚育采伐时要设计楞场。楞场面积依归放木材量的多少和周转时间的快慢而定，一般每集 $1m^3$ 木材需 $3\sim4m^2$ 的楞场面积。

13.8.9　内业设计

1．编制作业设计表

作业设计表的主要内容有作业面积与出材量、作业设施的数量与造价、工具及作业物质需要量、劳力需要量、作业费用和收支概算，见表 13-9。

表 13-9　森林抚育作业设计一览表

单位：公顷、厘米、%、株、立方米、千克、工、元

乡镇（林场）	村（林班）	小班号	小班面积	抚育方式	林种	郁闭度		目的树种平均胸径		目的树种和辅助树种株数比例		公顷林木株数		间伐强度		出材量	补植		修枝株数	割灌除草穴数	浇水量	施肥		用工量	剩余物清理量	投资概算
						作业前	作业后	作业前	作业后	作业前	作业后	作业前	作业后	株数	蓄积		树种	株数				种类	数量			
合计																										

2．绘制作业设计图

按照林相图、地形图与作业区实测资料绘制比例尺为 1∶5 000 或 1∶10 000 的作业设计图。主要图素有林班、小班界、需抚育的林分界线、明显地物标及抚育项目。作业区位置示意图见图 13-13，精细化经营抚育间伐作业设计图见图 13-14。

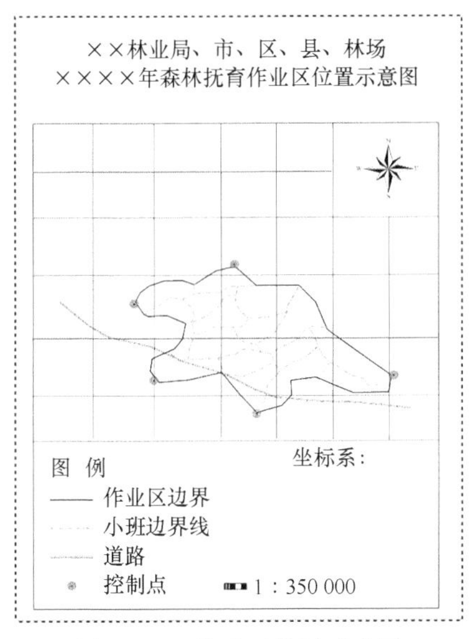

图 13-13　作业区位置示意图

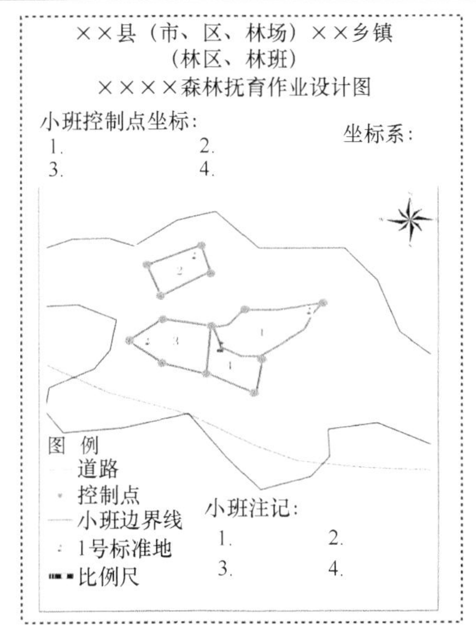

图 13-14　精细化经营抚育间伐作业设计图

3．编写作业设计说明书

作业设计说明书的内容包括设计的依据和原则、作业设计地区的基本情况、抚育的技术措施、抚育作业的施工安排、人员组织与物资需要量、设施的修建、财务评价等。

13.8.10　抚育作业的施工

1）施工前要完成辅助工程设施及生产与生活资料的准备，搞好劳动组织，并在现场统一操作方法。

2）抚育采伐作业基于用材林精细化经营优化结果正确选择间伐木。曾进行过疏伐，平均胸径 8cm 以上的林分，其间伐木（或保留木）胸高处和根颈处要标上明显标记，伐后按现行的木材规格、材质标准合理造材。

3）采伐剩余物及修剪的枝条要及时清理并加以利用。

人工修枝方法参照国家标准 GB/T 15781—2009《森林抚育规程》执行。

人工修枝的目的：①消灭死节，减少活节，加大树干饱满度，提高木材质量；②改善林内通风与光照状况及林木生长条件，减少树冠火、雪压和风害的发生程度，防止病虫害蔓延。

人工修枝的开始年龄：林冠郁闭，村冠下部出现枯枝时开始修枝；顶梢生长弱的阔叶树造林后 2～3 年开始修枝。

人工修枝的间隔期：针叶树在前一次修枝后出现两轮死枝时再次修枝；阔叶树的间隔期为 2～3 年。

人工修枝的季节：早春或晚秋；萌芽力强或有伤流现象的树种在生长季修枝。

人工修枝的高度：依培育目标而异，锯材、胶合板材为 6～7m；造纸、火柴用材为 4～5m；造船材为 6～9m；特殊目的的材种按所需材长修枝。

人工修枝的强度：幼龄林阶段修枝的高度不超过树高的 1/3；中龄林阶段修枝的高度不超过树高的 1/2。

参考文献

[1] Kimmins J P. Identifying key processes affecting long-term site productivity[M]. Impacts of Forest Harvesting on Long-term Site Productivity. London: Chapman and Hall, 1994: 119-150.

[2] Liu J G, Ashton P S. FORMOSAIC:An individual-based spatially explicit model for simulating forest dynamics in landscape mosaics[J]. Ecol. Model., 1998, 106(2-3): 177-200.

[3] Vettenranta J. Distance-dependent models for predicting the development of mixed coniferous forests in Finland[J]. Silva Fenn, 1999, 31(1): 51-72.

[4] Bartelink H H. Effects of stand composition and thinning in mixed-species forests:A modeling approach applied to Douglas-fir and beech[J]. Tree Physiol, 2000, (20): 399-406.

[5] Mette T, Albrecht A, Ammer C. Evaluation of the forest growth simulator SILVA on dominant trees in mature mixed Silver fir-Norway spruce stands in south-west Germany[J]. Ecological Modelling, 2009, (220): 1670-1680.

[6] Wykoff W R, Crookston N L, Stage A R. User' s guide to the stand prognosis model[C]//General Technical Report INT-133, Intermountain Forest and Range Experiment Station, USDA Forest Service, 1982:112.

[7] Fairweather S E. Development of an individual tree growth model for Pennsylvania in forestgrowth modeling and prediction[C]//IUFRO conference, ed. by Ek, 1987:61-67.

[8] Wensel L C, Daugherty P J, Meerschaer W J. CACTOS User's Guide:The California Conifer Timber Output Simulator[M]. Division of Agricultural Science, University of California, Berkeley. Bulletin, 1986.

[9] Brodle L C, Debell D S. Evaluation of field performance of poplar clones using selected competition indices[J]. New Forests, 2004, 27(3): 201-214.

[10] 段劼．基于 FVS-BGC 的森林生长收获模拟系统应用研究［D］．北京：北京林业大学，2010.

[11] Wissel C. Modelling the mosaic cycle of a Middle European beech forest[J]. Ecol. Model., 1992, 63(1-4): 29-43.

[12] Bossel H, Krieger H. Simulation of multi-species tropical forest dynamics using a vertically and horizontally structured model[C]//Contrasts between Biologically-based Process Models and Management-oriented Growth and Yield Models. Held in Wageningen,Netherlands,September 1991. For. Ecol. Manage., 1994, 69(1-3): 123-144.

[13] 权兵．基于虚拟森林环境的林分生长和经营模拟研究［D］．福州：福州大学，2005.

[14] 张会儒，汤孟平，舒清态．森林生态采伐的理论与实践［M］．北京：中国林业出版社，2006.

第 14 章　用材林精细化经营设计软件

本章基于林木的实测数据，应用用材林的生长模型及林分动态规律，模拟单木的动态生长过程，同时施用常用的营林措施并分析其对林木的影响。本章主要从系统的开发环境、具体实现可视化模拟程序的流程、主要代码编制、图形输出、软件主要功能等方面进行论述。

14.1　系统的开发环境

本系统是在 AMD Athlon（tm）Ⅱ X2 250（3.01GHz），内存 2GB，AMD Radeon HD 4350 显卡，500GB 硬盘的台式计算机上开发调试的，10 年前的配置，但运行速度较好，还能胜任图形数据的处理和模拟显示工作。

本系统是在 Window XP（2002 SP3）操作系统下，采用 Visual Basic 6.0 编程语言编制而成的。Visual Basic 是基于 Basic 的可视化的程序设计语言，简单易用，同时其编程系统中采用了面向对象、事件驱动的编程机制，将编程的复杂性封装起来，提供了一种所见即所得的可视化的程序设计方法[1]。它将代码和数据集成到一个独立的对象中，大量的工作由相应的对象来完成，程序员在应用程序中只需声明要求，对象即可完成任务。

Visual Basic 的主要功能特点如下。

1）具有面向对象的可视化设计工具。

2）事件驱动的编程机制。

3）提供了易学易用的应用程序集成开发环境。

4）结构化的程序设计语言。

5）支持多种数据库系统的访问。

6）支持动态数据交换（DDE）、动态链接库（DLL）和对象的链接与嵌入（OLE）技术。

14.2　系统的关键技术

可视化系统的开发一般涉及图形建模、场景坐标变换、纹理映射等基本过程，这些过程的计算本身比较复杂，使得三维图形的生成对程序开发而言是一个艰巨的工作，为简化程序的编制，从业人员多采用 OpenGL 即开放式图形库，来进行相应的工作。

14.2.1 OpenGL 技术

OpenGL 由 SGI 公司开发，是计算机工业标准应用程序接口，主要用于定义 2D/3D 图形。OpenGL 属于底层的 3D 图形 API(application programming interface，应用程序编程接口)，因为它没有提供几何实体图形，不能直接用以描述场景。OpenGL 源于 SGI 公司为其图形工作站开发的 IRISGL，在跨平台移植过程中发展成为 OpenGL。它的推出一举奠定了 SGI 在图形领域的霸主地位，并随着 SGI 的大力推广，逐渐成为计算机三维图形接口的主要标准之一[2]。

OpenGL 的优点是它的实现不依赖硬件，是一个开放图形库，目前在 Windows，Mac OS、OS 2，UNIX/X-Windows 等系统下均可使用，且仅在窗口相关部位（与系统相关的部位）略有差异，因此具有良好的可移植性。

1．OpenGL 的工作流程

整个 OpenGL 的基本工作流程见图 14-1。

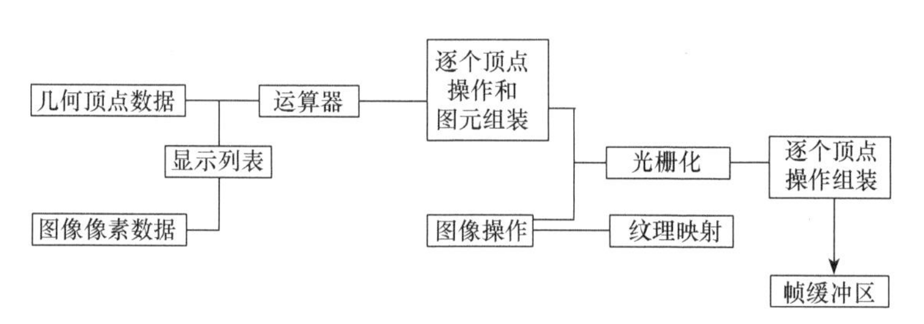

图 14-1 OpenGL 的基本工作流程

其中几何顶点数据包括模型的顶点集、线集、多边形集，这些数据经过流程图的上部，包括运算器、逐个顶点操作等；图像像素数据包括像素集、影像集、位图集等，图像像素数据的处理方式与几何顶点数据的处理方式是不同的，但它们都经过光栅化、逐个片元（fragment）处理直至把最后的光栅数据写入帧缓冲区。在 OpenGL 中的所有数据，包括几何顶点数据和像素数据都可以存储在显示列表中或者立即可以得到处理。

OpenGL 要求把所有的几何图形单元都用顶点来描述，这样运算器和逐个顶点计算操作都可以针对每个顶点进行计算和操作，然后进行光栅化形成图形碎片；对于像素数据，像素操作结果被存储在纹理组装用的内存中，再像几何顶点操作一样光栅化形成图形片元。

整个流程操作的最后，图形片元都要进行一系列的逐个片元操作，这样将最后的像素值送入帧缓冲区实现图形的显示。

2. OpenGL 的特点

（1）过程性而非描述性

OpenGL 非常直接地指定变换矩阵、光照、反走样等方法的参数，来绘制二维、三维的图形，但它不提供对复杂几何图形的描述或建模手段。因此，发布 OpenGL 命令就是要指定怎样产生一个特定的结果，而不是确切说明结果应该如何。

（2）执行模式

OpenGL 命令的解释模式是客户/服务器的，即由客户（应用程序）发布命令，命令由 OpenGL 服务器解释和处理。服务器可以运行在与客户相同或不同的计算机上。基于这一点，OpenGL 是网络透明的。

（3）图元与命令

OpenGL 能够绘制的图元包括点、线和多边形。OpenGL 可以在这几种图元模式之间选择，而且设定一种模式不会影响其他模式。OpenGL 的命令总是顺序处理，即先定义的图元必须画完之后，才会执行后面的命令。

（4）绘制方式

OpenGL 主要提供以下三维物体的绘制方式：线性绘制方式、深度优先线框绘制方式、反走样线框绘制方式、平面明暗处理方式、光滑明暗处理方式、加阴影和纹理方式、运动模糊绘制方式、大气环境效果、深度域效果。

3. Windows NT 下的 OpenGL 函数

Windows NT 下的 OpenGL 同样包含 100 多个库函数，这些函数都按一定的格式来命名，即每个函数都以 gl 开头。Windows NT 下的 OpenGL 除了具有基本的 OpenGL 函数外，还支持其他 4 类函数。

1）OpenGL 实用库。包括 43 个函数，每个函数以 glu 开头。

2）OpenGL 辅助库。包括 31 个函数，每个函数以 aux 开头。

3）Windows 专用库函数。包括 6 个函数，每个函数以 wgl 开头。

4）Win32 API 函数。包括 5 个函数，函数前面没有专用前缀。

在 OpenGL 中有 115 个核心函数，这些函数是最基本的，它们可以在任何 OpenGL 的工作平台上应用。这些函数用于建立各种各样的形体，产生光照效果，进行反走样、纹理映射及投影变换等。

OpenGL 的实用函数是比 OpenGL 核心函数更高一层的函数，这些函数是通过调用核心函数来起作用的。这些函数提供了十分简单的用法，从而减轻了开发者的编程负担。OpenGL 的实用函数包括纹理映射、坐标变换、多边形分化、绘制一些简单多边形实体（如椭球、圆柱、茶壶等）等。这部分函数像核心函数一样在任何 OpenGL 平台都可以应用。

OpenGL 的辅助库是一些特殊的函数，这些函数本来是用于初学者做简单的练习，因此这些函数不能在所有的 OpenGL 平台上使用，在 Windows NT 环境下可以使用这些函数。这些函数使用简单，它们可以用于窗口管理、输入输出处理，以及绘制一些简单的三维形体。为了使 OpenGL 的应用程序具有良好的可移植性，在使用 OpenGL 辅助库时应谨慎。

6 个 wgl 函数是用于连接 OpenGL 与 Windows NT 的，这些函数用于在 Windows NT 环境下的 OpenGL 窗口能够进行渲染着色，在窗口内绘制位图字体，以及把文本放在窗口的某一位置等。这些函数把 Windows 与 OpenGL 糅合在一起。最后的 5 个 Win32 API 函数用于处理像素存储格式和双缓冲区，显然这些函数仅仅能够用于 Win32 系统而不能用于其他 OpenGL 平台。

4．Vbogl.tlb

在 Visual Basic 中应用 OpenGL 进行三维模型的设计操作大多通过第三方函数库 VBOpenGL type library（vbogl.tlb）来进行，它可省去大量的底层编程工作，在一般应用的程序设计中起到事半功倍的作用。

TLB 是一种 OLE（或 ActiveX）定义文件，它包括常数、接口（Interface）、类等的定义。通常在 VB 的集成环境的“工程”菜单下通过“引用”子菜单将 TLB 文件加入项目，然后在“对象浏览器”中查看该文件中包括的常数、接口和类，以及每个类的方法和属性。也可以通过 OLEView 工具来进行查看，此工具包含在 SDK 工具中。微软提供的各种 SDK 中通常包括一个或数个 TLB 文件以方便编程。

（1）Vbogl.tlb 的使用

目前，有两种 Vbogl.tlb，一种应用于 Microsoft 平台，另一种应用于 SGI 平台。如果没有安装 SGI，则使用 VBOpenGL 1.2 for Microsoft。这两种 TLB 均封装有 Win32 函数。

具体使用方法如下。

① 将 Vbogl.tlb 安装在适当的工作目录。

② 注册 Vbogl.tlb。方法一：使用 regsvr32.exe 进行注册；方法二：VB 的集成环境的“工程”菜单下，通过“引用”子菜单将 TLB 文件加入项目。

③ 在“对象浏览器”中查看该函数库。该库包括常数、接口和类，以及每个类的方法和属性。

④ 在代码窗口中调用 OpenGL 函数。

（2）图形化程序框架的构建

由于 OpenGL 是一个与操作系统无关的图形库，编写 OpenGL 有一定的特殊性，因此需要对 OpenGL 的元素进行初始化，还要按一定的次序清理资源[3]。

① 在 VB 的集成环境的“工程”菜单下通过“引用”子菜单将 VB OpenGL API 1.2（ANSI）加入到项目中。

② 编写窗体的 Load 事件过程。Load 事件是在窗体装入到内存时发生的，在此过程中主要设置像素格式（由 PIXELFORMATDESCRIPTOR 结构定义），建立渲染描述表 RC（render context），设置投影矩阵的模式，设置光照和材质，利用显示列表建立三维图形。本过程中调用的 BuildWorld 过程，即使用显示列表建立所需的三维图形。

```
Private Sub Form_Load()
     Dim hGLRC As Long
     Dim pfd As PIXELFORMATDESCRIPTOR
     Dim PixelFormatAs Integer

     pfd.nSize=Len(pfd)'以下设置像素格式
     pfd.nVersion=1
     pfd.dwFlags=PFD_SUPPORT_OPENGL Or PFD_DRAW_TO_WINDOW  or
                      PFD_DOUBLEBUFFER Or PFD_TYPE_RGBA
     pfd.iPixelType=PFD_TYPE_RGBA
     pfd.cColorBits=24
     pfd.cDepthBits=24
     pfd.iLayerType=PFD_MAIN_PLANE
     PixelFormat=ChoosePixelFormat hDC,pfd
              If PixelFormat=0 Then FatalError "Could not retrieve
                   pixel format!"
     SetPixelFormathDC,PixelFormat,pfd

     hGLRC=wglCreateContext hDC
     wglMakeCurrenthDC,hGLRC

     glEnable GL_DEPTH_TEST
     glEnable GL_DITHER
     glDepthFunc GL_LESS
     glClearDepth 1
     glClearColor 0,0,0,0
     glMatrixMode GL_PROJECTION'
     glLoadIdentity
     If frmMain.ScaleHeight> 0 Then
      fAspect=frmMain.ScaleWidth / frmMain.ScaleHeight
     Else
                fAspect=0
     End If
```

```
    gluPerspective 60,fAspect,1,2000
    glViewport 0,0,frmMain.ScaleWidth,frmMain.ScaleHeight

    glMatrixMode GL_MODELVIEW
    glLoadIdentity

    glLightfv GL_LIGHT0,GL_POSITION,LightPos(0)
    glEnable GL_LIGHTING
    glEnable GL_LIGHT0
    glShadeModel GL_SMOOTH
    glFrontFace GL_CCW

    glMaterialfv GL_FRONT,GL_SPECULAR,SpecRef(0)
    glMateriali GL_FRONT,GL_SHININESS,50

       BuildWorld           '利用显示列表建立三维图形的模型
    Form_Paint
End Sub
```

③ 编写窗体的 Paint 事件过程。Paint 事件是当窗体重绘时发生的，在此过程中主要设置视点，调用显示列表显示所绘图形，设置双缓冲。

```
Private Sub Form_Paint()
    glLoadIdentity
    gluLookAt ……           '设置视点（观察点）
    glClear GL_COLOR_BUFFER_BIT Or GL_DEPTH_BUFFER_BIT
    glPushMatrix
          ……
    glCallList world       '调用显示列表
    glPopMatrix
    SwapBuffershDC         '设置双缓冲
End Sub
```

④ 编写窗体的 Resize 事件过程。Resize 事件是当窗体大小改变时发生的，在此过程中主要设置视点，重新显示图形。

```
Private Sub Form_Resize()
    glViewport 0,0,frmMain.ScaleWidth,frmMain.ScaleHeight
    Form_Paint
End Sub
```

⑤ 编写窗体的 Unload 事件过程。Unload 事件是当窗体从内存中卸载时发生，在此过程中主要是删除 hGLRC 和 hPalette。

```
Private Sub Form_Unload(Cancel As Integer)
    If hGLRC<> 0 Then
              wglMakeCurrent 0,0
              wglDeleteContexthGLRC
    End If
    If hPalette<> 0 Then
               DeleteObjecthPalette
    End If
End Sub
```

14.2.2　数据库技术

本系统中数据库的使用主要体现在两个方面：一是建立树木和枝条的一对多 ER 关系模型，在此基础上建立 Access 数据库，程序编制中使用 ADO 技术进行数据的检索；二是提供了图形化的对树木信息的浏览和编辑功能，主要使用了数据环境（Data Environment）和 DataGrid 构件。

1．ER 模型

实体是客观存在并相互区分的事物，可以是实际的对象，也可以是概念；对象是现实世界中具体存在的事物，每个对象由对象和行为组成，具有唯一可标识性。实体与对象有区别，对象可认为是实体，实体却不一定是对象。

建立实体（entity）与实体之间的联系（relationship），即建立 ER 模型。ER 模型是用图形表示出来的，称为 ER 图。ER 图的基本元素是实体、联系和属性。实体是指客观存在并可相互区分的事物；联系是指实体之间的一种行为，联系有一对一、一对多和多对多 3 种类型；属性是实体或联系所具有的某一性质。在一个实体的属性中能够唯一标识实体的属性集称为实体的标识（主码或主键）。在 ER 图中，用矩形框表示实体，用菱形表示实体间的联系，用椭圆形框表示实体的属性。

本系统建立了树木和枝条两个实体，一棵树木可以有多条枝条，每一枝条至多对应一棵树木，故二者的联系为一对多联系。树木的属性有树木编号、生长位置、胸径、树高、区域等，枝条的属性有枝条树木编号、枝高度、枝基径、枝长度、枝朝向、着枝角度等，两个实体的主码都是树木编号，系统建立的 ER 模型见图 14-2。

将 ER 模型转换成关系模型，即将 ER 图的实体按规则转换为关系数据库中的各个表。将图 14-2 转换成树木和枝条的数据表，其表结构如下。

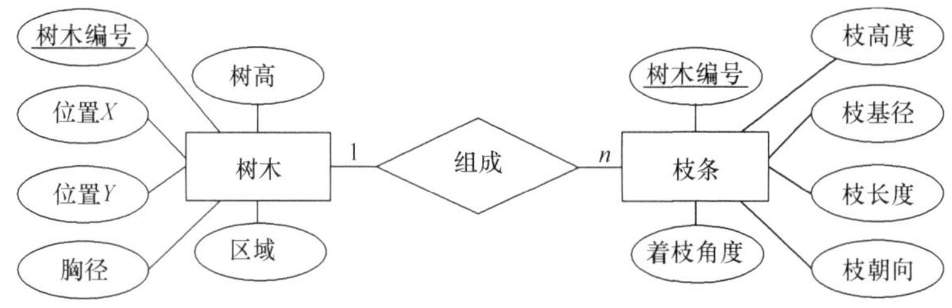

图 14-2　系统的 ER 模型

树木（树木编号、位置 X、位置 Y、胸径、树高、区域）。

枝条（树木编号、枝高度、枝基径、枝长度、枝朝向、着枝角度）。

根据关系规范理论，将上述的两个表进行规范化的设计，其主要目的是减少数据存储的冗余。规范化设计要求数据库数据结构必须满足范式，至少应满足第三层规范化形式，即非关键字段完全依赖于主关键字但不传递依赖于主关键字，上述的两个表均满足第三范式。

2．ADO 技术

ADO（Active X Data Object）是 Microsoft 公司未来的数据访问策略，它逐步替代 DAO 和 RDO 而成为主要的数据访问接口。ADO 最主要的优点是易于使用、速度快、内存支出少和磁盘遗迹小。ADO 所定义的编程模型，是访问和更新数据源所必需的活动序列。编程模型概括了 ADO 的全部功能，通过结构化查询语言（SQL）编写的命令对其进行操作[4]。

ADO 的编程，使用对象模型，就可以响应并执行编程模型的“对象”组。对象拥有能执行对数据进行操作的“方法”，以及表示数据的某些特性或控制某些对象方法行为的“属性”。

以下是 ADO 编程模型中的关键。

（1）ADO 使用的可编程对象模型

① Connection（连接）。通过“连接”使应用程序能够访问数据源，连接是交换数据所必需的环境。对象模型使用 Connection 对象使连接概念得以具体化。

② Command（命令）。对已建立的连接发出“命令”，以某种方式来操作数据源。一般情况下，命令可以在数据源中添加、删除或更新数据，或者在表中以行的格式检索数据。对象模型用 Command 对象来体现命令概念。

③ Parameter（参数）。通常，命令需要的变量部分即“参数”可以在命令发布之前进行确定。对象模型用 Parameter 对象来体现参数概念。

④ Recordset（记录集）。记录集对象描述来自数据表或命令执行结果的记录集合，其组成为记录（行）。Recordset 对象是在行中检查和修改数据最主要的方法。

⑤ Field（字段）。一个记录集包含一个或多个“字段”。如果将记录集看作二维网格，字段将排列构成“列”。每一字段（列）都分别包含有名称、数据类型

和值的属性，正是这些值包含了来自数据源的真实数据。对象模型以 Field 对象体现字段。要修改数据源中的数据，可在记录集行中修改 Field 对象的值，对记录集的更改最终被传送给数据源。作为选项，Connection 对象的事务管理方法，能够可靠地保证更改要么全部成功，要么全部失败。

（2）ADO 提供的编程模型

ADO 的目标是访问、编辑和更新数据源，而编程模型体现了为完成该目标所必需的系列动作的顺序。ADO 提供类和对象以完成以下活动过程。

① 连接到数据源。同时，可确定对数据源的所有更改是否已成功或没有发生。

② 指定访问数据源的命令，同时可带变量参数，或优化执行。

③ 执行命令。

④ 如果这个命令使数据按表中的行的形式返回，则将这些行存储在易于检查、操作或更改的缓存中。

⑤ 适当情况下，可使用缓存行的更改内容来更新数据源。

⑥ 提供常规方法检测错误（通常由建立连接或执行命令造成）。

在典型情况下，需要在编程模型中采用所有这些步骤。但是，由于 ADO 有很强的灵活性，因此最后只需执行部分模块就能做一些所需的工作。例如，将数据从文件直接存储到缓存行，然后仅用 ADO 资源对数据进行检查。

3. 数据库控件

本系统使用数据环境 DataEnvironment 和 DataGrid 构件，提供了一个浏览和编辑树木及其枝条信息的手段。在设计时，使用数据环境设计器创建一个 DataEnvironment 对象。DataEnvironment 对象包括 Connection 对象、Command 对象、层次结构（Command 对象之间的关系）、分组和合计。在访问数据环境设计器之前，必须在 Visual Basic 中引用它。再从“工程”菜单中，执行“添加 Data Environment”命令。

一旦数据环境设计器被添加到 Visual Basic 工程中，就可在出现的数据环境设计器中，添加一个 Connection 对象，之后设置 DataGrid 构件的 DataSource 属性，就可以操作树木数据库了。

4. 本模块的主要代码

（1）编制 Trees 函数

Trees 函数的主要作用是将数据库中的树木信息读取出来，并赋给全局数组 pubTree 中，在场景中调用该函数绘制树木的主干。

```
Public Function Trees()
    Dim cmdt As New ADODB.Command
```

```
    Dim prm As New ADODB.Parameter
    Dim i As Single

    Dim str1 As String
    str1="Provider=Microsoft.ACE.OLEDB.12.0; Data Source=d:\VFM\Data\
Vfm1. mdb; Persist Security Info=False"
    cnn.Open str1
    rs1.Open "Trees",cnn,adOpenStatic,adLockReadOnly
    i=0
    Do
       If Not rs1.EOF Then
          pubTree(i,0)=rs1!树木编号
          pubTree(i,1)=rs1!位置X
          pubTree(i,2)=rs1!位置Y
          pubTree(i,3)=rs1!胸径
          pubTree(i,4)=rs1!树高
       End If
       rs1.MoveNext
       i=i+1
       Loop While Not rs1.EOF Andi< 1000
       cnn.Close
End Function
```

（2）编制 Twigs 函数

Twigs 函数的主要作用是将同一树木编号的枝条保存在全局数组 pubTwig 中，在场景中调用该函数绘制枝条。

```
Public Function Twigs(sinNumberTree As Single) '传递树木的编号
    Dim cmdt As New ADODB.Command
    Dim prm As New ADODB.Parameter
    Dim rs2 As New ADODB.Recordset ''''''''''''''''''''''

    Dim i As Single

    Dim str1 As String
    str1="Provider=Microsoft.ACE.OLEDB.12.0; Data Source=d: \VFM\
Data\Vfm1. mdb; Persist Security Info=False"

    cnn.Open str1
    rs2.Open "Twigs", cnn, adOpenStatic, adLockReadOnly
```

```
    Set cmdt.ActiveConnection=cnn
    cmdt.CommandText="SELECT * from Twigs where 树木编号=?"

    prm=New ADODB.Parameter
    prm.Name="Twigs"
    prm.Type=adSingle
    prm.Direction=adParamInput
    prm.Value=sinNumberTree
    cmdt.Parameters.Appendprm
    cmdt.Parameters.Appendcmdt.CreateParameter("Twigs",   adSingle,
adParamInput,, sinNumberTree)

    Set rs2=cmdt.Execute(cmdt.Parameters)
    If rs2.EOF And rs2.BOF Then '没有记录
      i=0
      Do
         pubTwig(i, 0)=0
         pubTwig(i, 1)=0
         pubTwig(i, 2)=0
         pubTwig(i, 3)=0
         pubTwig(i, 4)=0
         pubTwig(i, 5)=0
         pubTwig(i, 6)=0
         i=i+1
      Loop While i<50
      cnn.Close
      Exit Function
    End If
```

14.2.3　系统的主要过程及代码

1. 地图的绘制

主要绘制 10m×10m 的平面网格，以实线和点画线两种方式绘制，同时加上 X 轴、Y 轴和 Z 轴以显示右手坐标系，主要使用画线的命令，为了加速显示速度，使用了列表。

```
Public Sub DrawMap()                '绘制三维场景中的地面
    Dim i,j As Single
```

```
mainFormGL.Tag="TREE"
glPushMatrix
glNewList MAP_LIST,GL_COMPILE '绘 X,Y,Z 轴
glLineWidth 2
glBeginbmLines'X axis red
        glColor3f 255,0,0
        glVertex3f 0,0,0
        glVertex3f 25,0,0
        glVertex3f 23,0.5,0
        glVertex3f 25,0,0
        glVertex3f 23,-0.5,0
        glVertex3f 25,0,0
glEnd
glBeginbmLines'Y axis green
        glColor3f 0,255,0
        glVertex3f 0,0,0
        glVertex3f 0,25,0
        glVertex3f 0.5,23,0
        glVertex3f 0,25,0
        glVertex3f -0.5,23,0
        glVertex3f 0,25,0
glEnd
glBeginbmLines     'Z axis blue
        glColor3f 0,0,5
        glVertex3f 0,0,0
        glVertex3f 0,0,25
        glVertex3f 0,-0.5,23
        glVertex3f 0,0,25
        glVertex3f 0,0.5,23
        glVertex3f 0,0,25
glEnd
glLineWidth 1
glLineStipple 1,&H1110
glEnableglcLineStipple

For i=0 To 30
    glBeginbmLines
        glColor3f 0,0,0
        glVertex3f 10* i,0,0
        glVertex3f 10* i,300,0
```

```
    glEnd
    glBeginbmLines
        glColor3f 0,0,0
        glVertex3f 0,10* i,0
        glVertex3f 300,10* i,0
    glEnd
Next
glDisableglcLineStipple
glEndList

glNewList MAP_LIST + 100,GL_COMPILE '绘 X,Y,Z 轴
glLineWidth 2
glBeginbmLines'X axis red
        glColor3f 255,0,0
        glVertex3f 0,0,0
        glVertex3f 25,0,0
        glVertex3f 23,0.5,0
        glVertex3f 25,0,0
        glVertex3f 23,-0.5,0
        glVertex3f 25,0,0
glEnd
glBeginbmLines      'Y axis green
        glColor3f 0,255,0
        glVertex3f 0,0,0
        glVertex3f 0,25,0
        glVertex3f 0.5,23,0
        glVertex3f 0,25,0
        glVertex3f -0.5,23,0
        glVertex3f 0,25,0
glEnd

glBeginbmLines      'Z axis blue
        glColor3f 0,0,5
        glVertex3f 0,0,0
        glVertex3f 0,0,25
        glVertex3f 0,-0.5,23
        glVertex3f 0,0,25
        glVertex3f 0,0.5,23
        glVertex3f 0,0,25
glEnd
```

```
    glLineWidth 1

    For i=0 To 30
        glBeginbmLines
                glColor3f 0,0,0
                glVertex3f 10* i,0,0
                glVertex3f 10* i,300,0
        glEnd
        glBeginbmLines
                glColor3f 0,0,0
                glVertex3f 0,10* i,0
                glVertex3f 300,10* i,0
        glEnd
    Next
    glEndList
End Sub
```

2. 树木的绘制

DrawTree 子过程，传递的参数分别为树木的 *X* 位置、*Y* 位置、树木编号、胸径和树高。在该过程中，树木的树高、胸径、枝高度、枝基径、枝长度等随着时间变化的量，保持在相应的数组或变量中，在定时器模拟树木生长时，调用相应的值即可。在该过程中，主要使用绘制圆柱体的命令 gluCylinder 来绘制树干，同时在此过程中，调用了画枝的子过程。为加快显示速度，使用了列表技术。

```
Public  Sub  DrawTree(PosX  As  Single,PosY  As  Single,NumberTree  As
Single,sinDBH As Single,sinTreeHeight As Single)
    Dim pubTwig1(0 To 49,0 To 6) As Single
    Dim obj,obj1
    glPushMatrix
    obj=gluNewQuadric
    obj1=gluNewQuadric
    gluQuadricOrientationobj,qoOutside
    gluQuadricNormalsobj,qnFlat
    gluQuadricDrawStyleobj,qdsFill

    gluQuadricOrientation obj1,qoOutside
    gluQuadricNormals obj1,qnFlat
    gluQuadricDrawStyle obj1,qdsFill 'qdsLine
    Twigs (NumberTree)
```

```
If m_TreeGrowth Then '动态模拟生长过程,为数组赋值
      For i=0 To 49
            If pubTwig(i,0) <> 0 Then
               pubTwig1(i,0)=pubTwig(i,0)
               pubTwig1(i,1)=pubTwig(i,1)'+m_TwigHeightRate
                                      /* m_Timer Number '枝高度变化/*
               pubTwig1(i,2)=pubTwig(i,2)+m_TwigBaseRate
                                      /* m_Timer Number '基径变化/*
               pubTwig1(i,3)=pubTwig(i,3)+m_TwigLengthRate
                                      /* m_TimerNumber '枝长变化/*
               pubTwig1(i,4)=pubTwig(i,4)
               pubTwig1(i,5)=pubTwig(i,5)
               pubTwig1(i,6)=pubTwig(i,6)
           End If
      Next
Else                         '静态模拟,以实测数据为主
      For i=0 To 49
           If pubTwig(i,0) <> 0 Then
              pubTwig1(i,0)=pubTwig(i,0)
              pubTwig1(i,1)=pubTwig(i,1)
              pubTwig1(i,2)=pubTwig(i,2)
              pubTwig1(i,3)=pubTwig(i,3)
              pubTwig1(i,4)=pubTwig(i,4)
              pubTwig1(i,5)=pubTwig(i,5)
              pubTwig1(i,6)=pubTwig(i,6)
           End If
      Next
End If

glNewList WORLD_LIST + NumberTree,GL_COMPILE
glPushMatrix
glColor3f 1,0.87,0.72
glTranslatefPosX,PosY,0 '树的位置
If m_TimeNumber> 20 Andm_TimeNumber< 30 Then
   gluCylinderobj,(sinDBH * sinTreeHeight / (sinTreeHeight - 1.3)) /
   200,0.003 + 0.001 * m_TimeNumber,sinTreeHeight,16,16
ElseIfm_TimeNumber>= 30 Then
    gluCylinderobj,(sinDBH * sinTreeHeight / (sinTreeHeight - 1.3)) /
    200,0.06, sinTreeHeight,16,16
Else
```

```
    gluCylinderobj,(sinDBH * sinTreeHeight / (sinTreeHeight - 1.3)) /
    200,0.003, sinTreeHeight,16,16
End If

j=0
Do
    If pubTwig1(j,6)=0 Then
       DrawBranchpubTwig1(j,1),pubTwig1(j,2),pubTwig1(j,3),pubT
       wig1(j,4),pubTwig1(j,5)
    End If
    j=j+1
Loop While pubTwig1(j,0) <> 0
glPopMatrix
glEndList

gluQuadricDrawStyleobj,qdsLine
glNewList WORLD_LIST + HIT_WORLD_LIST + NumberTree,GL_COMPILE
glPushMatrix
glColor3f 1,0,0
glTranslatefPosX,PosY,0 '树的位置
If m_TimeNumber> 20 Andm_TimeNumber< 30 Then
    gluCylinderobj,(sinDBH * sinTreeHeight / (sinTreeHeight - 1.3))
    / 200,0.003 + 0.001 * m_TimeNumber,sinTreeHeight,16,16
ElseIfm_TimeNumber>= 30 Then
   gluCylinderobj,(sinDBH * sinTreeHeight/(sinTreeHeight -
   1.3))/200,0.06,sinTreeHeight,16,16
Else
    gluCylinderobj,(sinDBH * sinTreeHeight/(sinTreeHeight-1.3))/
    200,0.003,sinTreeHeight,16,16
End If
j=0

Do
    If pubTwig1(j,6)=0 Then
       DrawBranchpubTwig1(j,1),pubTwig1(j,2),pubTwig1(j,3),pubT
       wig1(j,4),pubTwig1(j,5)
    End If
    j=j + 1
Loop While pubTwig1(j,0) <> 0
glPopMatrix
```

```
    glEndList
    glPopMatrix
End Sub
```

3. 枝条的绘制

DrawBranch 子过程，传递的参数分别为枝高度、枝基径、枝长度、朝向角、着枝角度。在该过程中，主要使用绘制圆柱体的命令 gluCylinder 来绘制树枝，用 3 段或 2 段相连在一起的圆柱体来体现枝的弯曲，为加快显示速度，使用了列表技术。

```
Public Sub DrawBranch(TwigHeight As Single,TwigBaseDiameter As
Single,TwigLength As Single,DirTwig As Single,AngTwig As Single)
    TwigBaseDiameter=TwigBaseDiameter / 100
    glPushMatrix
    Dim obj
    obj=gluNewQuadric
    gluQuadricOrientationobj,qoOutside
    gluQuadricNormalsobj,qnFlat
    gluQuadricDrawStyleobj,qdsFill

    glTranslatef 0,0,TwigHeight'从枝高开始画枝
    glRotatefDirTwig,0,0,1      '方位角
    glRotatefAngTwig,0,1,0      '着枝角度
    If TwigLength>= 1 AndTwigLength<= 4 Then
         gluCylinderobj,TwigBaseDiameter/2,TwigBaseDiameter*0.67/2,Tw
         igLength/3,16,16
         glTranslatef 0,0,TwigLength/3-0.01
         glRotatef -10,0,1,0
         gluCylinderobj,TwigBaseDiameter/2*0.67,TwigBaseDiameter/2*
         0.33,Twig Length/3,16,16
         glTranslatef 0,0,TwigLength/3
         glRotatef -10,0,1,0
         gluCylinderobj,TwigBaseDiameter/2 *
         0.33,0.0025,TwigLength/3,16,16
    Else
         gluCylinderobj,TwigBaseDiameter/2,TwigBaseDiameter/2 *
         0.5,TwigLength/2,16,16
         glTranslatef 0,0,TwigLength/2 - 0.01
         glRotatef -10,0,1,0
         gluCylinderobj,TwigBaseDiameter/2 *
```

```
        0.5,0.0025,TwigLength/3,16,16
    End If
    glPopMatrix
End Sub
```

4. 场景的绘制

DrawScene 子过程，没有传递参数，在该过程中先调用 Trees 子过程，读入树木的基本信息，之后可以调用 DrawTree 子过程来绘制静态或动态的树木。

```
Public Sub DrawScene()
    Dim i,j As Single
    If m_TreeGrowth Then
    Else
        Trees
    End If

    If m_TreeGrowth=0 Then
        For i=0 To 200
            If pubTree(i,0) <> 0 Then
                DrawTreepubTree(i,1),pubTree(i,2),pubTree(i,0),
                pubTree(i,3),pubTree(i,4)
            End If
        Next
    Else
        For i=0 To 200
            If pubTreeTemp(i,0) <> 0 Then
                DrawTreepubTreeTemp(i,1),pubTreeTemp(i,2),
                pubTreeTemp(i,0),pubTreeTemp(i,3),pubTreeTemp(i,4)
            End If
        Next
    End If
End Sub
```

5. 显示技术的使用

Display 子过程中，为了能在场景中点选树木，本系统使用了 OpenGL 技术中的选择机制和列表技术。glPushName 函数用于命名图元，将图元压入堆栈，glPopName 弹出堆栈，glCallList 调用以前已存在的列表进行显示。

```
Public Sub Display(mode As GLenum,stroke_name As Integer)
    mode=GL_SELECT'用于显示三维场景
    mode=GL_RENDER'用于命名物体
    Dim i,j1 As Single
    Static Busy As Boolean
    If Busy Then Exit Sub
    Busy=True
    glClearclrColorBufferBit Or clrDepthBufferBit

    glPushMatrix
    glTranslatefxMov,yMov,0      '平移
    glTranslatef 0,0,zScale      '缩放
    glPushMatrix
    gluLookAt -20,-20,6,0,0,0,0,0,1'视点

    glRotatefxAngle,1,0,0        '旋转
    glRotatefyAngle,0,1,0
    glRotatefzAngle,0,0,1
    If mainFormGL.Check1.Value Then
      glCallList MAP_LIST        '实线地图
    Else
      glCallList MAP_LIST + 100'虚线地图
    End If

    For i=0 To 1000
          If (mode=GL_SELECT) Then '命名物体
              glPushName (i)
          End If

          If stroke_name=i Then
              glCallList WORLD_LIST + HIT_WORLD_LIST + i
          Else
              glCallList WORLD_LIST + i
          End If

          If (mode=GL_SELECT) Then
              glPopName
          End If
    Next
    glPopMatrix
```

```
    glPopMatrix
    glFinish
    SwapBuffers hDC1
    Busy=False
End Sub
```

6. 交互技术的使用

processHits 子过程中，调用 Display 子过程，主要作用是将鼠标点选的树木用红色圆柱体显示出来，主要机理是调用不同的显示列表[5]。没有点选的树木还是正常显示，该交互操作既可在静态时使用，也可以在动态时使用。

```
Public Sub processHits(hits As GLint,buffer() As GLuint) '显示选中的物体
    Dim i As Single
    Stroke_Object_No=buffer(4)
    m_TreeHitNumber=Stroke_Object_No                            '选中的树木编号
    Display GL_SELECT,Stroke_Object_No
    If m_TreeGrowth=0 Then                                      '静态显示
        For i=0 To 200
           If pubTree(i,0)=Stroke_Object_No And Stroke_Object_No<> 0 Then
                   mainFormGL.Text1=Str(pubTree(i,0))
                   mainFormGL.Text2=Str(pubTree(i,1))
                   mainFormGL.Text3=Str(pubTree(i,2))
                   mainFormGL.Text4=Str(pubTree(i,3))
                   mainFormGL.Text5=Str(pubTree(i,4))
                   mainFormGL.Frame6.Visible=True
                   Exit For
         Else
                   mainFormGL.Frame6.Visible=False
         End If
        Next
    Else                                                        '动态显示
        For i=0 To 200
           If  pubTreeTemp(i,0)=Stroke_Object_No  And  Stroke_Object_
           No<> 0 Then
                   mainFormGL.Text1=Str(pubTreeTemp(i,0))
                   mainFormGL.Text2=Str(pubTreeTemp(i,1))
                   mainFormGL.Text3=Str(pubTreeTemp(i,2))
                   mainFormGL.Text4=Str(pubTreeTemp(i,3))
                   mainFormGL.Text5=Str(pubTreeTemp(i,4))
```

```
                    mainFormGL.Frame6.Visible=True
                    Exit For
            Else
                    mainFormGL.Frame6.Visible=False
            End If
          Next
      End If
End Sub
```

14.3　系统的主要功能

1）数据存储功能。利用 Access 建立树木基本信息和树枝信息的数据库，存储树木的信息。其数据库结构分别为树木信息（树木编号、位置 X、位置 Y、胸径、树高）、树枝信息（树木编号、枝高度、枝基径、枝长度、枝朝向、着枝角度），这两个表为一对多关系。该表内容可以动态进行读写。

2）数据加载功能。利用 ADO 技术，将上述数据库中的信息读入相应的数组，进行数据操作。

3）地形的显示和定义。系统内设右手坐标系，原点位于屏幕中心，X 轴水平向右，Y 轴垂直于 X 轴，Z 轴垂直向上。在地面上绘制 10m×10m 的网格，以显示大地。

4）树木图形化显示。主要利用 OpenGL 技术进行树木的绘制，按读取的树木位置信息，平移坐标系；按给定的胸径和树高等信息，用圆柱体来绘制树干；再通过坐标变换，按枝的信息将树枝绘制出来。

5）生长参数的设定。按落叶松的生长模型及其不同经营措施下的生长规律，分别设置不同经营期限、不同经营措施（抚育间伐强度、修枝比例）下的生长参数。

6）生长模拟功能。按落叶松不同时期内的生长规律，实时将树木的生长过程再现出来，为了加快显示速度，利用 OpenGL 中的显示列表技术。

7）经营措施的效果模拟。可以施用不同的经营措施，在生长模拟的过程中，将经营措施的效果再现出来，利用落叶松的枯损模型可以确定抚育对象。

8）优化经营措施。以森林蓄积量为目标，分别施用不同的经营措施，在给定立地条件和经营期限内，可以确定最优的经营措施。

9）友好的交互界面。在生长过程中，可以点选任一棵树木，将实时显示该树木的基本信息，可以进行生长前后基本信息的比较。主要利用了 OpenGL 中的选择机制。

10）视图旋转缩放功能。在树木生长的场景中，可以绕 X、Y、Z 轴任一轴进行旋转，可以上下左右进行平移，可以放大和缩小，可以恢复到最初的视图等。主要利用了 OpenGL 中的坐标变换等。

14.4　软件的使用说明

14.4.1　软件的启动

双击桌面上的“VFM2016.exe”图标，进入主界面，系统将自动读取树木的信息，并在主界面中绘制出来，见图 14-3。

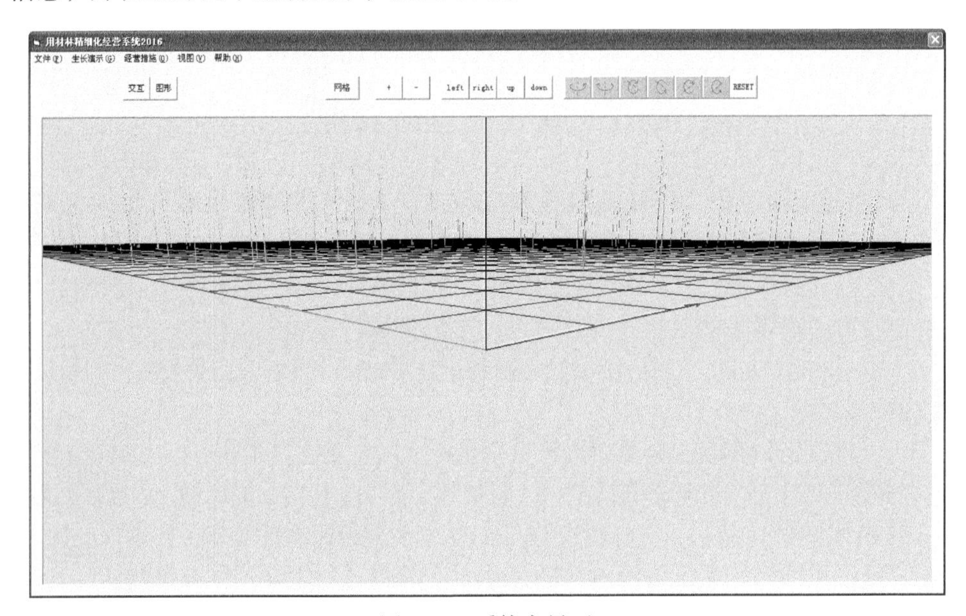

图 14-3　系统主界面

14.4.2　树木视图的操作

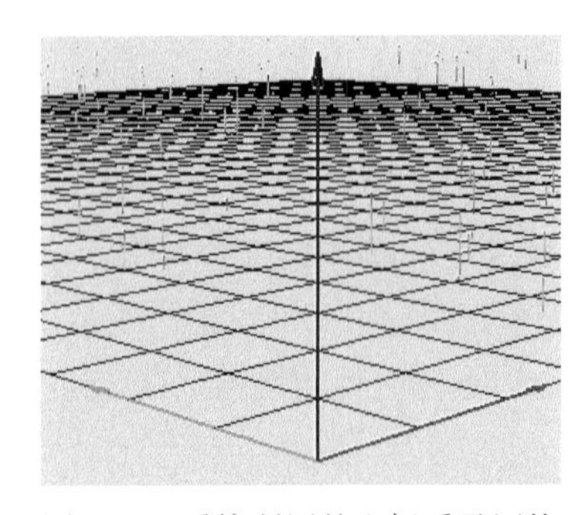

图 14-4　系统所用的坐标系及网格

1．坐标系

本系统使用右手坐标系，在屏幕中心的中心显示，红色直线表示 X 轴，绿色直线表示 Y 轴，蓝色直线表示 Z 轴，箭头所指方向为各轴的正方向。屏幕中的网格大小为 10m×10m，见图 14-4。

2．缩放和平移

工具栏上的 + 、 - 、 left 、 right 、 up 、 down 、 、 、 、 、 、 、 RESET 等按钮分别表示“放大”“缩小”“向左平移”“向右平移”“向上平移”“向下平移”“绕 Z 轴逆时针旋转”“绕 Z 轴顺时针旋转”“绕 Y 轴顺时针旋转”“绕 Y 轴逆时针旋转”“绕 X 轴逆时针旋转”“绕 X 轴顺时针旋转”“恢复初始视图”等功能，单击按钮即可操作相应的视图，见图 14-5～图 14-10。

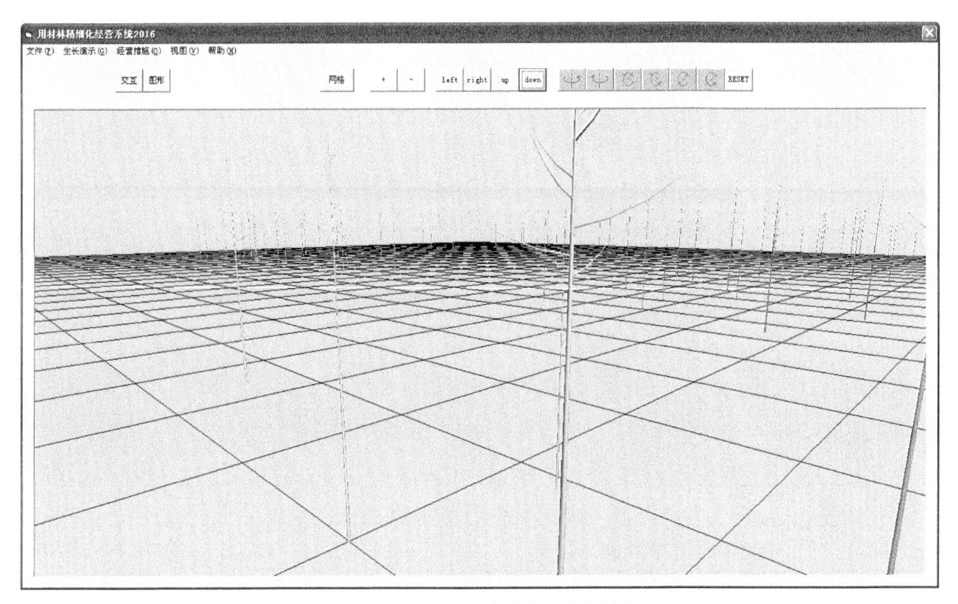

图 14-5　平移和放大视图的效果

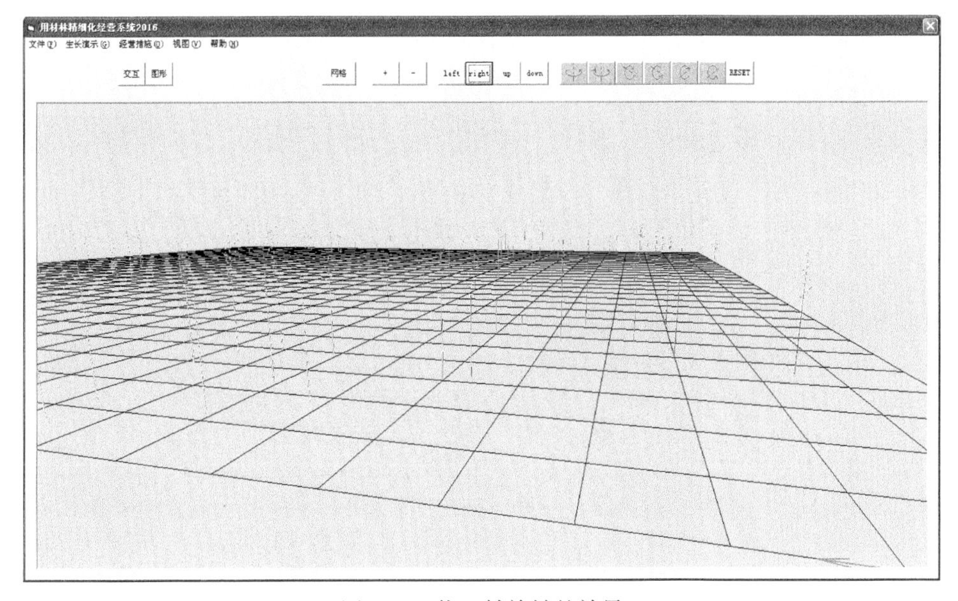

图 14-6　绕 Z 轴旋转的效果

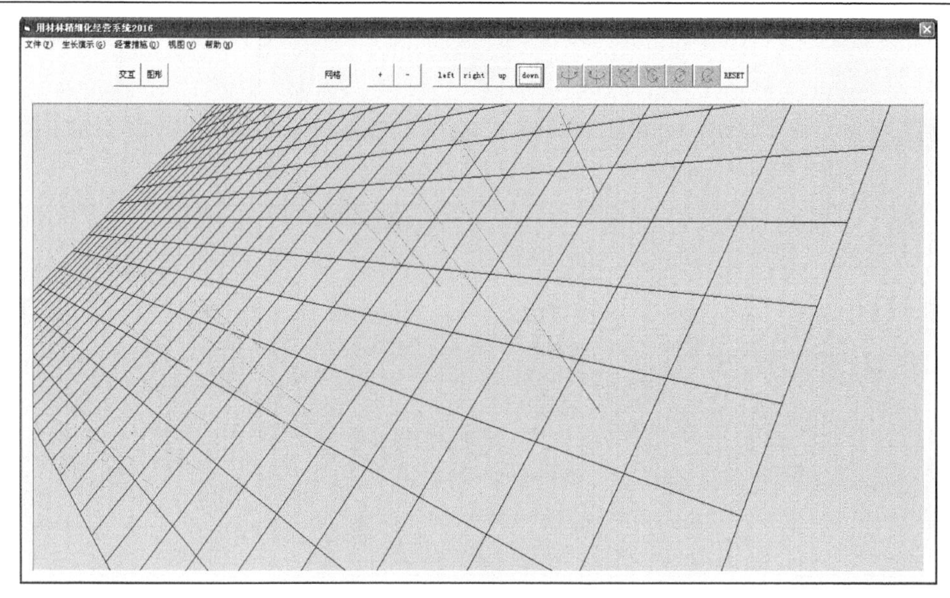

图 14-7　绕 Y 轴旋转的效果

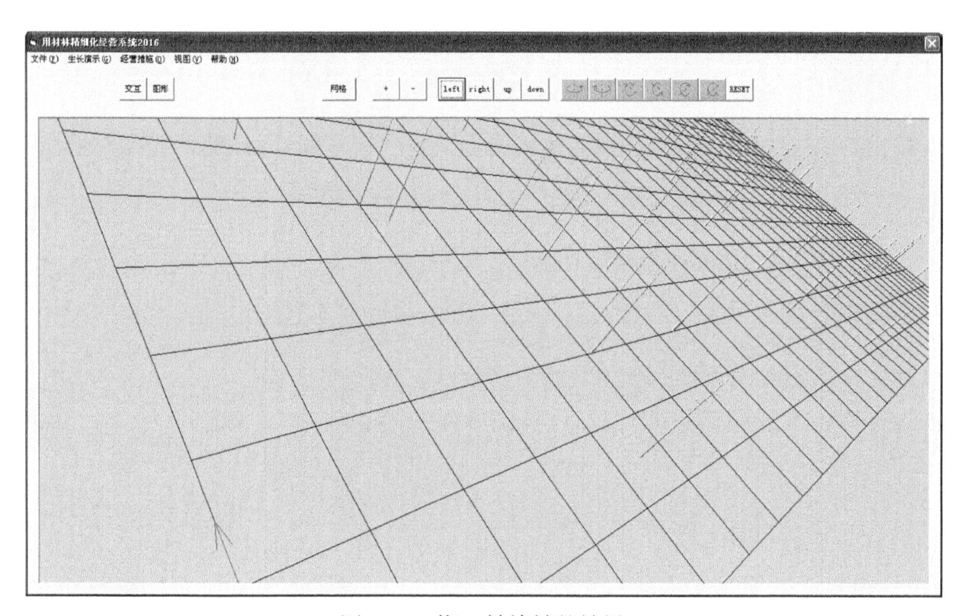

图 14-8　绕 X 轴旋转的效果

3．网格

单击工具栏上的“网格”按钮，系统将所绘制的 10m×10m 的网格，在直线和虚线间进行切换，以方便观察，见图 14-11 和图 14-12。

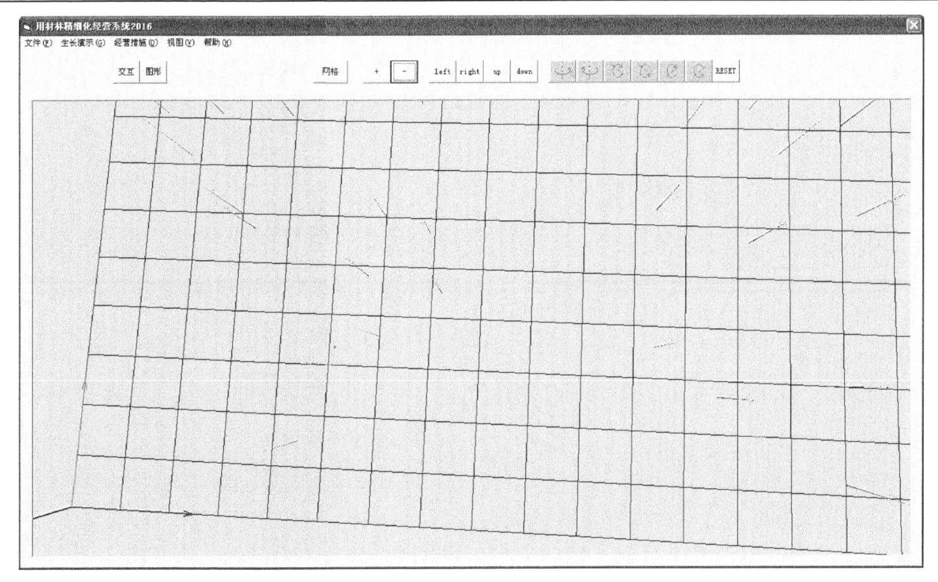

图 14-9　缩放、平移及旋转的综合效果

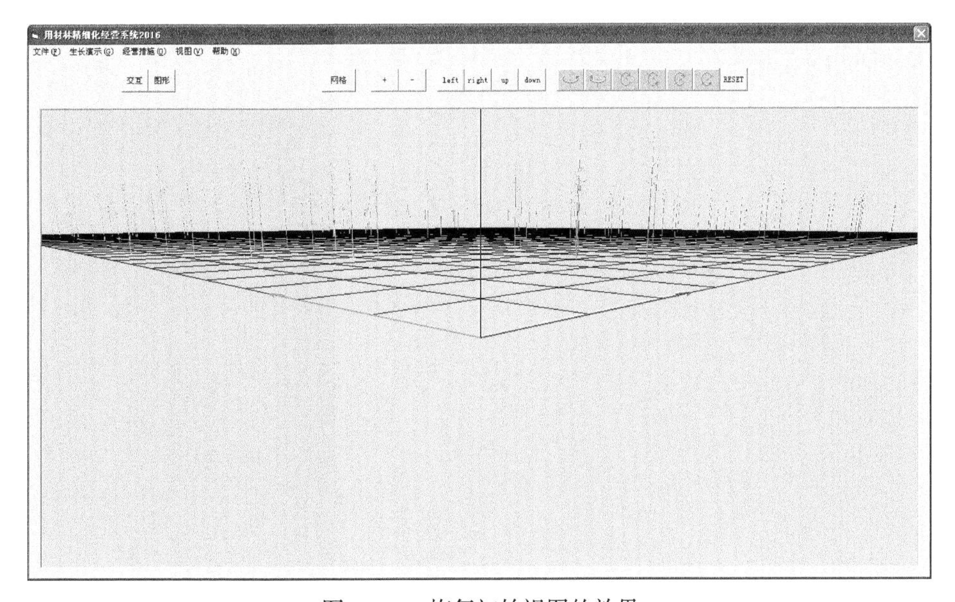

图 14-10　恢复初始视图的效果

14.4.3　系统交互方面的操作

1．选中

在视图操作的任何过程中，均可以随时单击树木的树干，以选中该树木，如选中则树干用红色表示，同时弹出对话框，显示选中的该树木的信息，见图 14-13。

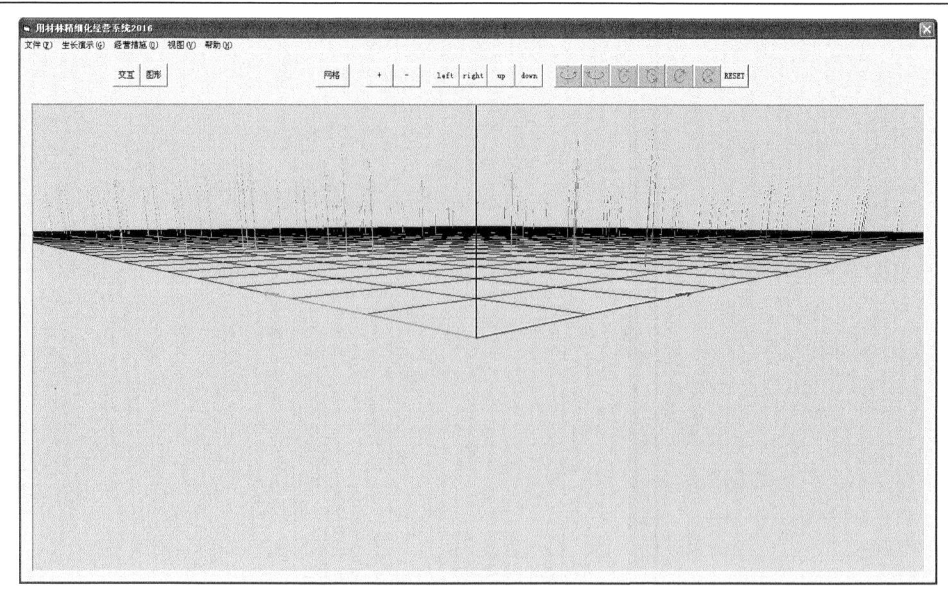

图 14-11　用实线表示的网格

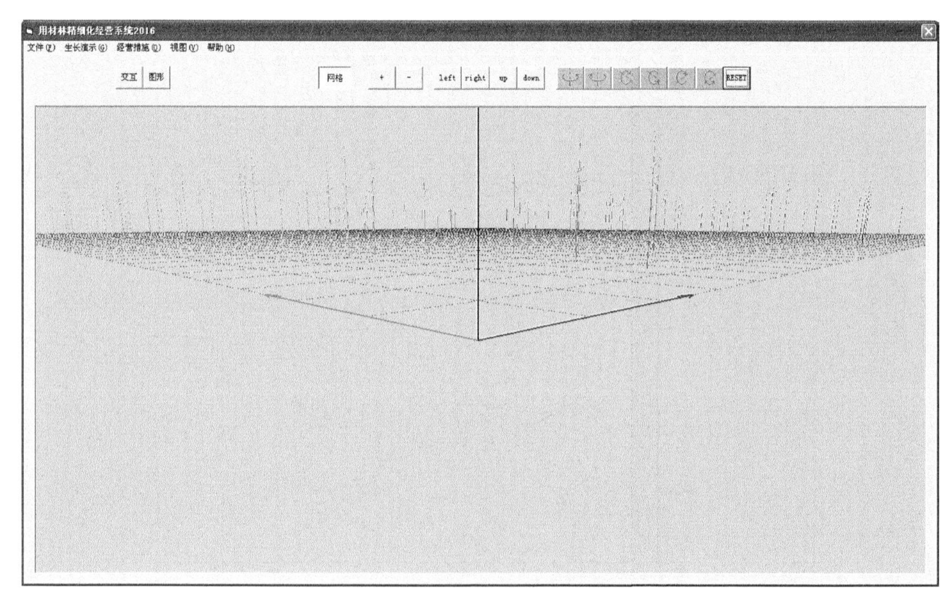

图 14-12　用虚线表示的网格

2．交互与图形的切换

单击工具栏上的“交互”按钮，则系统弹出多页对话框，显示主要的操作界面，可以进行数据维护、生长演示、经营措施等方面的操作，见图 14-14。

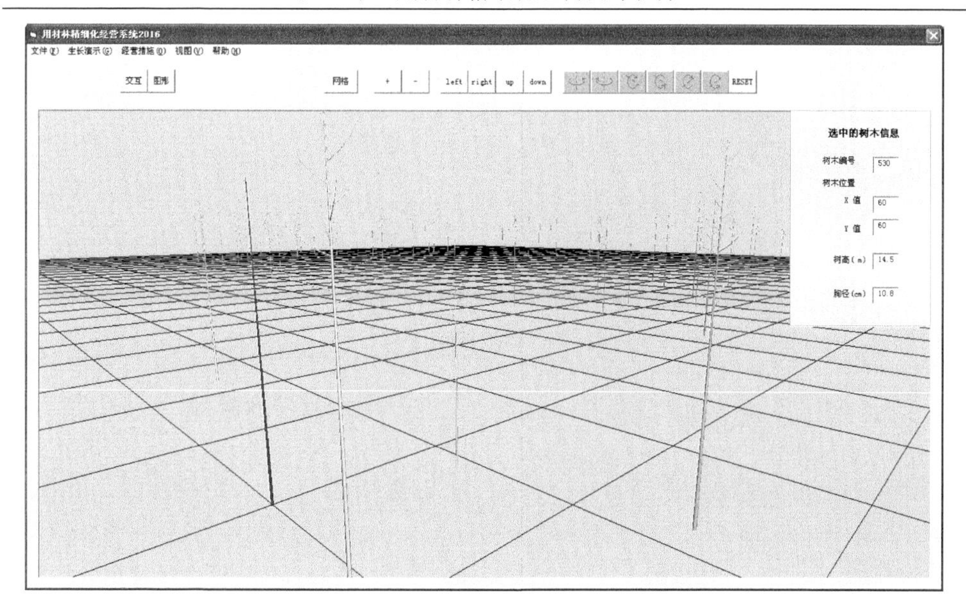

图 14-13　树木的选中

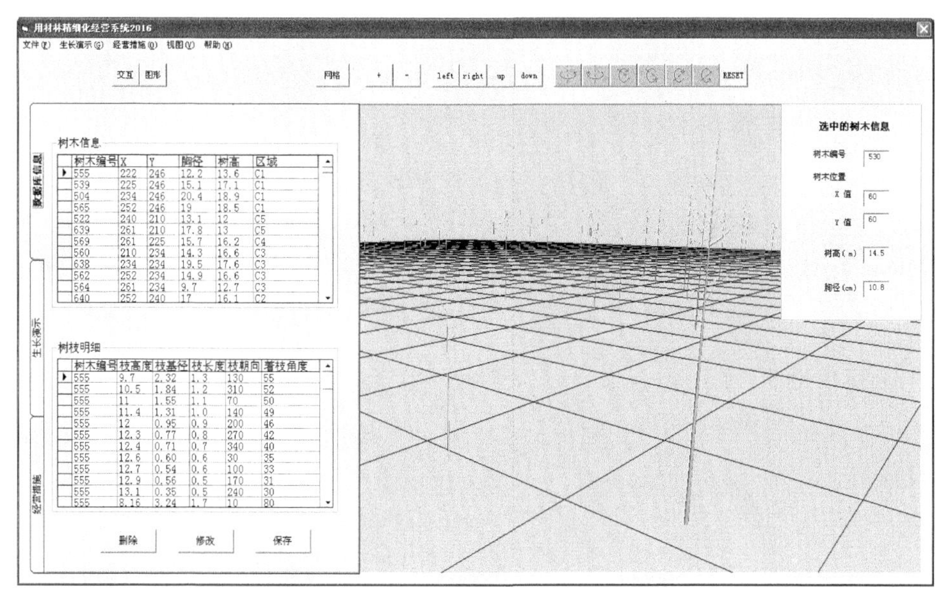

树木编号	X	Y	胸径	树高	区域
555	222	246	12.2	13.6	C1
539	225	246	15.1	17.1	C1
504	234	246	20.4	18.9	C1
565	252	246	19	18.5	C1
522	240	210	13.1	12	C5
639	261	210	17.8	13	C5
569	261	225	15.7	16.2	C4
560	210	234	14.3	16.6	C3
638	234	234	19.5	17.6	C3
562	252	234	14.9	16.6	C3
564	261	234	9.7	12.7	C3
640	252	240	17	16.1	C2

树木编号	枝高度	枝基径	枝长度	枝朝向	着枝角度
555	9.7	2.32	1.3	130	55
555	10.5	1.84	1.2	310	52
555	11	1.55	1.1	70	50
555	11.4	1.31	1.0	140	49
555	12	0.95	0.9	200	46
555	12.3	0.77	0.8	270	42
555	12.4	0.71	0.7	340	40
555	12.6	0.60	0.6	30	35
555	12.7	0.54	0.6	100	33
555	12.9	0.56	0.5	170	31
555	13.1	0.35	0.5	240	30
555	8.16	3.24	1.7	10	80

图 14-14　系统的主操作界面

单击工具栏上的“图形”按钮，则系统收回多页对话框，主要以图形的形式显示树木的生长状况，见图 14-15。

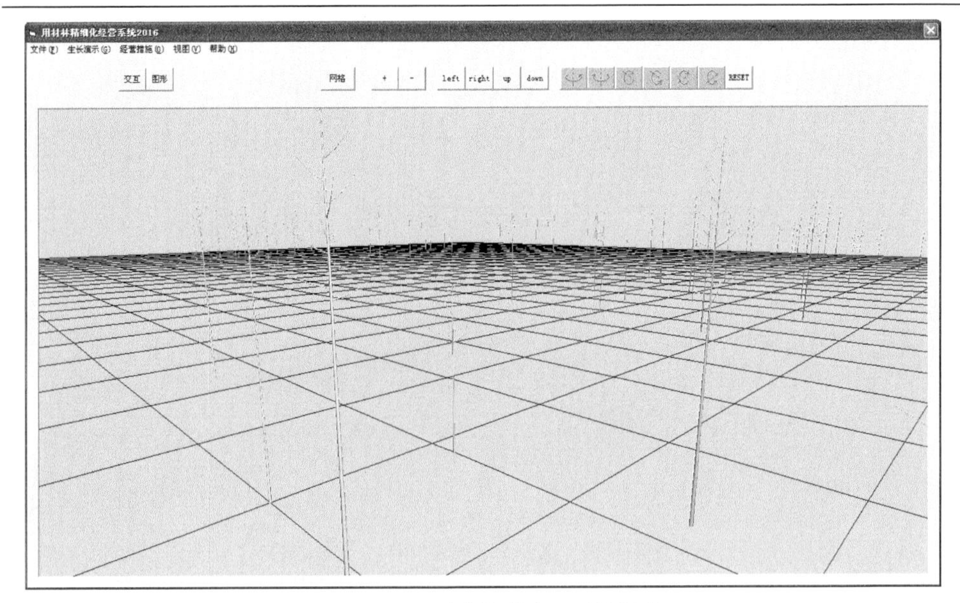

图 14-15 以图形的形式显示的树木

14.4.4 系统的主要功能操作

1．数据库的维护

单击工具栏上的“交互”按钮，则系统弹出多页对话框，第一页显示“数据库信息”，这页主要显示系统读入的数据库信息，可以进行删除、修改、保存等方面的操作；这页上面的表为“树木信息”，下面的表为“树枝信息”，二者之间为一对多关系，见图 14-16 和图 14-17。

2．生长演示

选择多页对话框的“生长演示”选项卡，出现生长演示的操作界面，此处可以设置立地条件、演示速度、分析年限等，单击下面的按钮可以进行相应的操作，见图 14-18。

单击下面的“开始”按钮，则系统按设定的参数进行树木动态生长的演示，同时在该页动态显示生长后的蓄积量、平均树高、平均胸径等信息，见图 14-19。

在树木动态生长过程中，可以单击“停止”按钮，进行暂停，再次单击可以继续运行，见图 14-20。

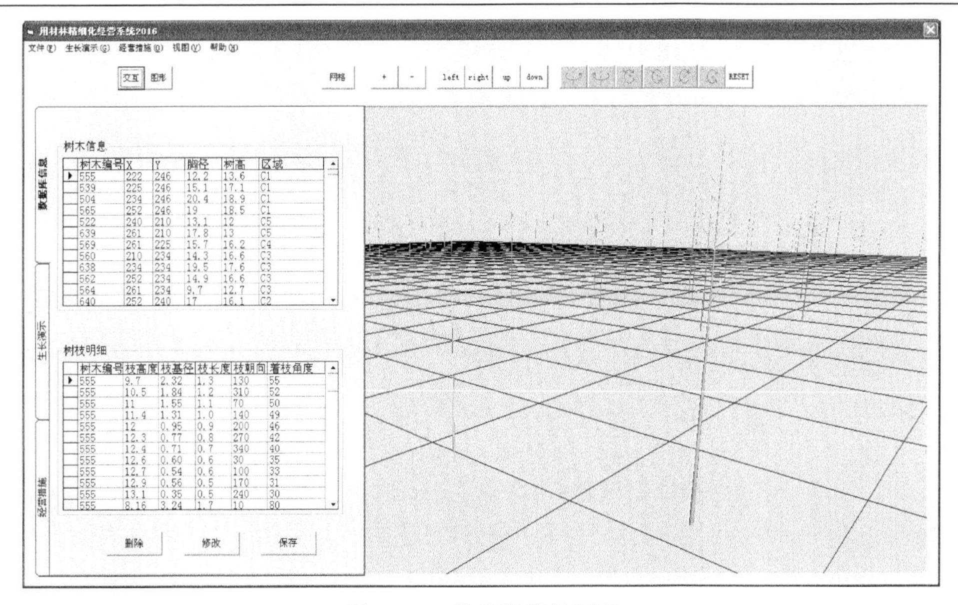

图 14-16　数据库信息界面

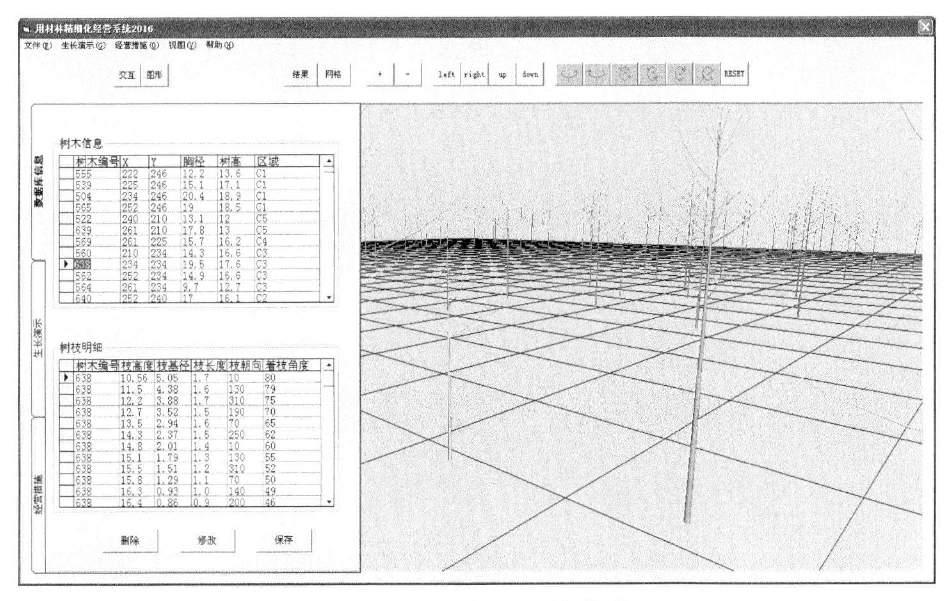

图 14-17　两表的一对多关系

在树木的动态生长过程中，或在暂停以后，可以单击树木的树干进行选中操作，可以显示所选树木的动态信息，见图 14-21。

系统分析完成后，可以单击“重置”按钮，进行状态参数的重置，此时，树木信息归为初始状态，重新设置参数，可以进行再次演示操作，见图 14-22 和图 14-23。

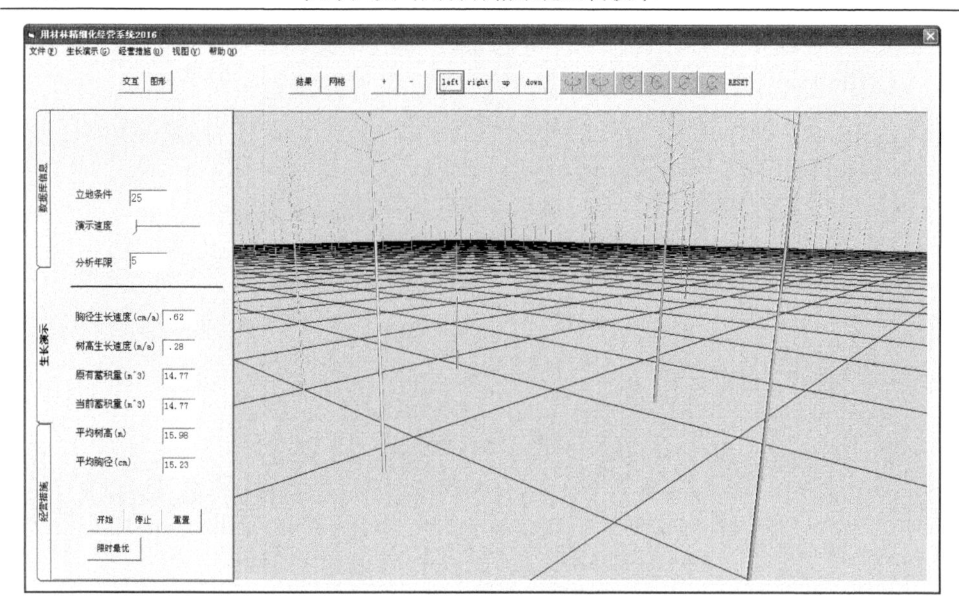

图 14-18　生长演示的操作界面

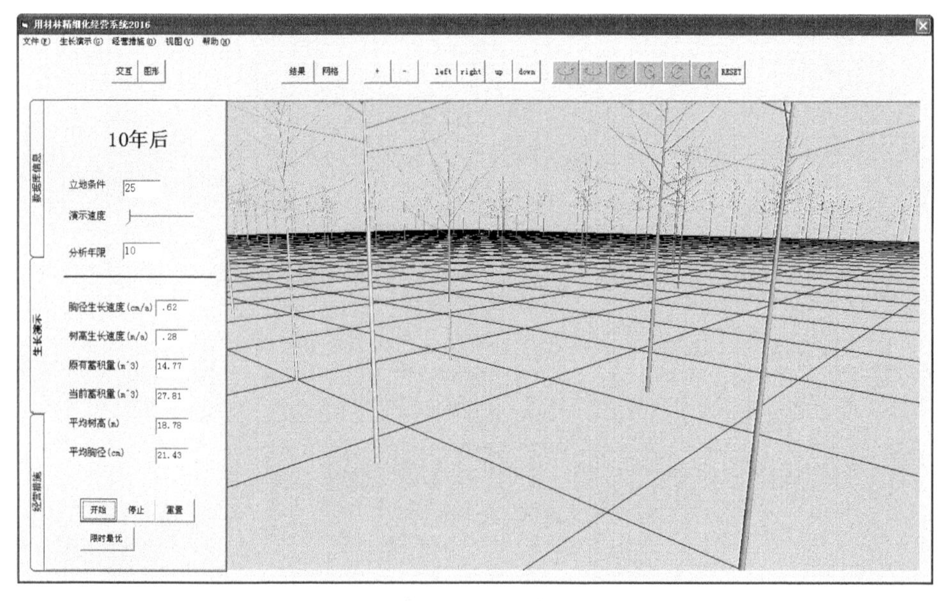

图 14-19　树木生长 10 年后的状态

在生长演示界面中，也可以单击“限时优化”按钮，则系统会在现有参数的基础上，自动运行各种经营措施，以蓄积量最大为目标，进行优化操作，优化结束后，弹出对话框，见图 14-24。

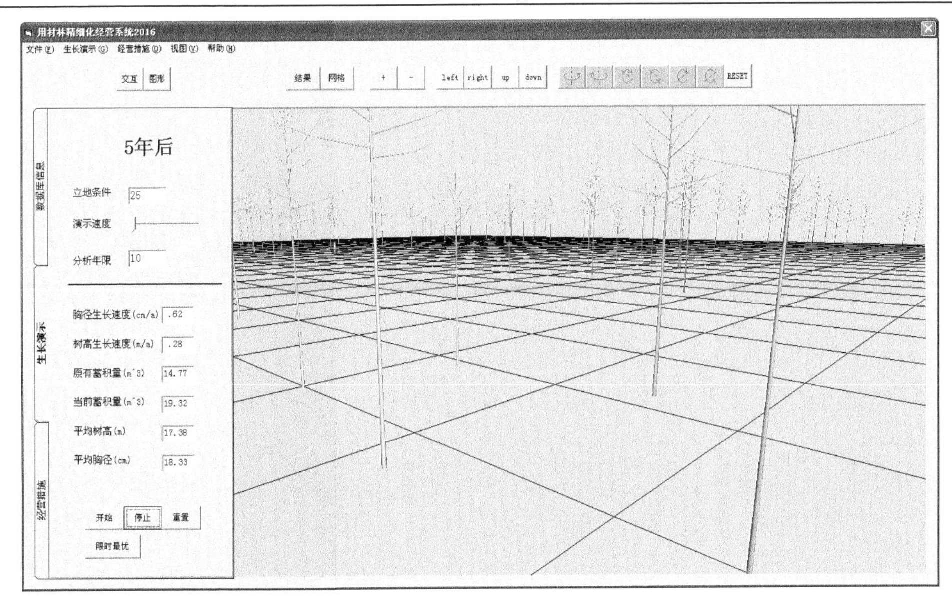

图 14-20　运行中的暂停

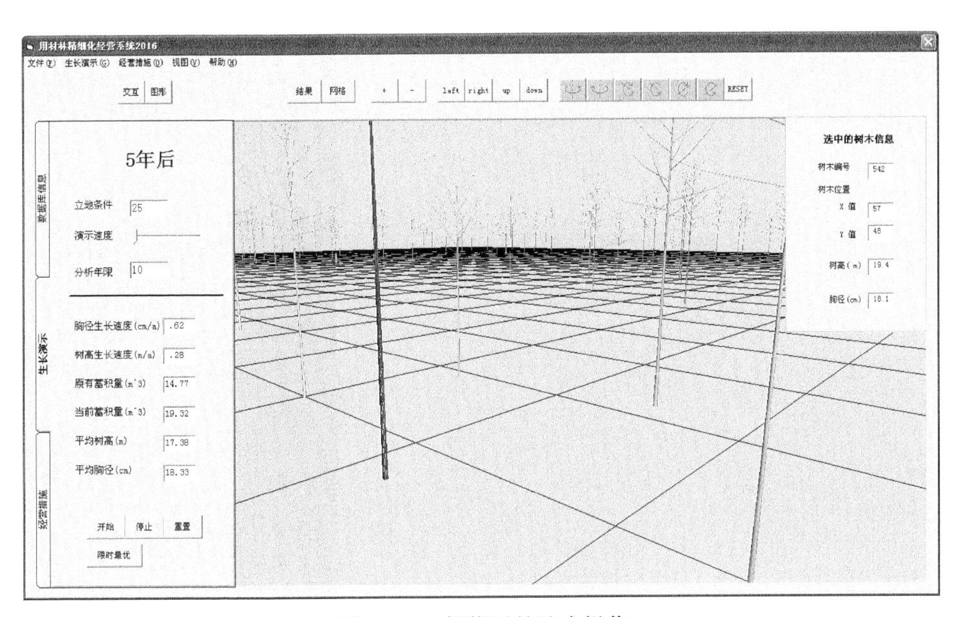

图 14-21　暂停后的选中操作

限时优化结束后，在工具栏上会出现“结果”按钮，单击它，可以出现特定分析年限的不同经营措施的不同结果，其中最大值为最优结果，其对应的措施为最优的经营措施，见图 14-25。

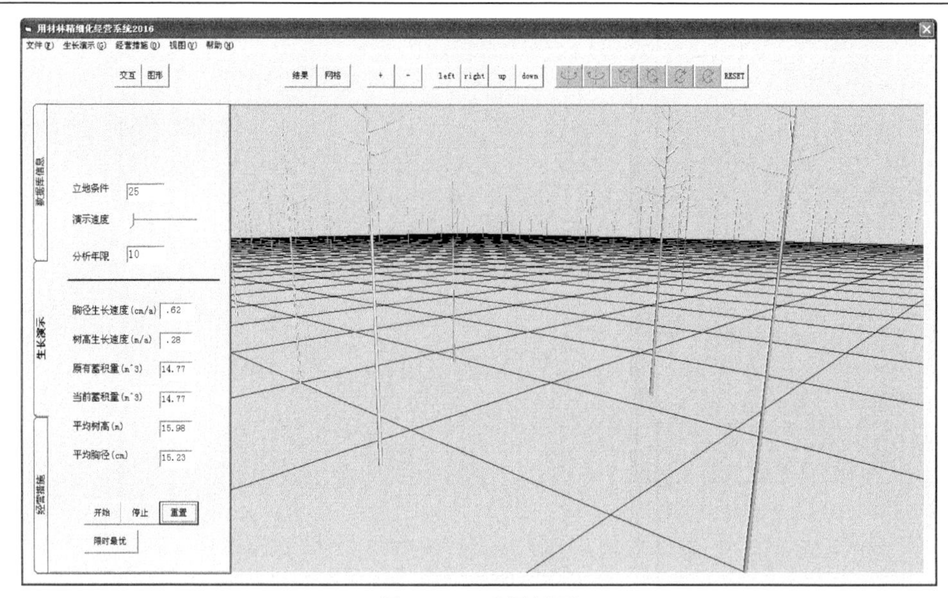

图 14-22　重置界面

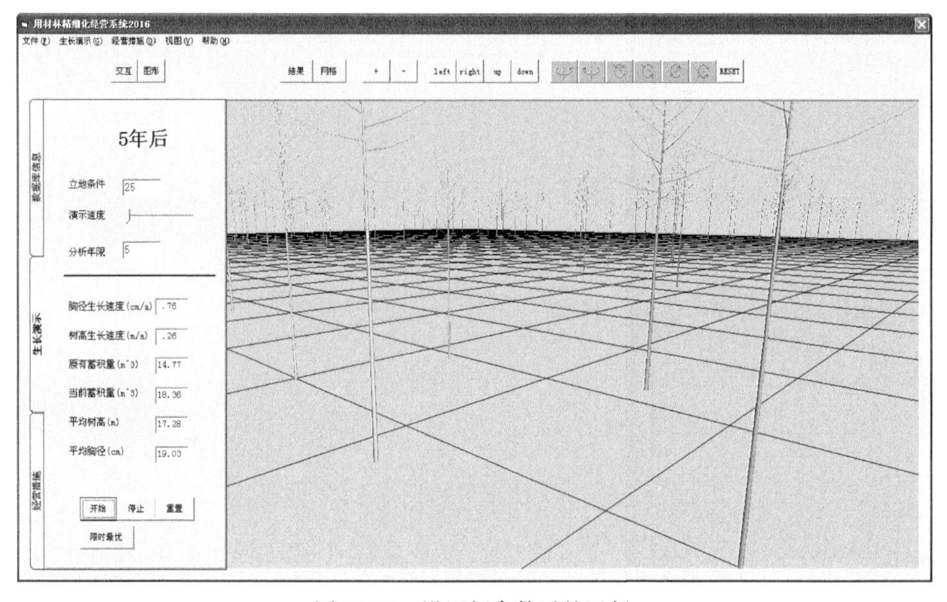

图 14-23　设置新参数后的运行

3．经营措施的施用

选择多页对话框的“经营措施”选项卡，出现经营措施的操作界面，在此界面主要设置抚育间伐强度和修枝比例，见图 14-26。

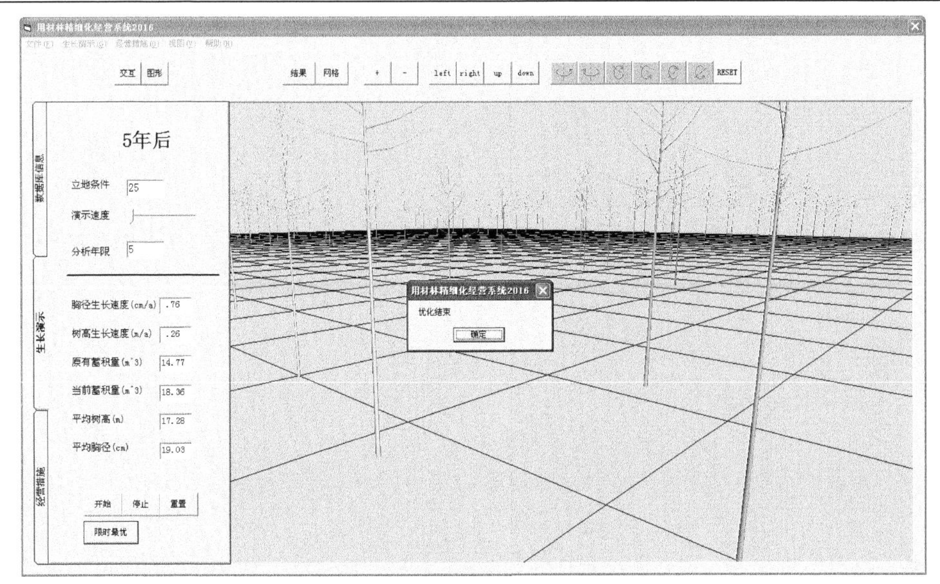

图 14-24　限时优化结束后的界面

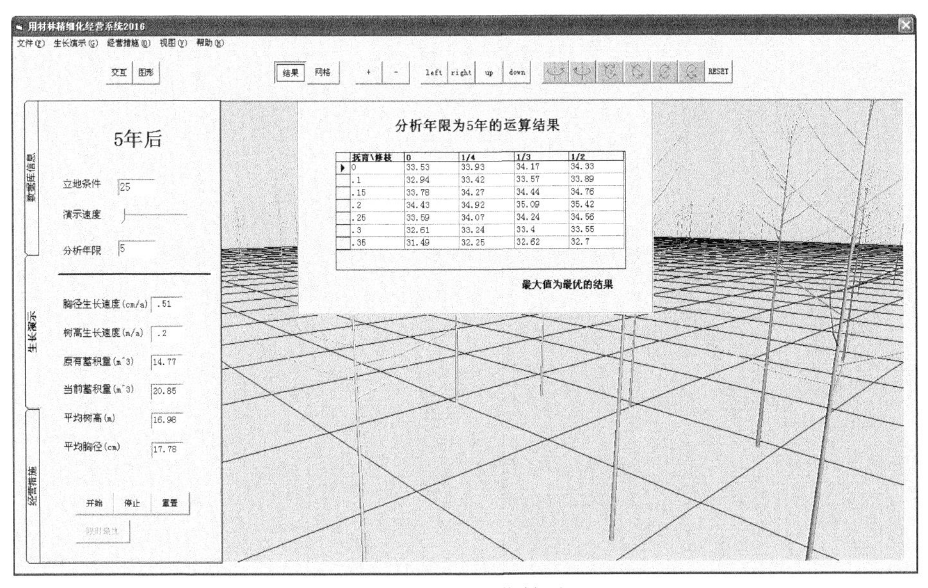

抚育\修枝	0	1/4	1/3	1/2
0	33.53	33.93	34.17	34.33
.1	32.94	33.42	33.57	33.89
.15	33.78	34.27	34.44	34.76
.2	34.43	34.92	35.09	35.42
.25	33.59	34.07	34.24	34.56
.3	32.61	33.24	33.4	33.55
.35	31.49	32.25	32.62	32.7

图 14-25　优化结果

在此界面中可以设置不同的抚育间伐强度（按株数）和修枝比例（指树冠的比例），0%表示不进行相应的作业。不同的选项，影响树木的生长速度等参数，见图 14-27 和图 14-28。

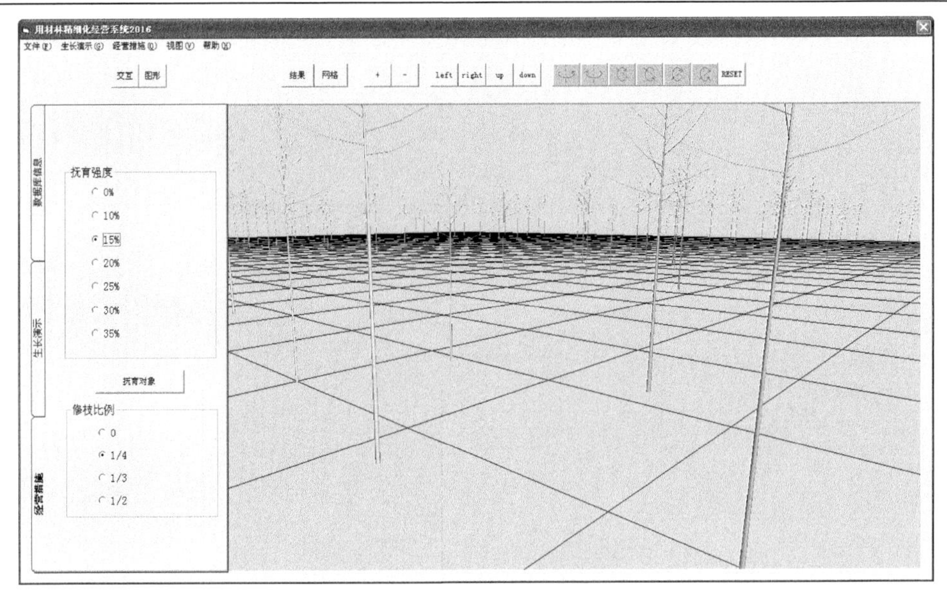

图 14-26　经营措施的操作界面

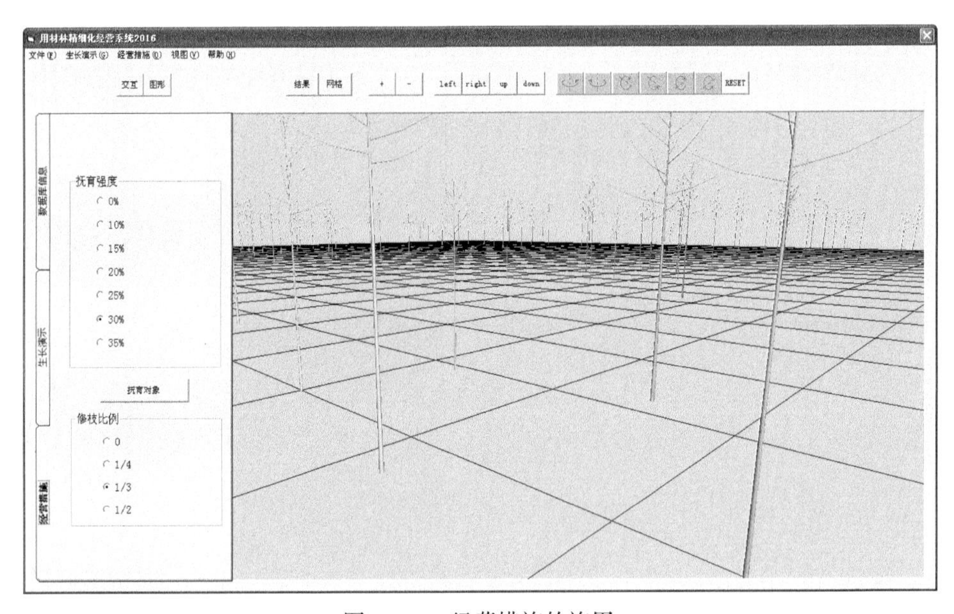

图 14-27　经营措施的施用

4．版权信息

本系统由东北林业大学东北用材林精细化经营系统的研制课题组研究制作，见图 14-29。

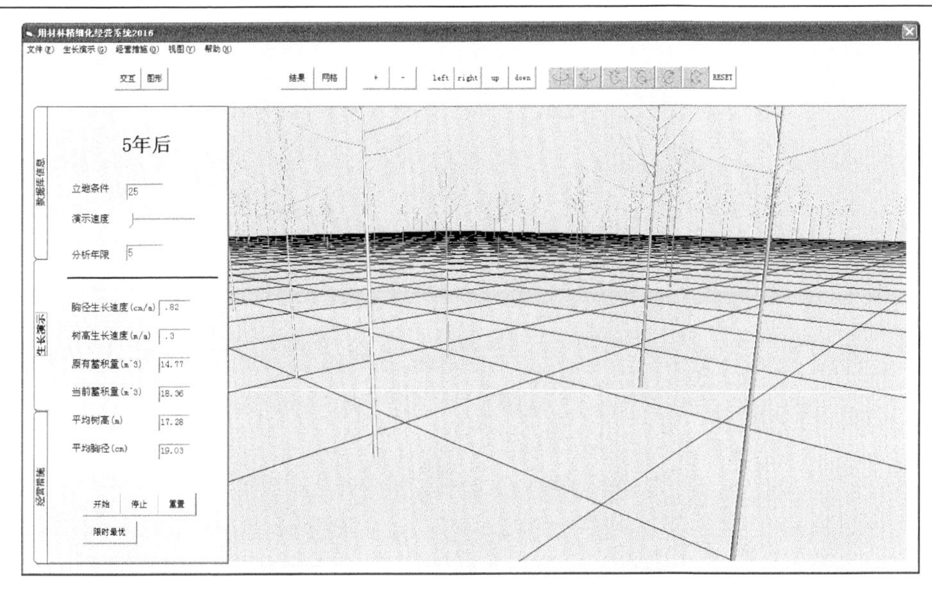

图 14-28　经营措施影响生长速度

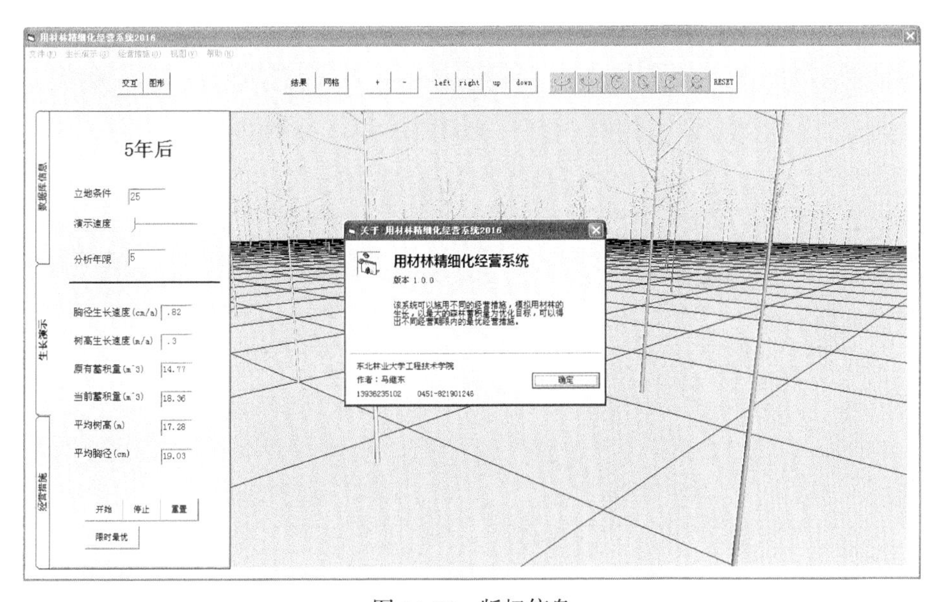

图 14-29　版权信息

参 考 文 献

[1] 刘瑞新，崔淼．Visual Basic 程序设计［M］．北京：电子工业出版社，2003．
[2] 马继东，王立海．VB 环境下 OpenGL 的使用［J］．森林工程，2007（03）：91-93．
[3] 马继东．原条量材优化决策系统的研究［D］．东北林业大学，2007．
[4] 马继东，李淑红，朱玉杰．原条量材设计中数据库技术的应用［J］．森林工程，2004，20（1）：18-19．
[5] 马继东，王立海．原条量材设计中基于 OpenGL 的交互技术的使用［J］．森林工程，2007（06）：31-33．